高等职业教育工程造价与工程管理类专业"十三五"规划教材

建筑工程质量管理

主　编　宋　健

副主编　郑　焰　李　文　周辉军

WUHAN UNIVERSITY PRESS

武汉大学出版社

图书在版编目(CIP)数据

建筑工程质量管理/宋健主编 . —武汉：武汉大学出版社,2017.5
高等职业教育工程造价与工程管理类专业"十三五"规划教材
ISBN 978-7-307-17353-8

Ⅰ.建… Ⅱ.宋… Ⅲ.建筑工程—工程质量—质量管理—高等职业
教育—教材 Ⅳ.TU712

中国版本图书馆 CIP 数据核字(2017)第 067190 号

责任编辑:方竞男 责任校对:李嘉琪 装帧设计:吴 极

出版发行:**武汉大学出版社** (430072 武昌 珞珈山)
(电子邮件:whu_publish@163.com 网址:www.stmpress.cn)
印刷:湖北画中画印刷有限公司
开本:787×1092 1/16 印张:17.25 字数:394 千字
版次:2017 年 5 月第 1 版 2017 年 5 月第 1 次印刷
ISBN 978-7-307-17353-8 定价:39.00 元

前　言

　　"建筑工程质量管理"是高等职业教育工程造价与工程管理类专业的一门重要专业课程,也是其他建筑工程类专业的必修课程。为了适应21世纪高等职业教育发展的需要,培养高水平的具备建筑工程质量管理技能的专业技术应用型人才,编者依据当前建筑工程质量管理发展的趋势编写了本书。

　　本书共分为8章,包括绪论、建设工程项目的质量控制体系、建筑工程施工项目的质量计划、施工生产要素的质量控制、建筑工程施工过程中的质量检查与检验、建筑工程施工质量验收、建筑工程质量问题与处理、工程资料收集与整理。

　　本书内容可按照62～86学时安排,推荐学时分配:第1章为4～6学时,第2章为4～6学时,第3章为4～6学时,第4章为4～6学时,第5章为6～8学时,第6章为30～40学时,第7章为6～8学时,第8章为4～6学时。教师可根据专业的不同灵活安排学时,重点讲解主要知识点与技能,具体包括教学目标、能力要求、案例导入、课后习题及实训内容等模块。

　　本书突破了相关传统教材的构建框架,注重理论与实践相结合,采用全新体例编写,内容丰富,并附有大量习题供读者练习。

　　全书的架构体系完善,具有高职高专教学特色,更符合高职高专学生的认知与学习规律。在内容组织上更充分体现了"以学生为主体、以教师为主导"的"教、学、做相统一"的教学思想,注重实用性与可操作性,努力做到理实一体化。

　　本书由南通职业大学宋健担任主编,贵州建设职业技术学院郑焰、湖南高速铁路职业技术学院李文、湖南省亿辉建筑有限公司周辉军担任副主编。具体编写分工如下:第1章由周辉军编写,第2～3章由郑焰编写,第4章由李文编写,第5～7章由宋健编写。全书由宋健负责统稿。

　　编者在本书的编写过程中,参考和引用了大量文献资料,在此谨向有关作者表示衷心的感谢。

　　由于编者水平有限,书中难免存在不足和疏漏之处,敬请广大读者批评指正。

编　者
2017年3月

目　　录

1 绪 论

【教学目标】

掌握质量、质量管理、质量控制的概念,施工质量控制的目标,施工质量控制的依据;熟悉建设工程项目质量的基本特性,施工质量控制的基本环节,建筑工程项目施工质量控制的具体范围,全面质量管理的思想,质量管理的 PDCA 循环方法;了解建设工程质量的形成过程,建设工程项目质量的影响因素,全面质量管理的缺点,质量管理和质量保证。

【能力要求】

目标	内容	权重
知识点	质量、质量管理、质量控制的概念,施工质量控制的目标,施工质量控制的依据,建设工程项目质量的基本特性,施工质量控制的基本环节,建筑工程项目施工质量控制的具体范围	70%
技能	全面质量管理的思想,工程项目质量管理的 PDCA 循环方法	30%

【案例导入】

某工程项目,建设单位与施工总承包单位按《建设工程施工合同(示范文本)》(GF-2013-0201)签订了施工承包合同,并委托某监理公司承担施工阶段的监理任务。施工总承包单位将桩基工程分包给一家专业施工单位。

开工前:总监理工程师组织监理人员熟悉设计文件时,发现部分图纸设计不当,即通过计算修改了该部分图纸,并直接签发给施工总承包单位;在工程定位放线期间,总监理工程师指派测量监理员复核施工总承包单位报送的原始基准点、基准线和测量控制点,总监理工程师又审查了分包单位直接报送的资格报审表等相关资料;在合同约定开工日期的前 5 天,施工总承包单位书面提交了延期 10 天开工的申请,总监理工程师不予批准。

钢筋混凝土施工过程中：①按合同约定由建设单位负责采购的一批钢筋，虽供货方提供了质量合格证，但在使用前的抽检试验中材料检验不合格；②钢筋绑扎完毕，施工总承包单位未通知监理人员检查就准备浇筑混凝土；③该部位施工完毕，混凝土浇筑时留置的混凝土试块试验结果没有达到设计要求的强度。

竣工验收时：总承包单位完成了自查、自评工作，填写了工程竣工报验单，并将全部竣工资料报送项目监理机构，申请竣工验收。总监理工程师认为施工过程中均按要求进行了验收，即签署了竣工报验单，并向建设单位提交了质量评估报告。建设单位收到监理单位提交的质量评估报告后，即将该工程正式投入使用。

分析：

（1）开工前准备工作妥当与否的评价。

①总监理工程师修改设计不当部分图纸并签发给施工总承包单位不妥。理由：总监理工程师无权修改图纸。对图纸中存在的问题，应通过建设单位向设计单位提出书面意见和建议。

②总监理工程师指派测量监理员进行复核不妥。理由：测量复核不属于测量监理员的工作职责，应指派专业监理工程师进行。

③总监理工程师审查分包单位直接报送的资格报审表等相关资料不妥。理由：总监理工程师应对施工总承包单位报送的分包单位资质情况进行审查、签认。

④总监理工程师不批准总承包单位的延期开工申请是正确的。理由：施工总承包单位应在开工前7天提出延期开工申请。

（2）对施工过程中出现的问题，监理人员应作如下处理。

①指令承包单位停止使用该批钢筋。如该批钢筋可降级使用，应与建设、设计、总承包单位共同确定处理方案；如不能用于工程则指令退场。

②指令施工单位不得进行混凝土的浇筑，应要求施工单位报验，收到施工单位报验单后按验收标准检查验收。

③指令停止相关部位继续施工。请具有资质的法定检测单位进行该部分混凝土结构的检测。如能达到设计要求，予以验收，否则要求返修或加固处理。

（3）总监理工程师在执行验收程序时未组织竣工初验收（初验）不妥。正确做法是收到承包商竣工申请后，总监理工程师应组织专业监理工程师对竣工资料及各专业工程质量情况做全面检查，对检查出的问题，应督促承包单位及时整改，对竣工资料和工程实体验收合格后，签署工程竣工报验单，并向建设单位提交质量评估报告。

（4）建设单位收到监理单位提交的质量评估报告，即将该工程正式投入使用不妥。理由：建设单位在收到工程竣工验收报告后，应组织设计、施工、监理等单位进行工程验收，验收合格后方可使用。

1.1 概 述

1.1.1 质量

质量是建设工程项目管理的主要控制目标之一。

根据《质量管理体系 基础和术语》(GB/T 19000—2008/ISO 9000:2005)的定义,质量是指一组固有特性满足要求的程度。

就工程质量而言,其固有特性通常包括使用功能、寿命以及可靠性、安全性、经济性等,这些特性满足要求的程度越高,质量就越好。

1.1.2 质量管理

质量管理是指在质量方面指挥和控制组织的协调的活动。这些活动通常包括制订质量方针和质量目标,以及质量策划、质量控制、质量保证和质量改进等一系列工作。

组织必须通过建立质量管理体系来实施质量管理,其中,质量方针是组织最高管理者的质量宗旨、经营理念和价值观的反映。在质量方针的指导下,制订组织的质量手册、程序性管理文件和质量记录,进而落实组织制度,合理配置各种资源,明确各级管理人员在质量活动中的职责分工与权限界定等,形成组织质量管理体系的运行机制,保证整个体系的有效运行,从而实现质量目标。

1.1.3 建设工程项目质量的基本特性

建设工程项目从本质上说是一项拟建或在建的建筑产品,它和一般产品具有同样的质量内涵,即一组固有特性满足要求的程度。这些特性是指产品的适用性、可靠性、安全性、经济性以及环境的适应性等。

建筑产品一般是采用单件性筹划、设计和施工的生产组织方式,因此,其具体的质量特性指标是在各建设工程项目的策划、决策和设计过程中进行定义的。

建设工程项目质量的基本特性可以概括如下。

1. 反映使用功能的质量特性

建设工程项目的功能性质量,主要表现为反映建设工程使用功能需求的一系列特性指标,如房屋建筑的平面空间布局、通风采光性能,工业建设工程项目的生产能力和工艺流程,道路交通工程的路面等级、通行能力,等等。按照现代质量管理理念,功能性质量必须以使用者关注点为焦点,满足使用者的需求或期望。

2. 反映安全可靠的质量特性

建筑产品不仅要满足使用功能和用途的要求,而且在正常的使用条件下应能达到安全可靠的标准,如建筑结构自身安全可靠,使用过程防腐蚀、防坠、防火、防盗、防辐射,以及设备或系统运行与使用安全等。可靠性质量必须在满足功能性质量需求的基础上,结合技术标准、规范(特别是强制性条文)的要求进行确定与实施。

3. 反映文化艺术的质量特性

建筑产品具有深刻的社会文化背景,历来人们都把建筑产品视为艺术品。其独具个性的艺术效果,包括建筑造型、立面外观、文化内涵、时代表征以及装饰装修、色彩视觉等,不仅使用者关注,而且社会也关注;不仅现在关注,而且未来也会关注。建设工程项目艺术文化特性的质量来源于设计者的设计理念、创意和创新,以及施工者对设计意图的领会与精益施工。

4. 反映建筑环境的质量特性

作为项目管理对象(或管理单元)的建设工程项目,可能是独立的单项工程或单位工程甚至某一主要分部工程,也可能是一个由群体建筑或线性工程组成的建设项目,如新建、改建、扩建的工业厂区,大学城或校区,交通枢纽,航运港区,高速公路,油气管线等。建筑环境质量包括项目用地范围内的规划布局、交通组织、绿化景观、节能环保,还包括其与周边环境的协调性或适宜性。

1.1.4　建设工程项目质量的形成过程

建设工程项目质量的形成过程,贯穿于整个建设项目的决策过程和各个子项目的设计与施工过程,体现在建设工程项目质量的目标决策、目标细化到目标实现的系统过程。

1. 质量需求的识别过程

在建设项目决策阶段,主要工作包括建设项目发展策划、可行性研究、建设方案论证和投资决策。这一过程的质量管理职能在于识别建设意图和需求,对建设项目的性质、规模、使用功能、系统构成和建设标准要求等进行策划、分析、论证,为整个建设工程项目的质量总目标以及项目内各个子项目的质量目标提出明确要求。

必须指出的是,建筑产品采取定制式的承发包生产,因此,其质量目标的决策是建设单位(业主)或项目法人的质量管理职能。对于建设项目的前期工作,尽管业主可以采用社会化、专业化的方式,委托咨询机构、设计单位或建设工程总承包企业进行,但这一切并不改变业主或项目法人的决策性质。业主的需求和法律法规的要求,是决定建设工程项目质量目标的主要依据。

2. 质量目标的定义过程

建设工程项目质量目标的具体定义过程,首先是在建设工程设计阶段。设计是一种高智力的创造性活动。建设工程项目的设计任务,因其产品对象的单件性,总体上符合目标设计与标准设计相结合的特征。在总体规划设计和单体方案设计阶段,相当于目标产品的开发设计;总体规划和单体方案设计经过可行性研究和技术经济论证后,开始进入工程的标准设计,在这整个过程中实现对建设工程项目质量目标的明确定义。由此可见,建设工程项目设计的任务就在于按照业主的建设意图、决策要点、相关法规和标准,及规范的强制性条文要求,将建设工程项目的质量目标具体化。通过建设工程的方案设计、扩大初步设计、技术设计和施工图设计等环节,对建设工程项目各细部的质量特性指标进行明确定义,即确定质量目标值,为建设工程项目的施工安装作业活动及质量控制提供依据。另外,承包方会为了创品牌工程或根据业主的创优要求及具体情况来确定工程项目的质量目标,策划精品工程的质量控制。

3. 质量目标的实现过程

建设工程项目质量目标实现的最重要和最关键的过程是在施工阶段,包括施工准备过程和施工作业技术活动过程。其任务是按照质量策划的要求,制定企业或工程项目内控标准,实施目标管理、过程监控、阶段考核、持续改进的方法,严格按设计图纸施工;正确、合理地配备施工生产要素,把特定的劳动对象转化成符合质量标准的建设工程产品。

综上所述,建设工程项目质量的形成过程,贯穿于建设工程项目的决策过程和实施过程,这些过程的各个重要环节构成了建设工程的基本程序,它是建设工程客观规律的体现。无论哪个国家和地区,也无论其发达程度如何,只要讲求科学,都必须遵循这样的客观规律。在信息技术高速发展的今天,尽管流程可以再造、可以优化,但不能改变流程所反映的事物本身的内在规律。建设工程项目质量的形成过程,从某种意义上来说,也是在履行建设程序的过程中,对建设工程项目实体注入一组固有的质量特性,以满足人们的预期需求。在这个过程中,业主方的项目管理,担负着对整个建设工程项目质量总目标的策划、决策和实施监控的任务;而建设工程项目各参与方,则直接承担着相关建设工程项目质量目标的控制职能和相应的质量责任。

1.1.5　建设工程项目质量的影响因素

建设工程项目质量的影响因素,主要是指在建设工程项目质量目标策划、决策和实现过程中影响质量形成的各种客观和主观因素,包括人的因素、技术因素、材料因素、机具设备因素、管理因素、环境因素和社会因素以及其他影响因素等。

1. 人的因素

人的因素对建设工程项目质量形成的影响,取决于两个方面:一是指直接履行建设工程项目质量职能的决策者、管理者和作业者个人的质量意识及质量活动能力;二是指承担建设工程项目策划、决策或实施的建设单位、勘察设计单位、咨询服务机构、工程承包企业等实体组织的质量管理体系及其管理能力。前者是个体的人,后者是群体的人。

参与工程建设的各方人员按其作用性质可划分为以下几类:

(1)决策层,即参与工程建设的决策者。

(2)管理层,即决策意图的执行者,包含各级职能部门、项目部的职能人员。

(3)作业层,即工程实施中各项作业的操作者,包括技术工人和辅助工。

人员素质是指参与建设活动的人群的决策能力、管理能力、作业能力、组织能力、公关能力、经营能力、控制能力及道德品质的总称。对不同层次人员有不同的素质要求。

人员素质直接影响工程质量目标的成败。通常情况下,人员素质的高低是工程质量好坏的决定性因素,决策层的素质更是关键,决策失误或指挥失误,对工程质量的危害更大。职能部门管理人员的能力素质高低直接影响他们的工作质量,尤其是一些专业技术人员,必须具备丰富的技术管理知识和较强的实际工作能力。作业人员不仅应具有一定的技术水平,还应具有良好的心理状态和职业道德品质。

控制工程质量,重要的是从控制人员素质抓起,管理者和操作者都应该是有"资格"的行家,严禁不懂基本专业知识和操作技能的人员上岗。

我国实行建筑业企业经营资质管理制度、市场准入制度、执业资格注册制度、作业及管理人员持证上岗制度等,从本质上说,这都是对从事建设工程活动的人的素质和能力进行的必要控制。此外,《中华人民共和国建筑法》(以下简称《建筑法》)和《建设工程质量管理条例》(国务院令〔2000〕279 号)还对建设工程的质量责任制度作出明确规定,如规定按资质等级承包工程任务,不得越级、不得挂靠、不得转包,严禁无证设计、无证施工等,从根本上说这也是为了防止因人的资质或资格失控而导致质量活动能力和质量管理能力失控。

2. 技术因素

影响建设工程项目质量的技术因素涉及的内容十分广泛,包括直接的工程技术和辅助的生产技术,前者如工程勘察技术、设计技术、施工技术、材料技术等,后者如工程检测检验技术、试验技术等。建设工程技术的先进性,从总体上说,取决于国家一定时期的经济发展和科研水平,以及建筑业和相关行业的技术进步程度。对于具体的建设工程项目,主要是通过技术工作的组织与管理,优化技术方案,发挥技术因素对建设工程项目质量的保证作用。

工艺技术是指施工现场在建设参与各方配合下采用的施工方案、技术措施、工艺手段、施工方法等。

一定的工艺技术水平,对质量有一定的影响。采用先进、合理的工艺、技术,依据操作规程、工艺标准和作业指导书施工,必将对组成质量因素的产品精度、清洁度、平整度、密封性等物理、化学特性方面起良性推进作用。例如,钢筋连接用焊接工艺或机械连接替代人工绑扎,不仅提高了作业效率,还有利于提高连接质量。在砌砖工程中,采用不同的砂浆铺设方法和砖块搭接形式,都会对砌体的整体强度产生不同程度的影响。

3. 材料因素

工程材料,泛指构成工程实体的各类建筑材料、构配件、半成品等,种类繁多,规格成千上万,不胜枚举。

各类工程材料是工程建设的物质条件,因此,材料的质量是工程质量的基础。工程材料选用是否合理,产品是否合格,材质是否经过检验,保管使用是否得当等,都将直接影响建设工程的结构,建设工程外表及观感、使用功能及使用寿命。

构配件和半成品的优劣同工程材料一样,会直接影响建设工程的结构强度和稳定性,以及建设工程使用功能和使用寿命。

对于工程材料质量,主要是控制其相应的力学性能、化学性能、物理性能,必须符合标准规定。为此,进入现场的工程材料必须有产品合格证或质量保证书、性能检测报告,并应符合设计标准要求;凡需现场抽样检测的建筑材料,必须检测合格才能使用;使用进口的工程材料,必须符合我国相应的质量标准,并持有商检部门签发的商检合格证书;严禁易污染、易反应的材料混放,造成材性蜕变。同时,要注意设计、施工过程中对材料、构配件、半成品的合理选用,严禁混用、少用、多用,以免造成质量失控。

4. 机具设备因素

机具设备可分为两类,一类是指组成工程实体的配套的工艺设备和各类机具,如电梯、泵机、通风设备等(简称工程用机具设备)。它们的作业是与工程实体结合,保证工程形成完整的使用功能。另一类是指施工过程中使用的各类机具设备,包括大型垂直与横向移动建筑物件的运输设备,各类操作工具,各种施工安全设施,各类测量仪器、计量器具等(简称施工机具设备)。

施工机具的选用也很重要,如高层建筑混凝土结构选用混凝土泵进行输送、浇筑,将有利于改善混凝土的质量;又如选用的测量仪器精度不准,会使建筑物定位或允许偏差超标。

5. 管理因素

影响建设工程项目质量的管理因素,主要是决策因素和组织因素。

决策因素首先是业主方的建设工程项目决策;其次是建设工程项目实施过程中,实施主体的各项技术决策和管理决策。实践证明,没有经过资源论证、市场需求预测,盲目建设,重复建设,建成后不能投入生产或使用,所形成的合格而无用途的建筑产品,从根本上就是对社会资源的极大浪费,不具备质量的适用性特征。同样,盲目追求高标准,缺乏质量经济性考虑的决策,也将对工程质量的形成产生不利的影响。

管理因素中的组织因素,包括建设工程项目实施的管理组织和任务组织。管理组织是指建设工程项目管理的组织架构、管理制度及其运行机制,三者的有机联系构成了一定的组织管理模式,其各项管理职能的运行情况,直接影响建设工程项目质量目标的实现。任务组织是指对建设工程项目实施的任务及其目标进行分解、发包、委托,以及对所实施任务进行计划、指挥、协调、检查和监督等一系列工作过程。从建设工程项目质量控制的角度看,建设工程项目管理组织系统是否健全,实施任务的组织方式是否科学、合理,无疑将对质量目标控制产生重要的影响。

6. 环境因素

一个建设工程项目的决策、立项和实施,受到经济、政治、社会、技术等多方面因素的影响。这些因素就是建设工程项目可行性研究、风险识别与管理所必须考虑的环境因素。

对于建设工程项目质量控制而言,直接影响建设工程项目质量的环境因素,一般是指建设工程项目所在地点的水文、地质和气象等自然环境,施工现场的作业面大小,通风、照明、安全卫生防护设施,通信条件等劳动作业环境,邻近工程的地下管线、建(构)筑物等周边环境,以及由多单位、多专业交叉协同施工的管理关系、组织协调方式、质量控制系统等构成的管理环境。对这些环境条件的认识与把握,是保证建设工程项目质量的重要工作环节。

环境条件往往对工程质量有一定的影响。如良好的安全作业环境,对材料和构配件、设备有良好的保护措施,有利于保证工程的文明施工和产品保护。恶劣的气候条件,给保证工程质量带来了许多困难。如地下水位高的地区,在雨季进行基坑开挖,遇到连续暴雨或排水困难,会引起基坑塌方或地基被水浸泡而影响承载力等;在未经干燥的情况下进行沥青防水层施工,容易产生大面积空鼓;在冬季寒冷地区,如果工程措施不当,工程就会受冻融而影响质量。因此,加强环境管理,改进作业条件,把握好技术环境,辅以必要的措施,是控制环境对质量影响的重要保证。

7. 社会因素

影响建设工程项目质量的社会因素,表现在建设法律法规的健全程度及其执法力度,建设工程项目法人或业主的理性化程度以及建设工程经营者的经营理念,建筑市场(包括建设工程交易市场和建筑生产要素市场)的发育程度及交易行为的规范程度,政府的工程质量监督及行业管理成熟程度,建设咨询服务业的发展程度及其服务水准的高低,廉政建设及行风建设的状况等方面。

8. 其他影响因素

工程勘察设计对工程质量有一定的影响,另外,还有以下因素影响工程质量。

(1)施工工期。

施工工期是指建设工程从正式开工至竣工交付的全过程所花的时间,常用天数表示。

合理的工期反映了工程项目建设过程必要的程序及其规律,为此,国家制定了各类工程的工期定额,实施工期管理,目的是通过制定合理的工期,使建设施工能合理安排施工进度,科学管理,保证工程质量。

工期目标不合理,盲目压工期,抢速度,将打乱建筑施工正常的节奏,致使蛮干,甚至打乱合理的工序搭接以及工程产品形成过程中必要的停止点,如混凝土、砂浆养护期,回填土或砌体的沉降稳定期,涂料的凝固干燥期。各种检测、试验的必需时间被挤占,正常施工秩序受到干扰,必然影响工程质量。

(2)工程造价。

在建设实施阶段,通常把建筑安装费称为工程造价。也有把实施招标工程的中标价称为合同造价。工程造价一般由工程成本、利润和税金组成。

价格是价值的体现。工程建设的造价、工期和质量三者之间存在相互依存与制约的关系。在一定的技术方案和工期、质量的条件下,工程所需的人工、材料和机械费用等成本是相对固定的,因而,降低造价费用的空间是有限的。任意压低造价,将造成建设各方盲目压缩必需的质量成本及质量投入,从而使工程质量得不到充分的物质保证,影响质量目标的实现。

工程建设必须尊重客观规律,在一定的技术前提和工期条件下,需要有一定的质量成本。通过优化管理,可以减少消耗,降低成本,但过低的成本是无法实现工程质量的。因此,严禁工程盲目压价,工程招标投标中严禁任意分包、层层转包、层层压价,这些应成为造价控制的要点。

(3)市场准入。

市场准入是指各建设市场主体,包括发包方(业主)、承包方(勘察、设计、施工及设备材料供应单位)、中介方(工程咨询、监理单位、检测单位),只有具备符合规定的资质和条件,才能参与建设市场活动,建立承发包关系。这是建设市场管理的一项重要制度。

市场准入制度与工程质量有着密切的关系。如业主招标发包工程应具有一定的能力和条件,承包方参与投标要有相应的资质等级,设备材料应有合格证、性能检测报告,否则就不准参与建设市场交易。市场准入不仅有利于建设市场秩序的管理,还对参与建设各方从总体素质上进行了控制,对保证工程质量有重要的影响。建设市场准入若把关不严,则会存在无证设计、无证施工、借证卖照、资质挂靠、越级和超越规定范围承包,或逃避市场管理,做私下交易等情况,必然对建设工程质量构成严重威胁。不少建设工程项目发生重大质量事故,往往同参与建设各方违反市场准入规定有关。因此,严格市场准入管理,是保证工程质量不可忽视的重要环节。

必须指出的是,作为建设工程项目管理者,不仅要系统认识和思考以上各种因素对建设工程项目质量形成的影响及其规律,还要分清对于建设工程项目质量控制来说,哪些是可控因素,哪些是不可控因素。不难理解,对于建设工程项目管理者而言,人的因素、技术、管理因素和环境因素都是可控因素;社会因素存在于建设工程项目系统之外,一般情形下属于不可控因素,但可以通过自身的努力,尽可能地做到趋利避害。

1.2 全面质量管理

1.2.1 全面质量管理的思想

TQC(Total Quality Control),即全面质量管理,是20世纪中期在欧美和日本广泛应用的质量管理理念和方法。我国从20世纪80年代开始引进和推广全面质量管理的方法。在现阶段,该理论仍在不断完善和发展。

全面质量管理的基本原理就是,强调在企业或组织的最高管理者的质量方针的指引下,实行全面、全过程和全员参与的"三全"质量管理。

全面质量管理的主要特点如下。

(1)以顾客满意为宗旨;

(2)领导参与质量方针和目标的制定;

(3)执行质量职能是全体人员的责任,应该使全体人员都形成对质量的概念和参与质量管理的要求;

(4)提倡预防为主、科学管理、用数据说话;

(5)全面质量管理不排除检验质量管理和统计质量管理的方法;

(6)进一步采用现代生产技术,对一切与生产产品有关的因素进行系统管理,在此基础上,保证建立一个有效的、确保质量提高的质量体系。

在当今世界标准化组织颁布的 ISO 9000 质量管理体系标准中,处处都体现了这些重要特点和思想。

建设工程项目的质量管理,同样应贯彻"三全"管理的思想和方法。

1. 全面质量管理

全面质量管理,是指建设工程项目所有参与方所进行的全部工程项目质量管理的总称,其中包括工程(产品)质量和工作质量的全面管理。

工作质量是产品质量的保证,工作质量直接影响产品质量的形成。业主、监理单位、勘察单位、设计单位、施工总承包单位、施工分包单位、材料设备供应商等,任何一方、任何环节的怠慢、疏忽或质量责任不到位,都会造成对建设工程质量的不利影响。

2. 全过程质量管理

全过程质量管理,是指根据工程质量的形成规律,从源头抓起,全过程推进。《质量管理体系 基础和术语》(GB/T 19000—2008/ISO 9000:2015)强调质量管理的"过程方法"管理原则,要求应用"过程方法"进行全过程的质量控制。要控制的主要过程有:项目策划与决策过程、勘察设计过程、施工采购过程、施工组织与准备过程、检测设备控制与计量过程、施工生产的检验与试验过程、工程质量的评定过程、工程竣工验收与交付过程、工程回访维修服务过程等。

3. 全员参与质量管理

按照全面质量管理的思想,组织内部的每个部门和工作岗位都承担着相应的质量职能,组织的最高管理者确定了质量方针和目标,就应组织和动员全体员工参与到实施质量方针的系统活动中去,发挥自己的角色作用。

开展全员参与质量管理的重要手段就是运用目标管理方法,将组织的质量总目标逐级进行分解,使之形成自上而下的质量目标分解体系和自下而上的质量目标保证体系,发挥组织系统内部每个工作岗位、部门或团队在实现质量总目标过程中的作用。

1.2.2 质量管理的 PDCA 循环方法

PDCA 循环是指计划 P(Plan)、实施 D(Do)、检查 C(Check)、处置 A(Action),如图 1-1 所示。在长期的生产实践和理论研究中形成的 PDCA 循环,是建立质量管理体系和进行质量管理的基本方法。

从某种意义上说,管理就是确定任务目标,并通过 PDCA 循环来实现预期目标。每一循环都围绕着实现预期的目标,进行计划、实施、检查和处置活动,随着对存在问题的解决和改进,在一次次的滚动循环中逐步上升,不断增强质量能力,不断提高质量水平。

每一次 PDCA 循环的四大职能活动相互联系,共同构成了质量管理的系统过程。

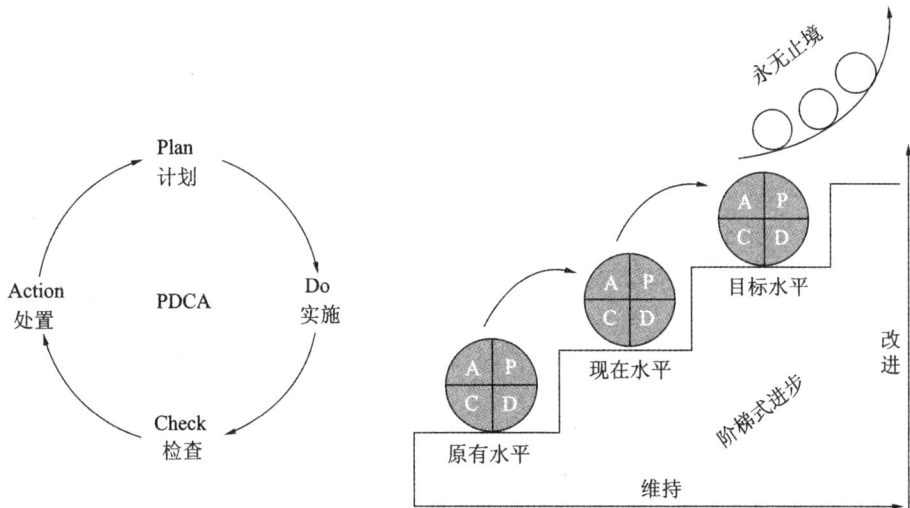

图 1-1　PDCA 循环

1. 计划 P(Plan)

计划是由目标和实现目标的手段组成的,所以说计划是一条"目标-手段链"。质量管理的计划职能包括两个方面,即确定质量目标和制订实现质量目标的行动方案。实践表明,质量计划的严谨周密、经济合理和切实可行,是保证工作质量、产品质量和服务质量的前提条件。

建设工程项目的质量计划,是由项目参与各方根据其在项目实施中所承担的任务、责任范围和质量目标,分别制订质量计划而形成的质量计划体系。其中,建设单位的工程项目质量计划,包括确定和论证项目总体的质量目标,提出项目质量管理的组织、制度、工作程序、方法和要求。项目其他各参与方,则根据工程合同规定的质量标准和责任,在明确各自质量目标的基础上,制订实施相应范围质量管理的行动方案(技术方法、业务流程、资源配置、检验试验要求、质量记录方式、不合格处理、管理措施等具体内容和做法的质量管理文件),同时需对其实现预期目标的可行性、有效性、经济合理性进行分析、论证,并按照规定的程序与权限,经过审批后执行。

2. 实施 D(Do)

实施职能在于将质量的目标值,通过生产要素的投入、作业技术活动和产出过程,转换为质量的实际值。为保证工程质量的产出或形成过程能够达到预期的结果,在各项质量活动实施前,要根据质量管理计划进行行动方案的部署和交底,交底的目的在于使具体的作业者和管理者明确计划的意图和要求,掌握质量标准及其实现的程序与方法。在质量活动的实施过程中,则要求严格执行计划的行动方案,规范行为,把质量管理计划的各项规定和安排落实到具体的资源配置和作业技术活动中去。

3. 检查 C(Check)

针对计划实施过程进行各种检查,包括作业者的自检、互检和专职管理者专检。各类检查也都包含两大方面:一是检查是否严格执行了计划的行动方案,实际条件是否发生了变化,不执行计划的原因;二是检查计划执行的结果,即产出的质量是否达到标准的要求,对此进行确认和评价。

4. 处置 A(Action)

对于质量检查所发现的质量问题或质量不合格,及时进行原因分析,采取必要的措施,予以纠正,保持工程质量形成过程的受控状态。

处置分纠偏和预防改进两个方面:前者是采取有效措施,解决当前的质量偏差、问题或事故;后者是将目前质量状况信息反馈到管理部门,反思问题症结或计划时的不周全,确定改进目标和措施,为今后类似质量问题的预防提供借鉴。

1.2.3 全面质量管理的缺点

全面质量管理理论提出后,很快被各国接受,最有成效的是日本。20世纪50年代,日本向美国学习,借鉴了美国的先进经验,日本将全面质量管理称为全公司质量管理,全面引进管理技术,在工业产品质量方面迅速提高,有些产品(汽车、家用电器)一跃达到世界一流水平。

但是,全面质量管理也有其弱点,表现在以下两个方面:

(1)随着世界经济的迅猛发展,各国之间的质量标准不尽统一,全面质量管理无力解决。

(2)在世界经济市场的激烈竞争中,低价竞争愈演愈烈,使质量管理面临一个新的课题。

虽然全面质量管理有不足,但是,全面质量管理的出现使仅仅依赖质量检验和运用统计方法的管理成为全体人员的质量管理,使全体人员都参与到质量管理之中,企业的各职能部门、管理层、操作层和每一个人都与质量管理密切相连,建立起从产品的研究、设计、生产到服务的全过程的质量保障体系。将事后检验和最后把关,转变为事前控制,以预防为主,把分散管理转变为全面、系统的综合管理,使产品的开发、生产全过程都处于受控状态,提高了质量,降低了成本,使企业获得丰厚的经济效益。

1.2.4 质量管理和质量保证

国际标准化组织质量管理和质量保证技术委员会(ISO/TC 176),在多年协调努力的基础上,总结了各国质量管理和质量保证的经验,经过各国质量管理专家近十年的努力工作,于1986年6月15日正式发布了《质量管理和质量保证　术语》(GB/T 6583—1992/ISO 8402—1986)标准,1987年3月正式发布了 ISO 9000~ISO 9004 系列标准。

ISO 9000 系列标准的发布,使世界主要工业发达国家的质量管理和质量保证的概念、原则、方法和程序统一在国际标准的基础上,它标志着质量管理和质量保证走向规范化、程序化的新高度。自 ISO 9000 系列标准发布以来,已有 60 多个国家等效和等同采用。标准化组织在各国迅速发展质量认证制度,以实现 ISO 9000 系列标准为共同目标。

1.3 建筑工程项目的施工质量控制

根据《质量管理体系 基础和术语》(GB/T 19000—2008/ISO 9000:2015)的定义,质量控制是质量管理的一部分,是致力于满足质量要求的一系列相关活动。这些活动主要包括以下几个方面。

(1)设定标准:规定要求,确定需要控制的区间、范围、区域。

(2)测定结果:测量对所设定标准的满足程度。

(3)评价:评价控制的能力和效果。

(4)纠偏:对不满足设定标准的偏差,及时纠偏,保持控制能力的稳定性。

质量控制是质量管理的一部分而不是全部。质量控制是在拥有明确的质量目标和具体条件的前提下,通过行动方案和资源配置的计划、实施、检查和监督,进行质量目标的事前预控、事中控制和事后纠偏控制,实现预期质量目标的系统过程。

建设工程项目的质量要求是由业主(或投资者、项目法人)提出的,即建设工程项目的质量总目标,是业主的建设意图通过项目策划(项目的定义及建设规模,系统构成,使用功能和价值,规格、档次、标准等的定位策划和目标决策)来确定的。

建设工程项目质量控制,即在工程勘察设计、招标采购、施工安装、竣工验收等各个阶段,项目参与各方均应围绕致力于满足业主要求的质量总目标而努力。

质量控制活动涵盖作业技术活动和管理活动。产品或服务质量的产生,归根结底是由作业过程直接形成的。因此,作业技术方法的正确选择和作业技术能力的充分发挥,是质量控制的致力点;而组织或人员具备相关的作业技术能力,是产出合格的产品和保证服务质量的前提。在社会化大生产的条件下,只有通过科学的管理,对作业技术活动过程进行科学的组织和协调,才能使作业技术能力得到充分发挥,实现预期的质量目标。

建设工程项目的质量控制,需要系统、有效地应用质量管理和质量控制的基本原理和方法,建立和运行工程项目质量控制体系,落实项目各参与方的质量责任,通过项目实施过程各个环节质量控制的职能活动,有效预防和正确处理可能发生的工程质量事故,在政府的监督下实现建设工程项目的质量目标。

1.3.1 施工质量控制的目标

工程施工是实现工程设计意图、形成工程实体的阶段,是最终形成工程产品质量和项目使用价值的重要阶段。

建设工程项目施工阶段的质量控制是整个工程项目质量控制的关键环节,是从对所投入原材料的质量控制开始,直到完成工程竣工验收和交工后服务的系统过程,分为施工准备、施工、竣工验收和回访服务四个阶段。

建设工程项目施工质量控制的总目标,是实现由建设工程项目决策、设计文件和施工合同所决定的预期使用功能和质量标准。建设单位、设计单位、施工单位、供货单位和监理单位等,在施工阶段质量控制的地位、任务和目标不同,从建设工程项目管理的角度来看,都是致力于实现建设工程项目的质量总目标。

施工阶段质量控制目标可具体表述如下。

1. 建设单位的质量控制目标

建设单位在施工阶段,通过对施工全过程、全面的质量监督管理,保证整个施工过程及其成果达到项目决策所确定的质量标准。

2. 设计单位的质量控制目标

设计单位在施工阶段,通过对关键部位和重要分部分项工程施工质量的验收签证、设计变更控制及纠正施工中所发现的设计问题,采纳变更设计的合理化建议等,保证竣工项目的各项施工成果与设计文件(包括变更文件)所规定的质量标准相一致。

3. 施工单位的质量控制目标

施工单位包括施工总承包和分包单位,其作为建设工程产品的生产者,应根据施工合同的任务范围和质量要求,通过全过程、全面的施工质量自控,保证最终交付满足施工合同及设计文件所规定质量标准(含建设工程质量创优要求)的建设工程产品。

《建设工程质量管理条例》(国务院令〔2000〕279 号)规定,施工单位对建设工程的施工质量负责,分包单位应当按照分包合同的约定对其分包工程的质量向总承包单位负责,总承包单位与分包单位对分包工程的质量承担连带责任。

4. 供货单位的质量控制目标

建筑材料、设备、构配件等供应厂商,应按照采购供货合同约定的质量标准提供货物及其合格证明,包括检验试验单据、产品规格和使用说明书,以及其他必要的数据和资料,并对其产品质量负责。

5. 监理单位的质量控制目标

建设工程监理单位在施工阶段,通过审核施工单位的施工质量文件、报告报表,采取现场旁站、巡视、平行检验等形式进行施工过程质量监理,并应用施工指令和结算支付控制等手段,监控施工承包单位的质量活动行为,协调施工关系,正确履行对工程施工质量的监督责任,以保证工程质量达到施工合同和设计文件所规定的质量标准。《建筑法》规定,建设工程监理人员认为工程施工不符合工程设计要求、施工技术标准和合同约定的,有权要求建筑施工企业改正。

施工质量的自控和监控是相辅相成的系统过程。自控主体的质量意识和能力是关键,是施工质量的决定因素;各监控主体所进行的施工质量监控是对自控行为的推动和约束。因此,自控主体必须正确处理自控和监控的关系,在致力于施工质量自控的同时,还必须接受来自业主、监理等方面对其质量行为和结果所进行的监督管理,包括质量检查、评价和验收。自控主体不能因为监控主体的存在和监控职能的实施而减轻或免除其质量责任。

1.3.2　施工质量控制的依据

1. 共同性依据

共同性依据是指适用于施工阶段且与质量管理有关的、通用的、具有普遍指导意义和必须遵守的基本条件。其主要包括工程建设合同、设计文件、设计交底及图纸会审记录、设计修改和技术变更、国家和政府有关部门颁布的与质量管理有关的法律和法规性文件[如《建筑法》、《中华人民共和国招标投标法》(以下简称《招标投标法》)和《建筑工程质量管理条例》等]。

2. 专门技术法规性依据

专门技术法规性依据是指针对不同的行业、不同质量控制对象制定的专门技术法规文件。其包括规范、规程、标准、规定等,如工程建设项目质量检验评定标准,有关建筑材料、半成品和构配件的质量方面的专门技术法规性文件,有关材料验收、包装和标志等方面的技术标准和规定,施工工艺质量等方面的技术法规性文件,有关新工艺、新技术、新材料、新设备的质量规定和鉴定意见等。

3. 相关工程质量法律法规和验收规范

(1)《建设工程质量管理条例》(国务院令〔2000〕279号)。

2000年1月10日国务院第25次常务会议通过中华人民共和国国务院令第279号《建设工程质量管理条例》,2000年1月30日发布起施行。该条例共九章八十二条。

《建设工程质量管理条例》(国务院令〔2000〕279号)规定,在中华人民共和国境内从事建设工程的新建、扩建、改建等有关活动及实施对建设工程质量监督管理的,必须遵守条例的规定。该条例所称建设工程,是指土木工程、建筑工程、线路管道和设备安装工程及装修工程。

《建设工程质量管理条例》(国务院令〔2000〕279号)还明确了建设单位、设计单位、监理单位的质量责任和义务,规定了违反《建设工程质量管理条例》(国务院令〔2000〕279号)的处罚条款。

(2)《房屋建筑和市政基础设施工程质量监督管理规定》(中华人民共和国住房和城乡建设部令〔2010〕5号)。

国务院发布的《建设工程质量管理条例》(国务院令〔2000〕279号)明确了建设工程质量实行监督制度,中华人民共和国住房和城乡建设部第5号令发布了《房屋建筑和市政基础设施工程质量监督管理规定》,明确了建设工程质量监督机构的法律地位、基本结构和权利、责任、监督内容等要求。

工程质量监督在工程建设中是政府对工程质量监督管理的一个重要环节,工程建设中各个质量责任主体必须履行质量义务,接受政府监督,保证工程质量符合设计和验收规范的要求。

(3)《房屋建筑和市政基础设施工程施工图设计文件审查管理办法》(中华人民共和国住房和城乡建设部令〔2013〕13 号)。

2013 年 4 月 27 日,中华人民共和国住房和城乡建设部修订发布了第 13 号令《房屋建筑和市政基础设施工程施工图设计文件审查管理办法》,于 2013 年 8 月 1 日施行。

根据该办法的要求,首先要取得设计审查合格证书。施工图应有图审机构的盖章。

国家规定的施工图审查是对施工图涉及公共利益、公众安全和工程建设强制性标准的内容进行的审查,不是全面审查,因此,在工程施工前,设计单位应向施工单位进行全面的技术交底,施工单位应先熟悉图纸,检查下列内容,然后进行图纸会审。

①设计的图纸必须是具有相应资质设计单位正式设计的图纸,所标的图签内容应符合规定要求。

②设计计算的假定和采用的处理方法是否符合实际情况;当套用标准图时是否同工程实际相适应,有无漏洞。

③抗震设防烈度是否符合当地要求,抗震结构是否符合抗震需求。

④设计的施工图纸中规定采用的特殊材料是否有现行的质量标准,无标准时,图纸中是否给予了质量指标,其他材料是否能代换等。

⑤应查看总平面图与施工图的几何尺寸、平面位置、标高是否一致。

⑥建筑结构与建筑图的平面尺寸、标高是否一致,表示方法是否清楚;建筑结构与各专业图纸是否存在差错和矛盾。

⑦应审查土建和设备安装图纸是否矛盾,各种预留孔洞的位置、尺寸是否统一,施工时又如何交叉衔接。

⑧施工图中所列的各种标准图在当地是否适用。

⑨消防是否符合有关要求和规定。

在审查过程中,发现地质勘察报告和施工图中有不符合质量标准和要求的,要立即通知建设单位或设计单位进行修正,否则不能施工。

(4)《房屋建筑和市政基础设施工程竣工验收规定》(建质〔2013〕171 号)。

2013 年 12 月 2 日,中华人民共和国住房和城乡建设部印发了《房屋建筑和市政基础设施工程竣工验收规定》(建质〔2013〕171 号),对竣工验收的程序、要求、内容作出了规定。

(5)《实施工程建设强制性标准监督规定》(中华人民共和国建设部令〔2000〕81 号)。

《建筑工程施工质量验收统一标准》(GB 50300—2013)及相应的专业验收规范均规定了强制性条文,用黑体字表示。强制性条文是必须严格执行的条文,无论工程质量如何,违反强制性条文的都应按 2000 年 8 月 25 日中华人民共和国建设部第 81 号令《实施工程建设强制性标准监督规定》进行处罚。

(6)工程质量验收规范。

对于建筑物的质量要求,就在于以符合适用、可靠、耐久、美观等各项要求和符合当前经济上最优条件所制定的各项工程技术标准、定额和管理标准来最大限度地满足人们日益增长的生产和生活的需要。

现行工程质量验收标准以建筑工程施工质量的验收方法、质量标准、检验数量和验收程序以及建筑工程施工现场质量管理和质量控制为体系,提出了检验批质量检验的抽样方案的要求,规定了建筑工程施工质量验收中子单位和子分部工程的划分,涉及建筑工程安全和主要使用功能的见证取样及抽样检测,并确定了必须严格执行的强制性条文。自 2001 年 7 月,陆续发布了工程质量验收规范,2010 年开始对有关验收规范进行了修订,现行验收规范主要由以下标准组成,一些应用技术规程中也规定了验收要求。

《建筑工程施工质量验收统一标准》(GB 50300—2013);

《建筑地基基础工程质量验收规范》(GB 50202—2002);

《砌体结构工程施工质量验收规范》(GB 50203—2011);

《混凝土结构工程施工质量验收规范》(GB 50204—2015);

《钢结构工程施工质量验收规范》(GB 50205—2001);

《木结构工程施工质量验收规范》(GB 50206—2012);

《屋面工程质量验收规范》(GB 50207—2012);

《地下防水工程质量验收规范》(GB 50208—2011);

《建筑地面工程施工质量验收规范》(GB 50209—2010);

《建筑装饰装修工程质量验收规范》(GB 50210—2001);

《建筑给水排水及采暖工程施工质量验收规范》(GB 50242—2002);

《通风与空调工程施工质量验收规范》(GB 50243—2016);

《建筑电气工程施工质量验收规范》(GB 50303—2015);

《电梯工程施工质量验收规范》(GB 50310—2002);

《民用建筑工程室内环境污染控制规范》(GB 50325—2010)(2013 年版);

《智能建筑工程质量验收规范》(GB 50339—2013);

《建筑节能工程施工质量验收规范》(GB 50411—2007)。

1.3.3 施工质量控制的基本环节

施工质量控制应贯彻全面、全过程质量管理的思想,运用动态控制原理,进行质量的事前控制、事中控制和事后控制。

1. 事前控制

事前控制是指在正式施工前进行的事前主动质量控制,通过编制施工质量计划,明确质量目标,制订施工方案,设置质量管理点,落实质量责任,分析可能导致质量目标偏离的各种影响因素,针对这些影响因素制订有效的预防措施,防患于未然。

事前质量预防和控制必须充分发挥组织的技术和管理方面的整体优势,把长期形成的先进技术、管理方法和经验智慧,创造性地应用于工程项目。

事前质量预防和控制要求针对质量控制对象的控制目标、活动条件、影响因素进行周密分析,找出薄弱环节,制订有效的控制措施和对策。

2. 事中控制

事中控制是指在施工质量形成过程中,对影响施工质量的各种因素进行全面的动态控制。事中质量控制也称为作业活动过程质量控制,包括质量活动主体的自我控制和他人监控的控制方式。自我控制是第一位的,即作业者在作业过程中对自己质量活动行为的约束和技术能力的发挥,以完成符合预定质量目标的作业任务;他人监控是指作业者的质量活动过程和结果接受来自企业内部管理者和企业外部有关方面的检查检验,如工程监理机构、政府质量监督部门等的监控。

事中质量控制的目标是确保工序质量合格,杜绝质量事故发生。控制的关键是坚持质量标准,控制的重点是工序质量、工作质量和质量控制点。

3. 事后控制

事后质量控制也称为事后质量把关,是指禁止不合格的工序或最终产品(也称单位工程或整个工程项目)流入下道工序、进入市场。事后控制包括对质量活动结果的评价、认定,对工序质量偏差的纠正,对不合格产品进行整改和处理。控制的重点是发现施工质量方面的缺陷,并通过分析提出施工质量改进的措施,保持质量处于受控状态。

以上三大环节不是互相孤立和截然分开的,它们共同构成有机的系统过程,实质上也就是质量管理的 PDCA 循环的具体化,在每一次滚动循环中不断提高,达到质量管理和质量控制的持续改进。

1.3.4 建筑工程项目施工质量控制的具体范围

建筑工程施工质量控制的具体范围包括建筑材料的质量控制、建筑工程施工过程中的质量检查与检验、建筑工程施工质量验收、建筑工程质量问题与处理。

(1)建筑材料的质量控制的主要过程包括材料的采购、检验、保管、使用。

(2)建筑工程施工过程中的质量检查与检验主要包括地基与基础工程的质量检查与检验、主体结构工程的质量检查与检验、防水工程的质量检查与检验、装饰装修工程的质量检查与检验。

(3)建筑工程施工质量验收主要包括地基与基础工程施工质量的验收、主体结构工程施工质量的验收、防水工程施工质量的验收、装饰装修工程施工质量的验收、建筑工程档案的编制。

（4）建筑工程质量问题与处理主要包括地基与基础工程的施工质量问题的处理、主体结构工程施工质量问题的处理、防水工程施工质量问题的处理、建筑装饰装修工程施工质量问题的处理、建筑节能工程施工质量问题的处理。

课后习题

1-1 什么是质量、质量管理、质量控制？

1-2 建筑工程项目施工质量控制的目标是什么？

1-3 建筑工程项目施工质量控制的依据有哪些？

1-4 建筑工程项目施工质量控制的基本环节有哪些？

1-5 建筑工程项目施工质量控制包括哪些具体范围？

实训内容

结合某一实际工程项目，培养全面质量管理的思想，掌握工程项目质量管理的PDCA循环方法。

2 建设工程项目的质量控制体系

【能力要求】

目标	内容	权重
知识点	质量管理体系的内涵和构成,建设工程项目质量控制体系的概念,建设工程项目质量控制体系的建立,建设工程项目质量控制体系的运行	50%
技能	在某一具体的建设工程项目上建立质量控制体系并有效运行,以保证建设工程质量	50%

【案例导入】

　　某水电站工程,在开工前需要进行施工现场的质量管理体系检查,并做好相应的记录。请问:①针对该项检查,需要填写的记录表的名称是什么? ②该记录表的主要内容有哪些? ③该表应由何人填写? 何人验收?

　　分析:

　　(1)需要填写的记录表的名称是施工现场质量管理检查记录表;

　　(2)该记录表的主要内容包括现场质量管理制度、质量责任制、专业工种操作上岗证、施工图审查情况等;

　　(3)该记录表应由施工单位现场技术负责人填写,由总监理工程师进行验收。

2.1 施工企业质量管理体系的建立与认证

建筑施工企业质量管理体系是企业为实施质量管理而建立的管理体系,通过第三方质量认证机构的认证,为该企业的工程承包经营和质量管理奠定基础。企业质量管理体系应按照《质量管理体系 基础和术语》(GB/T 19000—2008/ISO 9000:2015)进行建立和认证。该标准是我国按照等同原则,采用国际标准化组织颁布的 ISO 9000 质量管理体系族标准制定的,主要包括 ISO 9000 质量管理体系族标准提出的质量管理八项原则、企业质量管理体系文件的构成,以及企业质量管理体系的建立与运行、认证与监督等相关知识。

2.1.1 质量管理体系的内涵和构成

1. 质量管理体系的内涵

质量管理体系是组织内部建立的,为实现质量目标所必需的、系统的质量管理模式,是组织的一项战略决策。它将资源和过程结合,以过程管理方法进行系统管理,根据企业特点选用若干体系要素加以组合。一般包括与管理活动、资源提供、产品实现以及测量、分析与改进活动相关的过程组合,可以理解为涵盖了从确定顾客需求、设计、研制、生产、检验、销售、交付之前全过程的策划、实施、监控、纠正与改进活动的要求。一般以文件化的方式,成为组织内部质量管理工作的要求。

针对质量管理体系的要求,质量管理体系国际标准化组织(ISO)的质量管理和质量保证技术委员会制定了 ISO 9000 族标准,以适用于不同类型、产品、规模与性质的组织。该类标准由若干相互关联或补充的单个标准组成,其中为大家所熟知的《质量管理体系要求》(ISO 9001:2015),它提出的要求是对产品要求的补充,经过数次的改版。

2. 2008 版 ISO 9000 族标准的构成

在 1999 年 9 月召开的 ISO/TC 176 第 17 届年会上,提出了 2000 版 ISO 9000 族标准的文件结构。2008 版 ISO 9000 族标准包括 4 个核心标准、1 个支持性标准、若干个技术报告和宣传性小册子。

(1)核心标准:ISO 9000《质量管理体系 基础和术语》;ISO 9001《质量管理体系要求》;ISO 9004《质量管理体系 业绩改进指南》、ISO 19011《质量和(或)环境管理体系审核指南》。

(2)支持性标准和文件:ISO 10012 测量控制系统。

(3)技术报告:ISO/TR 10006《质量管理——项目管理质量指南》、ISO/TR 10007《质量管理——技术状态管理指南》、ISO/TR 10013《质量管理体系文件指南》、ISO/TR 10014《质量经济性管理指南》、ISO/TR 10015《质量管理——培训指南》、ISO/TR 10017《统计技术指南》。

(4)小册子:质量管理原则、选择和使用指南、小型企业的应用。

2.1.2 质量管理八项原则

质量管理八项原则是 ISO 9000 族标准的编制基础,是世界各国质量管理成功经验的科学总结,其中不少内容与我国全面质量管理的经验吻合。它的贯彻执行能促进企业管理水平的提高,提高顾客对其产品或服务的满意程度,帮助企业达到持续成功的目的。质量管理八项原则的具体内容如下。

1. 以顾客为关注焦点

组织(从事一定范围生产经营活动的企业)依存于其顾客。组织应理解顾客当前的和未来的需求,满足顾客要求并争取超越顾客的期望。即一切要以顾客为中心,没有了顾客,产品销售不出去,市场自然也就没有了。所以,无论什么样的组织,都要满足顾客的需求,顾客的需求是第一位的。要满足顾客需求,首先就要了解顾客的需求。

作为一个组织,还应该了解顾客和市场的反馈信息,并把它转化为质量要求,采取有效措施来实现这些要求。想顾客所想,才能做到超越顾客期望。此外,要注意随着时间的推移、经济和技术的发展,顾客的需求也会发生相应的变化。所以,组织必须对顾客进行动态的跟踪,及时掌握顾客需求的变化,不断地进行质量等方面的改进,争取同步地满足顾客的需求与期望。

2. 领导作用

领导者确立本组织统一的宗旨和方向,并营造和保持使员工充分参与实现组织目标的内部环境。因此,领导在企业的质量管理中起着决定性的作用。只有领导重视,各项质量活动才能有效开展。

作为组织的最高管理层和决策层,领导者在一个组织的质量管理活动中起着关键的作用。领导者要制订适宜的质量方针和质量目标,还要创造一个良好的组织内部环境,激励员工积极地工作,充分参与质量管理,为实现质量方针和质量目标做出应有的贡献。领导的作用,应确保关注顾客要求,确保建立和实施一个有效的质量管理体系,确保提供相应的资源,并随时将组织运行的结果与目标比较,根据情况决定实现质量方针、目标的措施,决定持续改进的措施。在领导作风上还要做到透明、务实和以身作则。

3. 全员参与

各级人员都是组织之本,只有全员充分参加,才能使他们的才干为组织带来收益。

产品质量是产品形成过程中全体人员共同努力的结果,其中也包含着为他们提供支持的管理、检查、行政人员的贡献。企业领导应对员工进行质量意识等各方面的教育,激发他们的积极性和责任感,为其能力、知识、经验的提高提供机会,发挥创造精神,鼓励持续改进,给予必要的物质和精神奖励,使全员积极参与,为达到让顾客满意的目标而奋斗。

4. 过程方法

将活动和相关的资源作为过程进行管理,可以更高效地得到期望的结果。

任何使用资源的生产活动和将输入转化为输出的一组相关联的活动都可视为过程。

ISO 9000 族标准是建立在过程控制的基础上的。一般在过程的输入端、过程的不同位置及过程的输出端都存在着可以进行测量、检查的机会和控制点,对这些控制点实行测量、检测和管理,便能控制过程的有效实施。

5.管理的系统方法

将相互关联的过程作为系统加以识别、理解和管理,有助于组织提高实现其目标的有效性和效率。

不同企业应根据自己的特点,建立资源管理、过程实现、测量分析与改进等方面的关联关系,并加以控制,即采用过程网络的方法建立质量管理体系,实施系统管理。建立实施质量管理体系的工作内容一般包括:①确定顾客期望;②建立质量目标和方针;③确定实现目标的过程和职责;④确定必须提供的资源;⑤规定测量过程有效性的方法;⑥实施测量确定过程的有效性;⑦确定防止不合格并清除产生原因的措施;⑧建立和应用持续改进质量管理体系的过程。

6.持续改进

持续改进总体业绩是组织的一个永恒目标,其作用在于增强企业满足质量要求的能力,包括产品质量、过程及体系的有效性和效率的提高。持续改进是增强和满足质量要求能力的循环活动,是使企业的质量管理走上良性循环轨道的必由之路。

7.基于事实的决策方法

有效的决策应建立在数据和信息分析的基础上。

数据和信息分析是事实的高度提炼。以事实为依据做出决策,可防止决策失误。为此,企业领导应重视数据信息的收集、汇总和分析,以便为决策提供依据。

8.与供方互利的关系

组织与供方是相互依存的,建立双方的互利关系可以增强双方创造价值的能力。

供方提供的产品是企业提供产品的一个组成部分。处理好与供方的关系,涉及企业能否持续稳定地提供顾客满意产品的重要问题。因此,对供方不能只讲控制,不讲合作互利,特别是对关键供方,更要建立互利关系,这对企业与供方双方都有利。

2.1.3　质量管理体系的特征

1.符合性

要有效开展质量管理,必须设计、建立、实施和保持质量管理体系。组织的最高管理者依据相关标准对质量管理体系的设计、建立应符合行业特点、组织规模、人员素质和能力要求,还要考虑产品和过程的复杂性、过程的相互作用情况、顾客的特点等。

2.系统性

质量管理体系是相互关联和相互作用的子系统所组成的复合系统,包括以下内容。

(1)组织结构:合理的组织机构和明确的职责、权限及其协调的关系。

(2)程序:规定到位的形成文件的程序和作业指导书,是过程运行和进行活动的依据。

(3)过程:质量管理体系的有效实施,是通过其过程的有效运行来实现的。

(4)资源:必需、充分且适宜的资源,包括人员、材料、设备、设施、能源、资金、技术、方法等。

3. 全面有效性

质量管理体系的运行应是全面有效的,既能满足组织内部质量管理的要求,又能满足组织与顾客的合同要求,还能满足第二方认定、第三方认证和注册的要求。

4. 预防性

质量管理体系应能采用适当的预防措施,有一定的防止重要质量问题发生的能力。

5. 动态性

组织应综合考虑利益、成本和风险,通过质量管理体系持续、有效的运行和动态管理使其最佳化。最高管理者定期批准进行内部质量管理体系审核,定期进行管理评审,以改进质量管理体系;还要支持质量职能部门(含现场)采用纠正措施和预防措施改进过程,从而完善体系。

6. 持续受控

质量管理体系应保持过程及其活动持续受控。

2.1.4 企业质量管理体系文件的构成

质量管理标准所要求的质量管理体系文件由下列内容构成,对这些文件的详略程度无统一规定,以适合于企业使用,使过程受控为准则。

1. 质量方针和质量目标

质量方针和质量目标一般都以简明的文字来表述,是企业质量管理的方向与目标,应反映用户及社会对工程质量的要求及企业相应的质量水平和服务承诺,也是企业质量经营理念的反映。

2. 质量手册

质量手册是规定企业组织质量管理体系的文件,质量手册对企业质量体系作系统、完整和概要的描述。其内容一般包括:企业的质量方针、质量目标;组织机构及质量职责;体系要素或基本控制程序;质量手册的评审、修改和控制的管理方法。

质量手册作为企业质量管理系统的纲领性文件,应具备指令性、系统性、协调性、先进性、可行性和可检查性。

3. 程序性文件

各种生产、工作和管理的程序文件是质量手册的支持性文件,是企业各职能部门为落实质量手册要求而规定的细则,企业为落实质量管理工作而建立的各项管理标准、规章制度都属于程序文件范畴。各企业程序文件的内容及详略可视企业情况而定。一般用以下六个方面的程序作为通用性管理程序。

(1)文件控制程序;

（2）质量记录管理程序；

（3）内部审核程序；

（4）不合格品控制程序；

（5）纠正措施控制程序；

（6）预防措施控制程序。

除以上六个程序以外，涉及产品质量形成过程各环节控制的程序文件，如生产过程、服务过程、管理过程、监督过程等管理程序文件，可视企业质量控制的需要制定，不作统一规定。

为确保过程的有效运行和控制，在程序文件的指导下，尚可按管理需要编制相关文件，如作业指导书、具体工程的质量计划等。

4. 质量记录

质量记录是产品质量水平和质量体系中各项质量活动进行及结果的客观反映，对质量体系程序文件所规定的运行过程及控制测量检查的内容如实加以记录，用以证明产品质量达到合同要求及质量保证的满足程度。如在控制体系中出现偏差，则质量记录不仅需反映偏差情况，还应反映出针对不足之处所采取的纠正措施及纠正效果。

质量记录应完整地反映质量活动实施、验证和评审的情况，并记载关键活动的过程参数，具有可追溯性的特点。质量记录以规定的形式和程序进行，并有实施、验证、审核等签署意见。

2.1.5 企业质量管理体系的建立和运行

1. 企业质量管理体系的建立

（1）企业质量管理体系的建立，是在确定市场及顾客需求的前提下，按照八项质量管理原则制定企业的质量方针、质量目标、质量手册、程序文件及质量记录等体系文件，并将质量目标分解落实到相关层次、相关岗位的职能和职责中，形成企业质量管理体系的执行系统。

（2）企业质量管理体系的建立还包含组织企业不同层次的员工进行培训，使体系的工作内容和执行要求为员工所了解，为形成全员参与的企业质量管理体系的运行创造条件。

（3）企业质量管理体系的建立需识别并提供实现质量目标和持续改进所需的资源，包括人员、基础设施、环境、信息等。

2. 企业质量管理体系的运行

（1）企业质量管理体系的运行是在生产及服务的全过程中，按质量管理体系文件所制订的程序、标准、工作要求及目标分解的岗位职责进行运作。

（2）在企业质量管理体系运行的过程中，按各类体系文件的要求，监视、测量和分析过程的有效性和效率，做好文件规定的质量记录，持续收集、记录并分析过程的数据和信息，全面反映产品质量和过程符合要求，并具有可追溯性的效能。

（3）按文件规定的办法进行质量管理评审和考核。对过程运行的评审考核工作，应针对发现的主要问题,采取必要的改进措施,使这些过程达到所策划的结果并实现对过程的持续改进。

(4)落实质量管理体系的内部审核程序,有组织、有计划地开展内部质量审核活动,其主要目的是:

①评价质量管理程序的执行情况及适用性;

②揭露过程中存在的问题,为质量改进提供依据;

③检查质量管理体系运行的信息;

④向外部审核单位提供体系有效的证据。

为确保系统内部审核的效果,企业领导应发挥决策领导作用,制订审核政策和计划,组织内审人员队伍,落实内审条件,并对审核发现的问题采取纠正措施和提供人、财、物等方面的支持。

2.1.6 企业质量管理体系的认证与监督

1. 企业质量管理体系认证的意义

质量认证制度是由公正的第三方认证机构对企业的产品及质量体系作出正确可靠的评价,从而使社会对企业的产品建立信心。第三方质量认证制度自 20 世纪 80 年代以来已得到世界各国的普遍重视,它对供方、需方、社会和国家的利益都具有以下重要意义。

(1)提高供方企业的质量信誉;

(2)促进企业完善质量体系;

(3)增强国际市场竞争能力;

(4)减少社会重复检验和检查费用;

(5)有利于保护消费者利益;

(6)有利于法规的实施。

2. 企业质量管理体系认证的程序

(1)具有法人资格,并已按《质量管理体系　基础和术语》(GB/T 19000—2008/ISO 9000:2015)系统标准或其他国际公认的质量体系规范建立了文件化的质量管理体系,且在生产经营全过程贯彻执行的企业可提出申请。申请单位需按要求填写申请书。认证机构经审查符合要求后接受申请,如不符合要求,则不接受申请,接受或不接受均应发出书面通知书。

(2)审核。

认证机构派出审核组对申请方质量管理体系进行检查和评定,包括文件审查、现场审核,并提出审核报告。

(3)审批与注册发证。

认证机构对审核组提出的审核报告进行全面审查,对符合标准者予以批准并注册,发给认证证书(内容包括证书号、注册企业名称地址、认证和质量管理体系覆盖产品的范围、评价依据及质量保证模式标准及说明、发证机构、签发人和签发日期)。

3. 获准认证后的维持与监督管理

企业质量管理体系获准认证的有效期为 3 年。获准认证后,企业应通过经常性的内部审核,维持质量管理体系的有效性,并接受认证机构对企业质量管理体系实施监督管理。获准认证后的质量管理体系,维持与监督管理的内容如下。

(1)企业通报。

认证合格的企业质量管理体系在运行中出现较大变化时需向认证机构通报。认证机构接到通报后,视情况采取必要的监督检查措施。

(2)监督检查。

认证机构对认证合格单位的质量管理体系的维持情况应进行监督性现场检查,包括定期和不定期的监督检查。定期检查通常是每年一次,不定期检查视需要临时安排。

(3)认证注销。

注销是企业的自愿行为。在企业质量管理体系发生变化或证书有效期届满而未提出重新申请等情况下,认证持证者提出注销的,认证机构予以注销,收回该体系认证证书。

(4)认证暂停。

认证暂停是认证机构对获证企业质量管理体系发生不符合认证要求情况时采取的警告措施。认证暂停期间,企业不得使用质量管理体系认证证书做宣传。企业在规定期间采取纠正措施满足规定条件后,认证机构撤销认证暂停;否则将撤销认证注册,收回合格证书。

(5)认证撤销。

当获证企业发生质量管理体系存在严重不符合规定,或在认证暂停的规定期限未予整改,或发生其他构成撤销体系认证资格的情况时,认证机构作出撤销认证的决定。企业不服可提出申诉。撤销认证的企业一年后可重新提出认证申请。

(6)复评。

认证合格有效期满前,如企业有意愿继续延长,可向认证机构提出复评申请。

(7)重新换证。

在认证证书有效期内,出现体系认证标准变更、体系认证范围变更、体系认证证书持有者变更,可按规定重新换证。

2.2　建设工程项目质量控制体系的性质、特点和构成

建设工程项目的实施,涉及业主方、设计方、施工方、监理方、材料供应方等多方主体的活动,各方主体各自承担不同的质量责任和义务。为了有效地进行系统、全面的质量控制,必须由项目实施的总负责单位负责建设工程项目质量控制体系的建立和运行,实施质量目标的控制。

2.2.1　工程项目质量控制体系的性质

(1)建设工程项目质量控制体系是以工程项目为对象,由工程项目实施的各具体负

责单位分别负责建立的面向项目对象开展质量控制的工作体系。

（2）建设工程项目质量控制体系是建设工程项目管理组织的其中一个目标控制体系，其他目标控制体系还有项目投资控制、进度控制、职业健康安全与环境管理等。

（3）建设工程项目质量控制体系根据工程项目管理的实际需要而建立，随着建设工程项目的完成和项目管理组织的解体而消失，是一个一次性的控制体系。

2.2.2 工程项目质量控制体系的特点

（1）建设工程项目质量控制体系只用于某一个特定的建设工程项目的质量控制。

（2）建设工程项目质量控制体系涉及建设工程项目实施过程中所有的质量责任主体，包括业主方、设计方、施工方、监理方、材料供应方等。

（3）建设工程项目质量控制体系的控制目标是某一个具体工程项目的质量目标。

（4）建设工程项目质量控制体系是一次性的控制体系，随着工程项目的诞生而产生，随着工程项目的完成而消失。

2.2.3 工程项目质量控制体系的构成

1. 多层次结构

质量控制体系一般分三个层次：第一层次的质量控制体系是由建设单位的工程项目管理机构负责建立；第二层次的质量控制体系是由建设工程项目的设计总负责单位、施工总承包单位等建立的相应管理范围内的质量控制体系；第三层次及第三层次以下的质量控制体系是承担工程设计、施工安装、材料设备供应等任务的各承包单位的现场质量自控体系。

2. 多单元结构

多单元结构是指在第一层次的质量控制体系下，第二层次及第二层次以下的质量控制体系可能有多个，比如，一个工程可能由多个设计单位或施工单位来共同完成，各设计单位或施工单位必须分别建立各自的质量控制体系。

2.3 建设工程项目质量控制体系的建立

2.3.1 建立的原则

1. 分层次规划的原则

建设工程项目质量控制体系的分层次规划，是指建设工程项目管理的总组织者（建设单位或代理制项目管理企业）和承担项目实施具体任务的各参与单位，各自分别进行不同层次和范围的工程项目质量控制体系的规划。

2. 目标分解原则

建设工程项目质量控制体系总目标的分解,是指根据工程项目的分解结构将工程项目的建设标准和质量总体目标进行分解,具体落实到各个责任主体,由各责任主体制定出相应的质量计划,确定其具体的控制方式和控制措施。

3. 质量责任制原则

建设工程项目质量控制体系的建立,应按照《建筑法》和《建设工程质量管理条例》(国务院令〔2000〕279 号)有关建设工程质量责任的规定,界定各方的质量责任范围和控制要求。

4. 系统有效性原则

建设工程项目质量控制体系,应从实际出发,结合项目特点、合同结构和项目管理组织系统的构成,建立项目各参与方必须共同遵循的质量管理制度和控制措施,并形成有效的运行机制。

2.3.2 建立的程序

1. 确立工程项目质量控制体系的网络结构

要明确各层次、各单元的质量控制体系的负责人,一般应包括承担项目实施任务的项目经理、总工程师,项目监理机构的总监理工程师、专业监理工程师等,由各负责人分别牵头建立并负责各自范围的工程项目质量控制体系,以形成有明确责任者的工程项目质量控制体系的网络结构。

2. 确定质量控制制度

质量控制制度包括质量控制例会制度、协调制度、报告审批制度、质量验收制度和质量信息管理制度等。形成建设工程项目质量控制体系的管理文件或手册,作为承担建设工程项目实施任务各方主体共同遵循的管理依据。

3. 界定质量控制责任的界限

建设工程项目质量控制体系的质量责任界限,包括静态界限和动态界限。一般来说,静态界限根据法律法规、合同条件、组织内部职能分工来确定。动态界限主要是指项目实施过程中设计单位之间、施工单位之间、设计与施工单位之间的衔接配合关系及其责任划分。

4. 编制质量控制计划

建设工程项目管理的总组织者(一般是建设单位),负责主持编制建设工程项目总质量计划,并根据质量控制体系的要求,部署各质量责任主体分别编制与其承担任务范围相符合的质量计划,并按规定程序完成质量计划的审批,作为其实施自身范围内工程质量控制的依据。

2.3.3 建立质量控制体系的责任主体

总的建设工程项目质量控制体系(第一层次)通常由建设单位(或其委托的工程项目

管理企业）、工程项目总承包企业来负责建立,并由各具体承包企业(设计、施工、材料设备供应)根据项目质量控制体系的要求,建立隶属于总的项目质量控制体系的设计项目、施工项目、采购供应项目的分质量控制体系(第二层次、第三层次),以具体实施其质量责任范围内的质量管理和目标控制。

2.4 建设工程项目质量控制体系的运行

建设工程项目质量控制体系的运行,实质上就是系统功能的发挥过程,也是质量活动职能和效果的控制过程。质量控制体系要有效地运行,还有赖于系统内部的运行环境和运行机制的完善。

2.4.1 运行环境

建设工程项目质量控制体系的运行环境,为系统运行提供支持,具体包括如下几个方面。

1.建设工程的合同结构

建设工程合同是联系建设工程项目各参与方的纽带,只有在建设工程项目合同结构合理、质量标准和责任条款明确,并严格进行履约管理的条件下,才能保证质量控制体系的自觉运行。

2.质量管理的资源配置

质量管理的资源,包括专职的工程技术人员和质量管理人员,以及实施技术管理和质量管理所必需的设备、设施、器具、软件等物质。人员和物质等资源的合理配置是质量控制体系得以运行的基础条件。

3.质量管理的组织制度

建设工程项目质量控制体系内部的各项管理制度和程序性文件的建立,为质量控制体系各个环节的运行提供了必要的行动指南、行为准则和评判依据,是管理系统有序运行的基本保证。

2.4.2 运行机制

建设工程项目质量控制体系的运行机制,是由一系列质量管理制度的执行所形成的内在秩序。运行机制是质量控制体系的生命,机制缺陷是造成质量控制系统运行无序、失效和失控的重要原因。

1.动力机制

动力机制是建设工程项目质量控制体系运行的核心机制,它来源于公正、公开、公平的竞争机制和利益机制的制度设计和安排。建设工程项目的实施过程是由多方主体参与的,只有保持合理的各方关系,才能形成合力。它是建设工程项目成功的重要保证。

2. 约束机制

没有约束机制的控制体系是无法使工程质量处于受控状态的。约束机制取决于各主体内部的自我约束能力和外部的监控效力。约束能力表现为组织及个人的经营理念、质量意识、职业道德及技术能力的发挥;监控效力取决于建设工程项目实施主体外部对质量工作的推动和检查监督。两者相辅相成,构成了质量控制过程的制衡关系。

3. 反馈机制

运行状态和结果的信息反馈,是对质量控制系统的能力和运行效果进行评价,并为及时做出处置提供决策依据。因此,必须有相关的制度安排,保证质量信息反馈的及时性和准确性,坚持质量管理者深入生产第一线,掌握第一手资料,才能形成有效的质量信息反馈机制。

4. 持续改进机制

在建设工程项目实施的各个阶段,不同的层面、不同的范围和不同的主体之间,应用PDCA 循环原理,即计划、实施、检查和处置等不断循环的方式展开质量控制,同时注重抓好控制点的设置,加强重点控制和例外控制,并不断寻求改进机会,研究改进措施,才能保证建设工程项目质量控制体系的不断完善和持续改进,不断提高质量控制能力和控制水平。

⊃ 课 后 习 题

2-1　什么是质量管理体系?

2-2　什么是建设工程项目质量控制体系?

2-3　建设工程项目质量控制体系分几个层次?

2-4　建设工程项目质量控制体系建立的程序是什么?

2-5　建设工程项目质量控制体系的责任主体有哪些?

2-6　建设工程项目质量控制体系的运行环境包括哪几个方面?

2-7　建设工程项目质量控制体系有哪些运行机制?

⊃ 实 训 内 容

选择某一实际工程项目,建立该项目的质量控制体系。

3 建筑工程施工项目的质量计划

【能力要求】

目标	内容	权重
知识点	建筑工程施工项目质量计划的主要内容,建筑工程施工项目质量计划编制依据,建筑工程施工项目质量计划的形式	60%
技能	施工质量控制点的设置与管理,项目质量计划的应用	40%

【案例导入】

　　某工程主楼为框剪结构,共 16 层,建筑面积为 32510.00 m²；裙楼为框架结构,共 6 层,建筑面积为 8850.85 m²。同时对裙楼与原有建筑物的局部相连处、地基局部进行加固。结构为砖混结构,目前工程主体已封顶。工程施工阶段应对结构安全进行检测,首先对建筑物沉降要作分析记录。请问:①观测点设置条件和要求有哪些? ②哪些地方或间距要设观测点? ③对基础类型、埋深和荷载、新老建筑物的布设位置有哪些规定?

　　分析:

　　(1)水准基点的设置以保证其稳定、可靠、方便观测为原则。观测对象必须在建筑的地基变形影响范围以外,并避免交通车辆等因素影响,在一个观测区,水准基点一般不少于 3 个。

　　(2)建筑物的角点、中点及沿周边每隔 6～12 m 设一点,宽度大于 15 m 的内部承重墙(柱)上,建筑物宜沿纵横轴线对称布点。

　　(3)基础类型、埋深和荷载有明显不同处的沉降缝,新老建筑物连接处的两侧,复合地基,局部地基加固处。

　　质量计划是质量管理体系文件的组成内容。质量计划是在合同环境下,企业向顾客表明质量管理方针、目标及其具体实现的方法、手段和措施的文件,体现企业对质量责任的承诺和实施的具体步骤。在建筑施工企业的质量管理体系中,以施工项目为对象的质量计划称为施工质量计划。

　　项目的质量目标不应低于工程合同约定的内容,在明确了项目质量目标以后,首要工作就是编制项目质量计划。

　　建筑工程施工项目质量计划实际上是质量管理计划,是保证实现项目施工质量目标的管理计划。质量管理计划是指确定施工项目的质量目标和如何达到这些质量目标的组织管理、资源投入、专门的质量措施和必要的工作过程。

　　质量计划是施工组织设计的一部分,质量管理计划的编制和审批应包含在施工组织设计中,也可独立编制,应符合《建筑施工组织设计规范》(GB/T 50502—2009)的规定。

　　《建筑施工组织设计规范》(GB/T 50502—2009)第7.3.1条规定:质量管理计划可参照《质量管理体系　要求》(GB/T 19001—2008),在施工单位质量管理体系的框架内编制。

3.1　建筑工程施工项目质量计划的编制依据

　　建筑工程施工项目质量计划的编制依据如下。

　　①工程承包合同、设计图纸及相关文件;

　　②企业和项目经理部的质量管理体系文件及其要求;

　　③国家和地方相关的法律、法规、技术标准、规范,有关的施工操作依据;

　　④施工组织设计、专项施工方案及项目计划。

3.2　建筑工程施工项目质量计划的形式

　　目前,我国除了已经建立质量管理体系的施工企业直接采用施工质量计划的形式外,通常还采用在工程项目施工组织设计或施工项目管理实施规划中包含质量计划内容的形式,因此,现行的施工质量计划有以下三种形式。

　　①工程项目施工质量计划;

　　②工程项目施工组织设计(含施工质量计划);

　　③施工项目管理实施规划(含施工质量计划)。

　　施工组织设计或施工项目管理实施规划之所以能发挥施工质量计划的作用,是因为根据建筑生产的技术经济特点,每个工程项目都需要进行施工生产过程的组织与计划,包括施工质量、进度、成本、安全等目标的设定,实现目标的计划和控制措施的安排等。因此,施工质量计划所要求的内容,理所当然地被包含于施工组织设计或项目管理实施规划中,而且能够充分体现施工项目管理目标(质量、工期、成本、安全)的关联性、制约性和整体性,这也和全面质量管理的思想方法相一致。

3.3　建筑工程施工项目质量计划的主要内容

在已经建立质量管理体系的情况下,质量计划的内容必须全面体现和落实企业质量管理体系文件的要求(也可引用质量管理体系文件中的相关条文),编制程序、内容和编制依据符合有关规定,同时结合本工程的特点,在质量计划中编写专项管理要求。施工质量计划的基本内容一般应包括以下几个方面。

①编制依据。

②项目概况:工程总体概况,设计概况,新成果、新技术推广应用计划,工程特点、施工难点与相应措施。

③质量目标:质量目标首先不应低于工程合同约定的内容,具体包括企业理念,项目的质量目标、目标分解,项目的其他目标,关键工序和特殊过程。

④项目质量管理体系:包括项目质量管理体系策划、项目质量管理的组织机构、项目质量管理人员职责和权限、项目质量管理体系要素分配。应明确质量管理组织机构中各个岗位的职责,与质量有关的各岗位人员应具备与职责要求相适应的知识、能力和经验,必须持证上岗。

⑤项目资源管理:包括项目人员配备及管理,项目的其他资源配备及管理。

⑥产品实现:包括产品实现的策划、与顾客有关的过程、采购、生产和服务提供、监视和测量装置的控制。

⑦测量、分析和改进:包括监视和测量,不合格品控制,数据分析,改进。

⑧文件和记录的控制:包括文件控制、记录控制。

⑨保障措施:制订符合项目特点的技术保障和资源保障措施,通过可靠的预防控制措施,保证项目质量目标的实现,具体包括保证质量措施、成品保护措施、保证工期措施。

⑩项目质量计划的管理:包括编制、审核与审批,管理组织,发放范围,使用。

3.4　建筑工程施工项目质量计划的编制与审批

建筑工程施工项目任务的组织,无论业主方采用平行发包还是总分包方式,都将涉及多方参与主体的质量责任。也就是说,建筑产品的直接生产过程,是在协同方式下进行的,因此,在工程项目质量控制系统中,要按照"谁实施谁负责"的原则,明确施工质量控制的主体构成及其各自的控制范围。

①项目质量计划的编制主体。

项目质量计划应由自控主体(即施工承包企业)进行编制。在平行发包方式下,各承包单位应分别编制项目质量计划;在总分包方式下,施工总承包单位应编制总承包工程范围的项目质量计划,各分包单位编制相应分包范围的项目质量计划,作为施工总承包方质量计划的深化和组成部分。施工总承包方有责任对各分包方施工质量计划的编制进行指导和审核,并承担相应施工质量的连带责任。

②项目质量计划涵盖的范围。

项目质量计划涵盖的范围,按整个工程项目质量控制的要求,应与建筑安装工程施工任务的实施范围相一致,以此保证整个项目建筑安装工程的施工质量总体受控;对承担具体施工任务的承包单位而言,项目质量计划涵盖的范围,应能满足其履行工程承包合同质量责任的要求。建筑工程施工项目质量计划,应在施工程序、控制组织、控制措施、控制方式等方面,形成一个有机的质量计划系统,确保实现项目质量总目标和各分解目标的控制能力。

③项目质量计划的编制要求。

a.项目质量计划应在项目策划过程中编制,经审批后作为对外质量保证和对内质量控制的依据。

b.项目质量计划应保持与现行质量文件(质量保证标准、质量手册和程序文件)要求的一致性,可高于但不能低于通用质量体系文件的要求。

c.项目质量计划应明确所涉及的质量活动,并对其责任和权限进行分配;考虑相互间的协调性和可操作性。

d.项目质量计划应体现从工序、分项工程、分部工程到单位工程的过程控制,且应体现从资源投入到完成工程质量最终检验和试验的全过程管理和控制的要求。

建立质量过程检查、验收以及质量责任制等相关制度,对质量检查和验收标准作出规定,当达不到验收标准时,采取有效的纠正和预防措施,保证各工序和过程的质量达到质量目标的要求。

e.项目质量计划应由项目经理组织编写,并需报企业相关管理部门批准后方可实施。

f.当现行产品技术状态发生显著变化时,应考虑改进和完善项目质量计划。

④项目质量计划的审批。

施工单位的施工项目质量计划或施工组织设计文件编成后,应按照工程施工管理程序进行审批,包括施工企业内部的审批和项目监理机构的审查。

a.企业内部的审批。

施工单位的施工项目质量计划或施工组织设计的编制与内部审批,应根据企业质量管理程序性文件规定的权限和流程进行。通常是由项目经理部主持编制,报企业组织管理层批准。

施工项目质量计划或施工组织设计文件的内部审批过程,是施工企业自主技术决策和管理决策的过程,也是发挥企业职能部门与施工项目管理团队的智慧和经验的过程。

b.监理工程师的审查。

实施工程监理的施工项目,按照我国建设工程监理规范的规定,施工承包单位必须填写"施工组织设计(方案)报审表"并附施工组织设计(方案),报送项目监理机构审查。相关规范规定,项目监理机构"在工程开工前,总监理工程师应组织专业监理工程师审查承包单位报送的施工组织设计(方案)报审表,提出意见,并经总监理工程师审核、签认后报建设单位"。

c.审批关系的处理原则。

正确执行项目质量计划的审批程序,是正确理解工程质量目标和要求,保证施工部署、技术工艺方案和组织管理措施的合理性、先进性和经济性的重要环节,也是进行施工质量事前预控的重要方法。因此,在执行审批程序时,必须正确处理施工企业内部审批和监理工程师审批的关系,其基本原则如下。

(a)充分发挥质量自控主体和监控主体的共同作用,在坚持项目质量标准和质量控制能力的前提下,正确处理承包人利益和项目利益的关系;施工企业内部的审批首先应从履行工程承包合同的角度,审查实现合同质量目标的合理性和可行性,以项目质量计划向发包方提供可信任的依据。

(b)项目质量计划在审批过程中,对监理工程师审查所提出的建议、希望、要求等意见是否采纳以及采纳的程度,应由负责质量计划编制的施工单位自主决策。在满足合同和相关法规要求的情况下,确定质量计划的调整、修改和优化,并对相应执行结果承担责任。

(c)按规定程序审查批准过的施工质量计划,在实施过程中如因条件变化需要对某些重要决定进行修改时,其修改内容仍应按照相应程序经过审批后执行。

3.5 施工质量控制点的设置与管理

施工质量控制点的设置是施工质量计划的重要组成内容。施工质量控制点是施工质量控制的重点对象。

①质量控制点的设置。

质量控制点应选择那些技术要求高、施工难度大、对工程质量影响大或是发生质量问题时危害大的对象进行设置。一般选择下列部位或环节作为质量控制点。

a.对工程质量形成过程产生直接影响的关键部位、工序、环节及隐蔽工程;

b.施工过程中的薄弱环节,或者质量不稳定的工序、部位或对象;

c.对下道工序有较大影响的上道工序;

d.采用新技术、新工艺、新材料的部位或环节;

e.施工质量无把握、施工条件困难或技术难度大的工序或环节;

f.用户反馈指出的和过去有过返工的不良工序。

一般建筑工程质量控制点的设置可参考表 3-1。

表 3-1　　　　　　　　　　　　　质量控制点的设置

分项工程	质量控制点
工程测量定位	标准轴线桩、水平桩、龙门板、定位轴线、标高
地基、基础（含设备基础）	基坑（槽）尺寸、标高、土质、地基承载力，基础垫层标高，基础位置、尺寸、标高，预埋件、预留洞孔的位置、标高、规格、数量，基础杯口弹线
砌体	砌体轴线，皮数杆，砂浆配合比，预留洞孔、预埋件的位置、数量、砌体排列
模板	位置、标高、尺寸，预留洞孔的位置、尺寸，预埋件的位置，模板的承载力、刚度和稳定性，模板内部清理及润湿情况
钢筋混凝土	水泥品种、强度等级，砂石质量，混凝土配合比，外加剂比例，混凝土振捣，钢筋品种、规格、尺寸、搭接长度，钢筋焊接、机械连接，预留洞孔及预埋件规格、位置、尺寸、数量，预制构件吊装或出厂（脱模）强度，吊装位置、标高、支承长度、焊缝长度
吊装	吊装设备的起重能力、吊具、索具、地锚
钢结构	翻样图、放大样
焊接	焊接条件、焊接工艺
装修	视具体情况而定

②质量控制点的控制对象。

质量控制点的选择不仅要准确，还要根据对重要质量特性进行重点控制的要求，选择质量控制点的重点部位、重点工序和重点的质量因素作为质量控制点的控制对象，并进行重点预控和监控，从而有效地控制和保证施工质量。质量控制点的重点控制对象主要包括以下几个方面。

a.人的行为：某些操作或工序，应以人为重点控制对象，如高空、高温、水下、易燃易爆、重型构件吊装作业以及操作要求高的工序和技术难度大的工序等，都应从人的生理、心理、技术能力等方面进行控制。

b.材料的质量和性能：这是直接影响工程质量的重要因素，在某些工程中应作为控制的重点，如钢结构工程中使用的高强度螺栓、某些特殊焊接使用的焊条，都应重点控制其材质与性能；又如水泥的质量是直接影响混凝土工程质量的关键因素，施工中应对进场的水泥质量进行重点控制，必须检查核对其出厂合格证，并按要求进行强度和安定性的复验等。

c.施工方法与关键操作：某些直接影响工程质量的关键操作应作为控制的重点，如预应力钢筋的张拉工艺操作过程及张拉力的控制，是可靠地建立预应力值和保证预应力构件质量的关键过程。同时，那些易对工程质量产生重大影响的施工方法，也应列为控制的重点，如大模板施工中模板的稳定和组装问题、液压滑模施工时的支承杆稳定问题、升板法施工中提升量的控制问题等。

d.施工技术参数：如混凝土的外加剂掺量、水灰比，回填土的含水量，砌体的砂浆饱满度,防水混凝土的抗渗等级,建筑物沉降与基坑边坡稳定监测数据,大体积混凝土内外温差及混凝土冬期施工受冻临界强度等技术参数都是应重点控制的质量参数与指标。

e.技术间歇:有些工序之间必须留有必要的技术间歇时间,如砌筑与抹灰之间,应在墙体砌筑后留 6～10 天,让墙体充分沉陷、稳定、干燥后再抹灰,抹灰层干燥后,才能喷白、刷浆;混凝土浇筑与模板拆除之间,应保证混凝土有一定的硬化时间,达到规定拆模强度后方可拆除等。

f.施工顺序:对于某些工序之间必须严格控制先后的施工顺序,如对冷拉的钢筋应当先焊接后冷拉,否则会失去冷强;屋架的安装固定,应采取对角同时施焊方法,否则会由于焊接应力导致校正好的屋架发生倾斜。

g.易发生或常见的质量通病:如混凝土工程的蜂窝、麻面、空洞、墙、地面、屋面工程渗水、漏水、空鼓、起砂、裂缝等,都与工序操作有关,均应事先研究对策,提出预防措施。

h.新技术、新材料及新工艺的应用:由于缺乏经验,施工时应将其作为重点进行控制。

i.产品质量不稳定和不合格率较高的工序:应列为重点,认真分析,严格控制。

j.特殊地基或特种结构:对于湿陷性黄土、膨胀土、红黏土等特殊土地基的处理,以及大跨度结构、高耸结构等技术难度较大的施工环节和重要部位,均应予以特别重视。

③质量控制点的管理。

设定了质量控制点,质量控制的目标及工作重点就更加明晰。

首先,要做好施工质量控制点的事前质量预控工作,包括明确质量控制的目标与控制参数,编制作业指导书和质量控制措施,确定质量检查检验方式及抽样的数量与方法,明确检查结果的判断标准及质量记录与信息反馈要求等。

其次,要向施工作业班组进行认真交底,使每一个控制点上的作业人员都明白施工作业规程及质量检验评定标准,掌握施工操作要领;在施工过程中,相关技术管理和质量控制人员要在现场进行重点指导和检查验收。

最后,要做好施工质量控制点的动态设置和动态跟踪管理。所谓动态设置,是指在工程开工前、设计交底和图纸会审时,可确定项目的一批质量控制点,随着工程的展开、施工条件的变化,随时或定期进行控制点的调整和更新。动态跟踪是应用动态控制原理,落实专人负责跟踪和记录控制点质量控制的状态和效果,并及时向项目管理组织的高层管理者反馈质量控制信息,保持施工质量控制点的受控状态。

对于危险性较大的分部分项工程或特殊施工过程,除按一般过程质量控制的规定执行外,还应由专业技术人员编制专项施工方案或作业指导书,经项目技术负责人审批及监理工程师签字后执行。超过一定规模的危险性较大的分部分项工程,还要组织专家对专项方案进行论证。作业前施工员、技术员做好交底和记录,使操作人员在明确工艺标准、质量要求的基础上进行作业。为保证质量控制点的目标实现,应严格按照三级检查制度进行检查控制。在施工中发现质量控制点有异常时,应立即停止施工,召开分析会,查找原因,采取相应措施予以解决。

施工单位应积极主动地支持、配合监理工程师的工作,并根据现场工程监理机构的要求,对施工作业质量控制点,按照不同的性质和管理要求,细分为"见证点"和"待检点"进行施工质量的监督和检查。凡属"见证点"的施工作业,如重要部位、特种作业、专门工艺等,施工方必须在该项作业开始前 24 h,书面通知现场监理机构到位旁站,见证施工作业过程;凡属"待检点"的施工作业,如隐蔽工程等,施工方必须在完成施工质量自检的基础上,提前通知项目监理机构进行检查、验收,然后才能进行工程隐蔽或下道工序的施工。未经过项目监理机构检查验收合格,不得进行工程隐蔽或下道工序的施工。

3.6　建筑工程施工项目质量计划的应用

在实际工作中,应用项目质量计划时应注意如下几点。

①识别业主在合同中提出的质量要求和期望,明确项目的质量目标和质量标准。

②结合工程实际,将本施工企业的质量管理体系文件应用到具体项目质量计划中。

③把质量目标要求层层分解,其中每一层次的质量计划都应具有可测量性,然后,按质量计划和实施步骤层层落实,直到落实到个人,使每一层次的职责、权限、资源分配以及保证质量的措施都得以明确。

④在质量计划中,要明确影响质量的控制节点,以及如何进行质量检查、控制。

⑤质量计划的繁简程度应与业主要求及项目组织的运作方式相适应。

⑥在计划执行过程中,要不断反馈执行信息,及时解决执行中出现的问题。

◎ 课后习题

3-1　建筑工程施工项目质量计划的主要内容是什么?

3-2　建筑工程施工项目质量计划的形式有哪些?

3-3　建筑工程施工项目质量计划的编制依据是什么?

3-4　施工质量控制点应如何设置与管理?

3-5　项目质量计划的应用应注意哪些方面?

◎ 实训内容

选择某一实际工程项目,设置该项目的施工质量控制点并实施管理。

4 施工生产要素的质量控制

【教学目标】

掌握施工人员的质量控制、材料设备的质量控制；熟悉工艺方案的质量控制、施工机械的质量控制；了解施工环境因素的控制。

【能力要求】

目标	内容	权重
知识点	施工人员、材料设备、工艺方案、施工机械、施工环境等施工生产要素的概念	50％
技能	施工人员、材料设备、工艺方案、施工机械、施工环境等施工生产要素的质量控制	50％

【案例导入】

某输气管道工程在施工过程中，施工单位未经监理工程师事先同意，订购了一批钢管，钢管运抵施工现场后监理工程师进行了检验，检验中发现钢管质量存在以下问题：

(1)施工单位未能提交产品合格证、质量保证书和检测证明资料；

(2)实物外观粗糙、标识不清，且有锈斑。

分析：

(1)该批钢管经监理工程检验发现外观不良、标识不清，且无合格证等资料，施工单位不得将该批材料用于工程。

(2)施工单位应向监理工程师提交该批钢管的产品合格证、质量保证书、材质化验单、技术指标报告和生产厂家生产许可证等资料，以便监理工程师对生产厂家和材质保证等方面进行书面资料的审查。

(3)如果施工单位提交了以上资料，经监理工程师审查符合要求，则施工单位应按技术规范要求在监理人员鉴证下将该批钢管取样送检。如果经检测后证明材料质量符合技术规范、设计文件和工程承包合同要求，则监理工程师可进行质检鉴证，并书面通知施工单位。

(4)如果施工单位不能提供以上资料，或虽提供了以上资料，但经抽样检测后质量不符合技术规范或设计文件或承包合同要求，则监理工程师应书面通知施工单位不得将该批管材用于工程,并要求施工单位将该批管材运出施工现场(施工单位与供货厂商之间的经济、法律问题,由他们双方自行协商解决)。

(5)监理工程师应将处理结果书面通知业主。工程材料的检测费用由施工单位承担。

施工生产要素是施工质量形成的物质基础,其质量的含义包括:作为劳动主体的施工人员,即直接参与施工的管理者、作业者的素质及其组织效果;作为劳动对象的建筑材料、半成品、工程用品、设备等的质量;作为劳动方法的施工工艺及技术措施的水平;作为劳动手段的施工机械、设备、工具、模具等的技术性能;以及施工环境——现场水文、地质、气象等自然环境,通风、照明、安全等作业环境以及协调配合的管理环境。

4.1 施工人员的质量控制

人是生产经营活动的主体,也是工程项目建设的决策者、管理者、操作者,工程建设的规划、决策、勘察、设计、施工与竣工验收等全过程,都是通过人的工作来完成的。

人员的素质,即人的文化水平、技术水平、决策能力、管理能力、组织能力、作业能力、控制能力、身体素质及职业道德等,都将直接或间接地对规划、决策、勘察、设计和施工的质量产生影响,而规划是否合理,决策是否正确,设计是否符合所需要的质量功能,施工能否满足合同、规范、技术标准的需要等,都将对工程质量产生不同程度的影响。人员素质是影响工程质量的一个重要因素。因此,建筑行业实行资质管理和各类专业从业人员持证上岗制度是保证人员素质的重要管理措施。

施工人员的质量包括参与工程施工的各类人员的施工技能、文化素养、生理体能、心理行为等方面的个体素质及经过合理组织和激励发挥个体潜能而综合形成的群体素质。因此,企业应通过择优录用、加强思想教育及技能方面的教育培训,合理组织、严格考核,并辅以必要的激励机制,使企业员工的潜在能力得到充分的发挥和最好的组合,使施工人员在质量控制系统中发挥主体自控作用。

施工企业必须坚持执业资格注册制度和作业人员持证上岗制度;对所选派的施工项目领导者、组织者进行教育和培训,使其质量意识和组织管理能力能满足施工质量控制的要求;对所属施工队伍进行全员培训,加强质量意识的教育和技术训练,提高每个作业者的质量活动能力和自控能力;对分包单位进行严格的资质考核和施工人员的资格考核,其资质、资格必须符合相关法规的规定,与其分包的工程相适应。

4.2 材料设备的质量控制

原材料、半成品及工程设备是工程实体的构成部分,是工程建设的物质条件,其质量是工程项目实体质量的基础。

加强原材料、半成品及工程设备的质量控制,不仅是提高工程质量的必要条件,还是实现工程项目投资目标和进度目标的前提。

对原材料、半成品及工程设备进行质量控制的主要内容为控制材料、设备的性能、标准、技术参数与设计文件的相符性;控制材料、设备各项技术性能指标、检验测试指标与标准规范要求的相符性;控制材料、设备进场验收程序的正确性及质量文件资料的完备性;控制优先采用节能低碳的新型建筑材料和设备,禁止使用国家明令禁用或淘汰的建筑材料和设备等。

施工单位应在施工过程中贯彻执行企业质量程序文件中关于材料和设备封样、采购、进场检验、抽样检测及质保资料提交等方面明确规定的一系列控制标准。

4.2.1 建筑材料的复试

工程所用的原材料、半成品或成品构件等应有出厂合格证和材质报告单。对需要做材质复试的材料,应规定复验内容、取样方法并填写委托单,试验员按要求取样,送有资质的试验单位进行检验,检验合格的材料方能使用。

建筑材料复试的取样原则如下。

(1)同一厂家生产的同一品种、同一类型、同一生产批次的进场材料应根据相应建筑材料质量标准与管理规程、规范要求的代表数量确定取样批次,抽取样品进行复试,当合同另有约定时应按合同执行。

(2)建筑施工企业对材料的复试应实行见证取样送检制度。即在建设单位或监理单位人员的见证下,由施工人员在现场取样,送至试验室进行试验。见证取样和送检次数不得少于试验总次数的30%。

(3)进场材料的检测试样,必须从施工现场随机抽取,严禁在现场外抽取。试样应有唯一性标识,试样交接时,应对试样外观、数量等进行检查、确认。

(4)每项工程的取样和送检的见证人,由该工程的建设单位书面授权,委派在本工程现场的建设或监理单位人员1~2名担任。见证人应具备与检测工作相适应的专业知识。见证人及送检单位对试样的代表性、真实性负有法定责任。

(5)试验室在接受委托试验任务时,需由送检单位填写委托单,委托单上要设置见证人签名栏。委托单必须与统一委托送检试验的其他原始资料一并交由试验室存档。

检测机构可以是施工单位自己的企业试验室,也可以是具备相应资质的检测机构。

如果检测试验报告是由建筑施工企业自己的企业试验室出具的,当建设单位、监理单位有异议时,应委托争议各方认可的、具备相应资质的检测机构重新检测。

4.2.2 建筑材料质量管理

1.建筑材料质量管理总体要求

(1)建筑结构材料的规格、品种、型号和质量等,必须满足设计和有关规范、标准的要求。

（2）建筑装饰材料应符合现行国家法律、法规、规范的要求，符合设计的要求，同时应符合经业主批准的材料样板的要求，并根据材料的特性、使用部位来进行选择。

2. 建筑材料质量控制的主要过程

建筑材料质量控制包括材料的采购、检验、保管和使用四个过程。

3. 材料采购的控制

（1）掌握建材方面有关的法规及有关条文。在我国，政府对大部分建材的采购和使用都有文件规定，其中主要有《建设工程质量管理条例》（国务院令〔2000〕279号）对钢材、水泥、预拌混凝土、砂石、砌墙材料、石材、胶合板实行备案证明管理。

（2）通过市场调研，认准合格材料，考察调研生产经营厂商，考察调研建筑业界，选择供货质量稳定、履约能力强、信誉高、价格有竞争力的供货单位。

（3）某些材料，诸如瓷砖、釉面砖等建筑装饰材料，由于不同批次间会不可避免地存在色差，为了保证美观，在订货时要在考虑施工损耗和日后使用因素后一次定足。

（4）在确定供货厂家后，还必须对供货厂家提供的质量文件内容、文件格式、份数作出明确要求，以能表明供货完全能达到合同要求为控制标准，这些文件还将在以后成为竣工文件的重要组成部分。

4. 材料的检验控制

（1）材料进场时，应提供材质证明，并根据供料计划和有关标准进行现场质量验证和记录。质量验证包括材料品种、型号、规格、数量、外观检查和见证取样，进行物理、化学性能试验。验证结果报监理工程师审批。

工程质量检测试验是确认工程质量的一个重要手段，检测试验报告是判断工程质量的一个重要依据，每一个工程检测试验都是必不可少的。

【知识链接】

（1）型式检验报告。

型式检验报告是对产品所有指标进行检测的报告。一般在产品开盘时应做一个型式检验，然后按照产品标准的规定在相隔一定时间（一般为两年）的有效期内做一次型式检验。

如果验收标准要求材料进场时提供型式检验报告，则材料生产厂家或材料供应商在提供材料质量证明文件时同时提供型式检验报告，如果验收标准没有要求，材料进场时就不必要求提供型式检验报告。

（2）系统耐候性检测报告。

系统耐候性检测报告是指建筑节能系统应用于工程之前对其耐候性进行检测的报告，当耐候性满足要求时，该系统方可用于工程。检查耐候性检测报告主要检查现场所用的材料是否和做耐候性检测时所用的材料一致，如果不一致，应禁止使用。

（3）产品检测报告。

产品检测报告是产品出厂时按照产品标准要求的检验批次和检测项目进行检测，并根据其检测结果出具的检测报告。

该检测报告所检测的项目应和产品标准规定的出厂检测项目一致,不一定是产品的全部检测项目,其检测项目和检测结果只要符合产品标准中规定的出厂检测要求即可。

(4)材料进场抽样检测报告。

材料、设备、半成品进场后应按设计或相关专业验收规范的要求进行抽样检测,由具有检测资质的第三方检测机构根据检测结果出具的检测报告为进场抽样检测报告,也称复验报告。

(5)现场实体检测报告。

现场实体检测报告主要是依据《混凝土结构工程施工质量验收规范》(GB 50204—2015)和《建筑节能工程施工质量验收规范》(GB 50411—2007)的要求,对混凝土强度、钢筋保护层厚度、保温材料的厚度、外窗气密性进行检测的报告。

(6)热工性能检测报告。

依据《建筑节能工程施工质量验收规范》(GB 50411—2007)的规定,当具备热工性能检测条件时,应提供热工性能检测报告。

(7)系统节能性能检测报告。

依据《建筑节能工程施工质量验收规范》(GB 50411—2007)的规定,对空调、电气安装等系统应进行检测,并提供系统节能性能检测报告。

(8)见证取样。

见证取样是指在建设单位或工程监理单位人员的见证下,由施工单位的现场试验人员对工程中涉及结构安全的试块、试件和材料在现场取样,并送至有资质的检测机构进行检测。《建筑工程施工质量验收统一标准》(GB 50300—2013)第3.0.6条第四款规定:对涉及结构安全、节能、环境保护和主要使用功能的试块、试件及材料,应在进场时或施工中按规定进行见证检验。

(9)抽样复验、试验方案。

《建筑工程施工质量验收统一标准》(GB 50300—2013)第3.0.4条规定:符合下列条件之一时,可按相关专业验收规范的规定适当调整抽样复验、试验数量,调整后的抽样复验、试验方案应由施工单位编制,并报监理单位审核确认。

①同一项目中由相同施工单位施工的多个单位工程,使用同一生产厂家的同品种、同规格、同批次的材料、构配件、设备。

②同一施工单位在现场加工的品种、半成品、构配件用于同一项目中的多个单位工程。

③在同一项目中,针对同一抽样对象已有检验成果可以重复利用。

在工程施工前,应制订抽样复验、试验方案,这个方案编制的依据是设计文件或专业验收规范或相关应用技术规程规定的现场抽样检测、现场检测的批次、抽样数量、检测参数,当单位工程之间使用同一批次的材料或不同专业之间对同一抽样对象都要求检测时,施工单位在编制方案时应考虑这些因素,不必重复抽样检测,方案编制完成后报监理单位审核确认。

④相同施工单位在同一项目中施工的多个单位工程,使用的材料、构配件、设备等往

往属于同一批次,如果要求对每一个单位工程分别进行抽样检验,势必会造成重复,形成浪费,因此,适当调整抽样检验的数量是可行的,但总的批量要求不应大于相关专业验收规范的规定。

⑤施工现场加工的成品、半成品、构配件等抽样检验,可用于多个工程,但总的批量应符合相关标准的要求,对施工安装后的工程质量应按分部工程的要求进行检测试验,不能减少抽样数量,如结构实体混凝土强度检测、钢筋保护层厚度检测等。

⑥同一专业内或不同专业之间对同一对象有时都有抽样检测的要求,例如装饰装修工程和建筑节能工程中对门窗的气密性试验等,此时只需要做一次试验。

(2)现场验证不合格的材料不得使用或按有关标准规定降级使用。

(3)对于项目采购的物资,业主的验证不能代替项目对采购物资的质量责任,而业主采购的物资,项目的验证不能取代业主对其采购物资的质量责任。

(4)物资进场验证不齐或对其质量有怀疑时,要单独堆放该部分物资,待资料齐全和复验合格后,方可使用。

(5)严禁以次充好、偷工减料。

5.材料的保管和使用控制

(1)建立管理台账,进行收、发、储、运等环节的技术管理,避免混料和将不合格的原材料使用到工地上。

(2)要严格按施工组织平面布置图进行现场堆料,不得乱堆乱放。检验与未检验物资应标明分开码放,防止非预期使用。

(3)应做好各类物资的保管、保养工作,定期检查,做好记录,确保其质量完好。

(4)合理组织材料使用,减少材料损失,采取有效措施防止损坏、变质和污染环境。

4.3 工艺方案的质量控制

施工工艺的先进、合理是直接影响工程质量、工程进度及工程造价的关键因素,施工工艺的合理、可靠也直接影响工程施工安全。因此,在工程项目质量控制系统中,制订和采用技术先进、经济合理、安全可靠的施工技术工艺方案,是工程质量控制的重要环节。对施工工艺方案的质量控制主要包括以下内容。

(1)深入、正确地分析工程特征、技术关键及环境条件等资料,明确质量目标、验收标准、控制的重点和难点。

(2)制订合理、有效的有针对性的施工技术方案和组织方案,前者包括施工工艺、施工方法,后者包括施工区段划分、施工流向及劳动组织等。

(3)合理选用施工机械设备和施工临时设施,合理布置施工总平面图和各阶段施工平面图。

(4)选用和设计保证质量和安全的模具、脚手架等施工设备。

(5)编制工程所采用的新材料、新技术、新工艺的专项技术方案和质量管理方案。

（6）针对工程具体情况，分析气象、地质等环境因素对施工的影响，制订应对措施。

4.4　施工机械设备的质量控制

施工机械设备可分为两类：一类是指组成工程实体及配套的工艺设备和各类机具，如电梯、泵机、通风设备等，它们构成了建筑设备安装工程或工业设备安装工程，形成完整的使用功能。另一类是指施工过程中使用的各类机具设备，包括大型垂直与横向运输设备、各类操作工具、各种施工安全设施、各类测量仪器和计量器具等，简称施工机具设备，它们是施工生产的手段。

施工机械设备对工程质量也有重要的影响。工程所用施工机械设备，其产品质量优劣直接影响工程使用功能质量。施工机械设备的类型是否符合工程施工特点、性能是否先进稳定、操作是否方便安全等，都将会影响工程项目的质量。

施工机械设备是所有施工方案和工法得以实施的重要物质基础，合理选择和正确使用施工机械设备是保证施工质量的重要措施。

（1）对施工所用的机械设备，应根据工程需要从设备选型、主要性能参数及使用操作要求等方面加以控制，并应符合安全、适用、经济、可靠和节能、环保等方面的要求。

（2）对施工中使用的模具、脚手架等施工设备，除按适用的标准定型选用外，一般需按设计及施工要求进行专项设计，对其设计方案及制作质量的控制及验收应作为重点进行控制。

（3）按现行施工管理制度要求，工程所用的施工机械设备、模板、脚手架，特别是危险性较大的现场安装的施工机械设备，不仅要对其设计安装方案进行审批，而且安装完毕交付使用前必须经专业管理部门的验收，合格后方可使用。同时，在使用过程中尚需落实相应的管理制度，以确保其安全、正常使用。

4.5　施工环境因素的控制

环境条件是指对工程质量特性起重要作用的环境因素。环境因素主要包括施工现场自然环境因素，如工程地质、水文、气象等；施工质量管理环境因素，如工程实施的合同环境与管理关系的确定，组织体制及管理制度等；施工作业环境因素，如施工环境作业面大小、防护设施、通风照明和通信条件等；周边环境，如工程邻近的地下管线、建（构）筑物等。

环境条件往往对工程质量产生特定的影响。加强环境管理，改进作业条件，把握好技术环境，辅以必要的措施，是控制环境对质量影响的重要保证。

环境因素对工程质量的影响，具有复杂多变和不确定性的特点。要消除其对施工质量的不利影响,主要采取预测预防的控制方法。

4.5.1　对施工现场自然环境因素的控制

对地质、水文等方面的影响因素,应根据设计要求,分析工程岩土地质资料,预测不利因素,并会同设计等方面制订相应的措施,采取如基坑降水、排水、加固围护等技术控制方案。

对天气气象方面的影响因素,应在施工方案中制订专项预案,明确在不利条件下的施工措施,落实人员、器材等方面的准备以紧急应对,从而控制其对施工质量的不利影响。

4.5.2　对施工质量管理环境因素的控制

施工质量管理环境因素主要是指施工单位质量保证体系、质量管理制度和各参建施工单位之间的协调等因素。要根据工程承发包的合同结构,理顺管理关系,建立统一的现场施工组织系统和质量管理的综合运行机制,确保质量保证体系处于良好的状态,创造良好的质量管理环境和氛围,使施工顺利进行,并保证施工质量。

4.5.3　对施工作业环境因素的控制

施工作业环境因素主要是指施工现场的给水排水条件,各种能源介质供应,施工照明、通风、安全防护设施,施工场地空间条件和通道,以及交通运输和道路条件等因素。要认真实施经过审批的施工组织设计和施工方案,落实保证措施,严格执行相关管理制度和施工纪律,保证上述环境条件良好,使施工顺利进行以及施工质量得到保证。

⊙ 课后习题

4-1　施工生产要素包含哪些内容?

4-2　施工人员的质量包括哪些内容?

4-3　建筑材料复试的取样原则有哪些?

4-4　什么是见证取样送检?

4-5　机械设备的分类有哪些?

4-6　施工环境因素包括哪些方面?

⊙ 实训内容

针对某一实际工程项目,进行该项目的施工人员,材料、设备,工艺方案,施工机械设备的质量及施工环境因素等方面的控制。

5 建筑工程施工过程中的质量检查与检验

【能力要求】

目标	内容	权重
知识点	地基与基础工程的施工过程、主体结构工程的施工过程、防水工程的施工过程、施工准备工作、施工过程	40%
技能	地基与基础工程施工过程中的质量检查与检验、主体结构工程施工过程中的质量检查与检验、防水工程施工过程中的质量检查与检验	60%

【案例导入】

　　某建筑工程项目为框架结构,主体结构正在施工。在现浇钢筋混凝土柱的施工过程中,监理工程师对24根柱子的检查中发现有6根柱子拆模后存在轻度蜂窝、麻面现象,有13根柱子存在混凝土强度严重不足及表面蜂窝、麻面的质量问题,有5根柱子存在局部露筋,蜂窝、麻面较严重的质量问题。

　　分析:

　　(1)对拆模后存在轻度蜂窝、麻面现象的6根柱子,施工单位及时采取措施予以整改,监理工程师应对补救方案进行确认,跟踪处理过程,对处理结果进行验收。

　　(2)对拆模后存在混凝土强度严重不足及表面蜂窝、麻面现象的13根柱子,总监理工程师签发工程暂停令,组织事故调查,组织相关单位研究,并责成相关单位完成处理方案,并予以审核、签认。监理工程师要求施工单位对工程质量事故进行处理,监理工程师旁站监督,处理、检查、验收、鉴定,合格后签发工程复工令。

　　(3)对拆模后存在局部露筋,蜂窝、麻面较严重现象的5根柱子,监理工程师立即向施工单位发出监理通知单,要求施工单位对质量问题进行补救处理,填写监理通知回复单报监理工程师审核后,批复承包单位处理,处理结果应重新验收。

(4)钢筋隐蔽工程施工完毕,承包单位先自检,自检合格后,填写报验申请表,附相应的工程检查证(或隐蔽工程检查记录)及有关材料证明。监理工程师收到报验申请后首先对质量证明材料进行审查,再到现场检查(检测或核查),承包单位的专职质检员及相关施工人员应陪同监理工程师一起到现场。经现场检查,如检查符合质量要求,监理工程师在报验申请表及工程检查证(或隐蔽工程检查记录)上签字确认,准予承包单位作隐蔽、覆盖处理,进入下一道工序施工;如检查不符合质量要求,监理工程师签发"不合格项目通知"。

5.1 施工准备工作的质量控制

5.1.1 施工技术准备工作的质量控制

施工技术准备是指在正式开展施工作业活动前进行的技术准备工作。这类工作内容繁多,主要在室内进行,例如:熟悉施工图纸,组织设计交底和图纸会审;进行工程项目检查验收的项目划分和编号;审核相关质量文件,细化施工技术方案和施工人员、机具的配置方案,编制施工作业技术指导书,绘制各种施工详图(如测量放线图、大样图及配筋、配板、配线图表等),进行必要的技术交底和技术培训。如果施工准备工作出错,则必然影响施工进度和作业质量,甚至直接导致质量事故的发生。

技术准备工作的质量控制,包括对上述技术准备工作成果的复核、审查,检查这些成果是否符合设计图纸和相关技术规范、规程的要求;依据经过审批的质量计划审查、完善施工质量控制措施;针对质量控制点,明确质量控制点的重点对象和控制方法;尽可能地提高上述工作成果对施工质量的保证程度等。

5.1.2 现场施工准备工作的质量控制

1. 计量控制

计量控制是施工质量控制的一项重要基础工作。施工过程中的计量,包括施工生产时的投料计量、施工测量、监测计量以及对项目、产品或过程的测试、检验、分析计量等。开工前要建立和完善施工现场计量管理的规章制度,明确计量控制责任者和配置必要的计量人员,严格按规定对计量器具进行维修和校验,统一计量单位,组织量值传递,保证量值统一,从而保证施工过程中计量的准确。

2. 测量控制

工程测量放线是建设工程产品由设计转化为实物的第一步。施工测量质量的好坏,直接决定工程的定位和标高是否正确,并且制约施工过程有关工序的质量。因此,施工单位在开工前应编制测量控制方案,经项目技术负责人批准后实施。对建设单位提供的原始坐标点、基准线和水准点等测量控制点进行复核,并将复核结果上报监理工程师审核,批准后施工单位才能建立施工测量控制网,进行工程定位和标高基准的控制。

3. 施工平面图控制

建设单位应按照合同约定并充分考虑施工的实际需要,事先划定并提供施工用地和现场临时设施用地的范围,协调平衡和审查批准各施工单位的施工平面设计。施工单位要严格按照批准的施工平面布置图,科学、合理地使用施工场地,正确安装、设置施工机械设备和其他临时设施,维护现场施工道路畅通无阻和通信设施完好,合理控制材料的进场与堆放,保持良好的防洪排水能力,保证充分的给水和供电。建设(监理)单位应会同施工单位制定严格的施工场地管理制度、施工纪律和相应的奖惩措施,严禁乱占场地和擅自断水、断电、断路,及时制止和处理各种违纪行为,并做好施工现场的质量检查记录。

5.1.3 工程质量检查验收的项目划分

一个建设工程项目从施工准备开始到竣工交付使用,要经过若干工序、工种的配合施工。施工质量的优劣,取决于各个施工工序、工种的管理水平和操作质量。因此,为了便于控制、检查、评定和监督各个工序和工种的工作质量,就要把整个项目逐级划分为若干个子项目,并分级进行编号,在施工过程中据此来进行质量控制和检查验收。这是进行施工质量控制的一项重要准备工作,应在项目施工开始之前进行。项目划分越合理、明细,越有利于分清质量责任,便于施工人员进行质量自控和检查监督人员检查验收,也有利于质量记录等资料的填写、整理和归档。

根据《建筑工程施工质量验收统一标准》(GB 50300—2013)的规定,建筑工程质量验收应逐级划分为单位(子单位)工程、分部(子分部)工程、分项工程和检验批。

(1)单位(子单位)工程的划分应按下列原则确定:

①具备独立施工条件并能形成独立使用功能的建筑物或构筑物为一个单位工程。

②建筑规模较大的单位工程,可将其能形成独立使用功能的部分划分为若干个子单位工程。

(2)分部(子分部)工程的划分应按下列原则确定:

①分部工程的划分应按专业性质、建筑部位确定。

②当分部工程较大或较复杂时,可按材料种类、施工特点、施工程序、专业系统及类别等划分为若干子分部工程。

(3)分项工程应按主要工种、材料、施工工艺、设备类别等进行划分。分项工程可由一个或若干个检验批组成,检验批可根据施工及质量控制和专业验收需要按楼层、施工段、变形缝等进行划分。

室外工程可根据专业类别和工程规模划分单位(子单位)工程。一般室外单位工程可划分为室外建筑环境工程和室外安装工程。

5.2 施工过程的作业质量控制

施工过程的作业质量控制是在工程项目质量实际形成过程中的事中质量控制。

建设工程项目施工是由一系列相互关联、相互制约的作业过程（工序）构成的，因此，施工质量控制必须对全部作业过程，即各道工序的作业质量进行控制。从项目管理的立场看，工序作业质量的控制，首先是质量生产者即作业者的自控，在施工生产要素合格的条件下，作业者能力及其发挥的状况是决定作业质量的关键。其次，是来自作业者外部的各种作业质量检查、验收和对质量行为的监督，也是不可缺少的设防和把关的管理措施。

5.2.1 工序施工质量控制

工序是人、材料、机械设备、施工方法和环境因素对工程质量综合起作用的过程，所以对施工过程的质量控制，必须以工序作业质量控制为基础和核心。因此，工序的质量控制是施工阶段质量控制的重点。只有严格控制工序质量，才能确保施工项目的实体质量。工序施工质量控制主要包括工序施工条件质量控制和工序施工效果质量控制。

1. 工序施工条件控制

工序施工条件是指从事工序活动的各生产要素质量及生产环境条件。工序施工条件控制就是控制工序活动的各种投入要素质量和环境条件质量。控制的手段主要有检查、测试、试验、跟踪监督等。控制的依据主要是设计质量标准、材料质量标准、机械设备技术性能标准、施工工艺标准以及操作规程等。

2. 工序施工效果控制

工序施工效果主要反映工序产品的质量特征和特性指标。对工序施工效果的控制就是控制工序产品的质量特征和特性指标能否达到设计质量标准以及施工质量验收标准的要求。工序施工效果控制属于事后质量控制，其控制的主要途径是实测获取数据、统计分析所获取的数据、判断认定质量等级和纠正质量偏差。

按有关施工验收规范规定，下列工序质量必须进行现场质量检测，合格后才能进行下道工序。

（1）地基基础工程。

①地基及复合地基承载力静荷载检测。

对于地基基础设计等级为甲级或地质条件复杂、成桩质量可靠性低的灌注桩，应采用静荷载试验的方法进行检测，检测桩数不应少于总桩数的 1%，且不应少于 3 根。

②桩的承载力检测。

设计等级为甲级、乙级的桩基或地质条件复杂、桩施工质量可靠性低、本地区采用的新桩型或新工艺的桩基，应进行桩的承载力检测。检测数量在同一条件下不应少于3根，且不宜少于总桩数的 1%。

③桩身完整性检测。

根据设计要求,检测桩身缺陷及其位置,判定桩身完整性类别,采用低应变法;判定单桩竖向抗压承载力是否满足设计要求,分析桩侧和桩端阻力,采用高应变法。

（2）主体结构工程。

①混凝土、砂浆、砌体强度现场检测。

检测同一强度等级同条件养护的试块强度,以此检测结果代表工程实体的结构强度。

混凝土:按统计方法评定混凝土强度的基本条件时,同一强度等级的同条件养护试件的留置数量不宜少于 10 组;按非统计方法评定混凝土强度的基本条件时,留置数量不应少于 3 组。

砂浆:每一检验批且不超过 250 m³ 砌体的各种类型及强度等级的砌筑砂浆,每台搅拌机应至少抽检一次。

砌体:普通砖 15 万块、多孔砖 5 万块、灰砂砖及粉灰砖 10 万块各为一检验批,抽检数量为一组。

②钢筋保护层厚度检测。

钢筋保护层厚度检测的结构部位,应由监理（建设）、施工等各方根据结构构件的重要性共同选定。对于梁类、板类构件,应各抽取构件数量的 2% 且不少于 5 个构件进行检验。

③混凝土预制构件结构性能检测。

对于成批生产的构件,应按同一工艺正常生产的不超过 1000 件且不超过 3 个月的同类型产品为一批。在每批中应随机抽取一个构件作为试件进行检验。

（3）建筑幕墙工程。

①铝塑复合板的剥离强度检测。

②石材的弯曲强度检测,室内用花岗石的放射性检测。

③玻璃幕墙用结构胶的邵氏硬度、标准条件拉伸黏结强度、相容性试验,石材用结构胶黏结强度及石材用密封胶的污染性检测。

④建筑幕墙的气密性、水密性、风压变形性能、层间变位性能检测。

⑤硅酮结构胶相容性检测。

（4）钢结构及管道工程。

①钢结构及钢管焊接质量无损检测:对有无损检验要求的焊缝,竣工图上应标明焊缝编号、无损检验方法、局部无损检验焊缝的位置、底片编号、热处理焊缝位置及编号、焊缝补焊位置及施焊焊工代号;焊缝施焊记录及检查、检验记录应符合相关标准的规定。

②钢结构、钢管防腐及防火涂装检测。

③钢结构节点、机械连接用紧固标准件及高强度螺栓力学性能检测。

5.2.2 施工作业质量的自控

1. 施工作业质量自控的意义

施工作业质量的自控,从经营层面上说,强调的是作为建筑产品生产者和经营者的施工企业,应全面履行企业的质量责任,向顾客提供质量合格的工程产品;从生产过程来说,强调施工作业者的岗位质量责任,向后道工序提供合格的作业成果(中间产品)。同理,供货厂商必须按照供货合同约定的质量标准和要求,对施工材料物资的供应过程实施产品质量自控。因此,施工承包方和供应方在施工阶段是质量自控主体,他们不能因为监控主体的存在和监控责任的实施而减轻或免除其质量责任。我国《建筑法》和《建设工程质量管理条例》(国务院令〔2000〕279号)规定:建筑施工企业对工程的施工质量负责;建筑施工企业必须按照工程设计要求、施工技术标准和合同的约定,对建筑材料、建筑构配件和设备进行检验,不合格的不得使用。

施工方作为工程施工质量的自控主体,既要遵循本企业质量管理体系的要求,也要根据其在所承建的工程项目质量控制系统中的地位和责任,通过具体项目质量计划的编制与实施,有效地实现施工质量的自控目标。

2. 施工作业质量自控的程序

施工作业质量的自控过程是由施工作业组织的成员进行的,其基本的控制程序包括作业技术交底,作业活动的实施和作业质量的自检自查、互检互查以及专职管理人员的质量检查等。

(1)施工作业技术的交底。

技术交底是施工组织设计和施工方案的具体化,施工作业技术交底的内容必须具有可行性和可操作性。

从建设工程项目的施工组织设计到分部分项工程的作业计划,在实施之前都必须逐级进行交底,其目的是使管理者的计划和决策意图为实施人员所理解。施工作业交底是最基层的技术和管理交底活动,施工总承包方和工程监理机构都要对施工作业交底进行监督。作业交底的内容包括作业范围、施工依据、作业程序、技术标准和要领、质量目标以及其他与安全、进度、成本、环境等目标管理有关的要求和注意事项。

(2)施工作业活动的实施。

施工作业活动是由一系列工序所组成的。为了保证工序质量受到控制,首先要对作业条件进行再确认,即按照作业计划检查作业准备状态是否落实到位,其中包括对施工程序和作业工艺顺序的检查确认,在此基础上,严格按作业计划的程序、步骤和质量要求展开工序作业活动。

(3)施工作业质量的检查。

施工作业的质量检查,是贯穿整个施工过程的最基本的质量控制活动,包括施工单位内部的工序作业质量自检、互检、专检和交接检查,以及现场监理机构的旁站检查、平行检验等。施工作业质量检查是施工质量验收的基础,已完检验批及分部分项工程的施工质量,必须在施工单位完成质量自检并确认合格之后,才能报请现场监理机构进行检查验收。

前道工序作业质量经验收合格后,才可进入下道工序施工。未经验收合格的工序,不得进入下道工序施工。

3. 施工作业质量自控的要求

工序作业质量是直接形成工程质量的基础,为达到对工序作业质量控制的效果,在加强工序管理和质量目标控制方面应坚持以下要求。

（1）预防为主。

严格按照施工质量计划的要求，进行各分部分项施工作业的部署。同时，根据施工作业的内容、范围和特点，制订施工作业计划，明确作业质量目标和作业技术要领，认真进行作业技术交底，落实各项作业技术组织措施。

（2）重点控制。

在施工作业计划中，要认真贯彻实施施工质量计划中的质量控制点的控制措施，同时，要根据作业活动的实际需要，进一步建立工序作业控制点，深化工序作业的重点控制。

（3）坚持标准。

工序作业人员在工序作业过程中应严格进行质量自检，通过自检不断改善作业，并创造条件开展作业质量互检，通过互检加强技术与经验的交流，对已完工序作业产品及检验批或分部分项工程，应严格坚持质量标准。对不合格的施工作业质量，不得进行验收签证，必须按照规定的程序进行处理。

《建筑工程施工质量验收统一标准》（GB 50300—2013）及配套使用的专业质量验收规范，是施工作业质量自控的合格标准。有条件的施工企业或项目经理部应结合自己的条件编制高于国家标准的企业内控标准或工程项目内控标准，或采用施工承包合同明确规定的更高标准，列入质量计划中，努力提升工程质量水平。

（4）记录完整。

施工图纸、质量计划、作业指导书、材料质保书、检验试验及检测报告、质量验收记录等，是形成可追溯性的质量保证的依据，也是工程竣工验收不可缺少的质量控制资料。因此，对工序作业质量，应有计划、有步骤地按照施工管理规范的要求进行填写、记载，做到及时、准确、完整、有效，并具有可追溯性。

4. 施工作业质量自控的有效制度

根据实践经验的总结，施工作业质量自控的有效制度有：

（1）质量自检制度；

（2）质量例会制度；

（3）质量会诊制度；

（4）质量样板制度；

（5）质量挂牌制度；

（6）每月质量讲评制度等。

5.2.3　施工作业质量的监控

1. 施工作业质量的监控主体

《建设工程质量管理条例》（国务院令〔2000〕279 号）规定，国家实行建设工程质量监督管理制度。建设单位、监理单位、设计单位及政府的工程质量监督部门，在施工阶段依据法律法规和工程施工承包合同，对施工单位的质量行为和质量状况实施监督控制。

　　设计单位应当就审查合格的施工图纸设计文件向施工单位作出详细说明,应当参与建设工程质量事故分析,并对因设计造成的质量事故,提出相应的技术处理方案。

　　建设单位在领取施工许可证或者开工报告前,应当按照国家有关规定办理工程质量监督手续。

　　作为监控主体之一的项目监理机构,在施工作业实施过程中,根据其监理规划与实施细则,采取现场旁站、巡视、平行检验等形式,对施工作业质量进行监督检查,如发现工程施工不符合工程设计要求、施工技术标准和合同约定的,有权要求建筑施工企业改正。项目监理机构应进行检查,而没有检查或没有按规定进行检查的,给建设单位造成损失时应承担赔偿责任。

　　必须强调,施工质量的自控主体和监控主体,在施工全过程中相互依存、各尽其责,共同推动施工质量控制过程的展开和工程项目的质量总目标的最终实现。

2. 现场质量检查

现场质量检查是施工作业质量监控的主要手段。

(1)现场质量检查的内容。

①开工前的检查。主要检查是否具备开工条件,开工后是否能够保持连续正常施工,能否保证工程质量。

②工序交接检查。对于重要的工序或对工序质量有重大影响的工序,应严格执行"三检"制度(即自检、互检、专检),未经监理工程师(或建设单位技术负责人)检查认可,不得进行下道工序施工。

③隐蔽工程的检查。施工中,凡是隐蔽工程,必须检查认证后方可进行隐蔽掩盖。

④停工后复工的检查。因客观因素停工或处理质量事故停工等复工时,经检查认可后方能复工。

⑤分项、分部工程完工后的检查。分项、分部工程完工后应经检查认可,并签署验收记录后,才能进行下一工程项目的施工。

⑥成品保护的检查。检查成品有无保护措施以及保护措施是否有效、可靠。

(2)现场质量检查的方法。

①目测法。

目测法,即凭借感官进行检查,也称观感质量检验,其手段可概括为"看""摸""敲""照"。

看——根据质量标准要求进行外观检查,例如,清水墙面是否洁净,喷涂的密实度和颜色是否良好、均匀,工人的操作是否正常,内墙抹灰的大面及口角是否平直,混凝土外观是否符合要求等。

摸——通过触摸手感进行检查、鉴别,例如油漆的光滑度等。

敲——运用敲击工具进行音感检查,例如,对地面工程、装饰工程中的水磨石、面砖、石材饰面等,均应进行敲击检查。

照——通过人工光源或反射光照射,检查难以看到或光线较暗的部位,例如,管道井、电梯井等内的管线、设备安装质量,装饰吊顶内连接及设备安装质量等。

②实测法。

实测法就是通过实测数据与施工规范、质量标准的要求及允许偏差值进行对照,以此判断质量是否符合要求,其手段可概括为"靠""量""吊""套"。

靠——用直尺、塞尺检查诸如墙面、地面、路面等的平整度。

量——用测量工具和计量仪表等检查断面尺寸、轴线、标高、湿度、温度等的偏差,例如,大理石板拼缝尺寸、摊铺沥青拌合料的温度、混凝土坍落度的检测等。

吊——利用托线板以及线坠吊线检查垂直度,例如,砌体垂直度检查、门窗的安装等。

套——以方尺套方,辅以塞尺检查,例如,对阴阳角的方正、踢脚线的垂直度、预制构件的方正、门窗口及构件的对角线检查等。

③试验法。

试验法是指通过必要的试验手段对质量进行判断的检查方法,主要包括如下内容。

a.理化试验。

工程中常用的理化试验包括物理力学性能方面的检验和化学成分及化学性能的测定两个方面。物理力学性能的检验,包括各种力学指标的测定,如抗拉强度、抗压强度、抗弯强度、抗折强度、冲击韧性、硬度、承载力等,以及各种物理性能方面的测定,如密度、含水量、凝结时间、安定性及抗渗、耐磨、耐热性能等。化学成分及化学性质的测定,如钢筋中的磷、硫含量,混凝土中粗骨料中的活性氧化硅成分,以及耐酸、耐碱、抗腐蚀性等。此外,根据规定,有时还需进行现场试验,例如,对桩或地基的静荷载试验、下水管道的通水试验、压力管道的耐压试验、防水层的蓄水或淋水试验等。

b.无损检测。

利用专门的仪器仪表从表面探测结构物、材料、设备的内部组织结构或损伤情况。常用的无损检测方法有超声波探伤、X射线探伤、γ射线探伤等。

3. 技术核定与见证取样送检

(1)技术核定。

在建设工程项目施工过程中,因施工方对施工图纸的某些要求不甚明白,或图纸内部存在某些矛盾,或工程材料调整与代用,改变建筑节点构造、管线位置或走向等,需要通过设计单位明确或确认的,施工方必须以技术核定单的方式向监理工程师提出,报送设计单位核准确认。

(2)见证取样送检。

为了保证建设工程质量,我国规定,对工程所使用的主要材料、半成品、构配件以及施工过程留置的试块、试件等应实行现场见证取样送检。见证人员由建设单位及工程监理机构中有相关专业知识的人员担任;送检的试验室应具备经国家或地方工程检验检测主管部门核准的相关资质;见证取样送检必须严格按规定的程序执行,包括取样见证并记录、样本编号、填单、封箱、送试验室、核对、交接、试验检测、报告等。

检测机构应当建立档案管理制度。检测合同、委托单、原始记录、检测报告应当按年度统一编号,编号应当连续,不得随意抽撤、涂改。

5.2.4   隐蔽工程验收与成品质量保护

1. 隐蔽工程验收

凡被后续施工所覆盖的施工内容,如地基基础工程、钢筋工程、预埋管线等均属隐蔽工程。加强隐蔽工程质量验收,是施工质量控制的重要环节。其程序要求施工方首先应完成自检并合格,然后填写专用的"隐蔽工程验收单"。"隐蔽工程验收单"所列的验收内容应与已完的隐蔽工程实物相一致,并事先通知监理机构及有关方面,按约定时间进行验收。验收合格的隐蔽工程,由各方共同签署验收记录;验收不合格的隐蔽工程,应按验收整改意见进行整改后重新验收。严格执行隐蔽工程验收的程序和记录,对于预防工程质量隐患,提供可追溯质量记录具有重要作用。

2. 施工成品质量保护

建设工程项目已完成施工的成品保护,目的是避免已完施工成品受到来自后续施工以及其他方面的污染或损坏。已完成施工的成品保护问题和相应措施,在工程施工组织设计与计划阶段就应该从施工顺序上进行考虑,防止施工顺序不当或交叉作业造成相互干扰、污染和损坏;成品形成后可采取防护、覆盖、封闭、包裹等相应措施进行保护。

5.3   施工质量与设计质量的协调

建设工程项目施工是按照工程设计图纸(施工图)进行的,施工质量离不开设计质量,优良的施工质量要靠优良的设计质量和周到的设计现场服务来保证。

5.3.1   项目设计质量的控制

要保证施工质量,首先要控制设计质量。项目设计质量的控制,主要是从满足项目建设需求入手,包括国家相关法律法规、强制性标准和合同规定的明确需求以及潜在需求,以使用功能和安全可靠性为核心,进行下列设计质量的综合控制。

1. 项目功能性质量控制

项目功能性质量控制的目的,是保证建设工程项目使用功能的符合性,其内容包括项目内部的平面空间组织、生产工艺流程组织,如满足使用功能的建筑面积分配,以及宽度、高度、净空、通风、保暖、日照等物理指标和节能、环保、低碳等方面的符合性要求。

2. 项目可靠性质量控制

项目可靠性质量控制主要是指建设工程项目建成后,在规定的使用年限和正常的使用条件下,保证使用安全和建(构)筑物及其设备系统性能稳定、可靠。

3. 项目观感性质量控制

对于建设工程项目,项目观感性质量控制主要是指建筑物的总体格调、外部形体及内部空间观感效果,整体环境的适宜性、协调性,文化内涵的韵味及其魅力等的体现;道路、桥梁等基础设施工程同样也有其独特的构型格调、观感效果及其环境适宜的要求。

4. 项目经济性质量控制

建设工程项目设计经济性质量,是指不同设计方案的选择对建设投资的影响。设计经济性质量控制的目的在于强调设计过程的多方案比较,通过价值工程、优化设计,不断提高建设工程项目的性价比。在满足项目投资目标要求的条件下,做到物有所值、防止浪费。

5. 项目施工可行性质量控制

任何设计意图都要通过施工来实现,设计意图不能脱离现实的施工技术和装备水平,否则,再好的设计意图也无法实现。设计一定要充分考虑施工的可行性,并尽量做到方便施工,施工才能顺利进行,保证项目施工质量。

5.3.2 施工与设计的协调

从项目施工质量控制的角度来说,项目建设单位、施工单位和监理单位,都要注重施工与设计的相互协调。这个协调工作主要包括以下几个方面。

1. 设计联络

项目建设单位、施工单位和监理单位应组织施工单位到设计单位进行设计联络,其任务如下。

(1)了解设计意图、设计内容和特殊技术要求,分析其中的施工重点和难点,以便有针对性地编制施工组织设计,及早做好施工准备;对于以现有的施工技术和装备水平实施有困难的设计,要及时提出意见,协商修改设计,或者探讨通过技术攻关提高技术装备水平来实施的可能性,同时向设计单位介绍和推荐先进的施工新技术、新工艺和工法,争取通过适当的设计,使这些新技术、新工艺和工法在施工中得以应用。

(2)了解设计进度,根据项目进度控制总目标、施工工艺顺序和施工进度安排,提出设计出图的时间和顺序要求,对设计和施工进度进行协调,使施工得以连续顺利进行。

(3)从施工质量控制的角度,提出合理化建议,优化设计,为保证和提高施工质量创造更好的条件。

2. 设计交底和图纸会审

建设单位和监理单位应组织设计单位向所有的施工实施单位进行详细的设计交底,使实施单位充分理解设计意图,了解设计内容和技术要求,明确质量控制的重点和难点;同时认真地进行图纸会审,深入发现和解决各专业设计之间可能存在的矛盾,消除施工图的差错。

3. 设计现场服务和技术核定

建设单位和监理单位应要求设计单位派出得力的设计人员到施工现场进行设计服务,解决施工中发现和提出的与设计有关的问题,及时做好相关设计核定工作。

4.设计变更

在施工期间,无论是建设单位、设计单位还是施工单位提出需要进行局部设计变更的内容,都必须按照规定的程序,先将变更意图或请求报送监理工程师审查,经设计单位审核认可并签发"设计变更通知书"后,再由监理工程师下达"变更指令"。

5.4　地基与基础工程施工过程中的质量检查与检验

5.4.1　土方工程

(1)土方开挖前,应检查定位放线、排水和降低地下水位的系统。

(2)开挖过程中,应检查平面位置、水平标高、边坡坡度、压实度、排水和降低地下水位的系统,并随时观测周围的环境变化。

(3)基坑(槽)开挖后,应检验下列内容。

①核对基坑(槽)的位置、平面尺寸、坑底标高是否符合设计的要求,并检查边坡稳定状况,确保边坡安全。

②核对基坑土质和地下水情况是否满足地质勘察报告和设计要求,有无破坏原状土结构或发生较大的土质扰动现象。

③用钎探法或轻型动力触探法等检查基坑(槽)是否存在软弱土下卧层及空穴、古墓、古井、防空掩体、地下埋设物等及相应的位置深度、性状。

(4)基坑(槽)验槽,应重点观察柱基、墙角、承重墙下或其他受力较大部位,如有异常部位,要会同勘察、设计等有关单位进行处理。

(5)土方回填,应查验下列内容:

①回填土的材料要符合设计和规范的规定。

②填土施工过程中应检查排水措施、每层填筑厚度、回填土的含水量控制(回填土的最优含水量,砂土为 8%～12%,黏土为 19%～23%,粉质黏土为 12%～15%,粉土为16%～22%)和压实程度。

③基坑(槽)的填方,在夯实或压实之后,要对每层回填土的质量进行检验,满足设计或规范要求。

④填方施工结束后,应检查标高、边坡坡度、压实程度等是否满足设计或规范要求。

5.4.2　灰土、砂和砂石地基工程

(1)检查原材料及配合比是否符合设计和规范要求。

(2)施工过程中应检查分层铺设的厚度,分段施工时上、下两层的搭接长度,夯实时加水量、夯实遍数、压实系数。

(3)施工结束后,应检验灰土地基、砂和砂石地基的承载力。

5.4.3 重锤夯实或强夯地基工程

施工前应检查夯锤质量、尺寸、落距控制手段、排水设施及被夯地基的土质。施工中应检查落距、夯击遍数、夯点位置、夯击范围。施工结束后,检查被夯地基的强度并进行承载力检验。

5.4.4 打(压)预制桩工程

检查预制桩的出厂合格证及进场质量、桩位、打桩顺序、桩身垂直度、接桩、打(压)桩的标高或贯入度等是否符合设计和规范要求。桩竣工位置偏差、桩身完整性检测和承载力检测必须符合设计和规范要求。

5.4.5 混凝土灌注桩基础

检查桩位偏差、桩顶标高、桩底沉渣厚度、桩身完整性、承载力、垂直度、桩径、原材料、混凝土配合比和强度、泥浆配合比和性能指标、钢筋笼制作和安装、混凝土浇筑等是否符合设计和规范规定。

5.5 主体结构工程施工过程中的质量检查与检验

5.5.1 钢筋混凝土工程

1. 模板工程

模板工程施工过程包括模板设计、制作、安装和拆除四个步骤。模板工程施工过程中应重点检查施工方案是否可行及落实情况,模板的强度、刚度、稳定性、支撑面积、平整度、几何尺寸、拼缝、隔离剂涂刷、平面位置及垂直度、梁底模起拱、预埋件及预留孔洞、施工缝及后浇带处的模板支撑安装等是否符合设计和规范要求,并严格控制拆模时的混凝土的强度和拆模顺序。

2. 钢筋工程

钢筋工程施工过程包括钢筋进场检验、钢筋加工、钢筋连接、钢筋安装四个步骤。钢筋工程施工过程中应重点检查:原材料进场合格证和复试报告、加工质量、钢筋连接试验报告及操作者合格证,钢筋安装质量(包括纵向、横向钢筋的品种、规格、数量、位置、保护层厚度和钢筋连接方式、接头位置、接头数量、接头面积百分率及箍筋、横向钢筋的品种、规格、数量、间距等),预埋件的规格、数量、位置。

3. 混凝土工程

混凝土工程施工过程中应重点检查混凝土主要组成材料的合格证及复验报告,配合比,坍落度,冬季浇筑时入模温度,现场混凝土试块(包括制作、数量、养护及其强度试验等),现场混凝土浇筑工艺及方法(包括铺设砂浆的质量、浇筑的顺序和方向、分层浇筑的高度、施工缝的留置、浇筑时的振捣方法及对模板和其支架的观察等),大体积混凝土测温措施,养护方法及时间,后浇带的留置和处理等是否符合设计和规范要求;混凝土的实体检测,检测混凝土的强度、钢筋保护层厚度等。

4. 钢筋混凝土构件安装工程

钢筋混凝土构件安装工程施工过程中应重点检查:构件的合格证(包括生产单位、构件型号、生产日期、质量验收标志),构件的外观质量(包括构件上的预埋件、插筋和预留孔洞的规格、位置和数量),标志标识(位置、标高、构件中心线位置、吊点),尺寸偏差,结构性能,临时堆放方式,临时加固措施,起吊方式及角度,垂直度,接头焊接及接缝,灌缝用细石混凝土原材料合格证及复试报告,配合比,坍落度,现场留置试块强度,灌浆的密实度等是否符合设计和规范的要求。

5. 预应力混凝土工程

预应力混凝土工程施工过程中应重点检查以下内容。

(1)预应力钢筋张拉机具设备及仪表:主要检查维护、校验记录和配套标定记录是否符合设计和规范要求。

(2)预应力钢筋:主要检查品种、规格、数量、位置、外观状况及产品合格证、出厂检验报告和进场复验报告等是否符合设计要求和有关标准的规定。

(3)预应力钢筋的锚具和连接器:主要检查品种、规格、数量、位置等是否符合设计和规范要求。

(4)预留孔道:主要检查规格、数量、位置、性状及灌浆孔、排气兼泌水管等是否符合设计和规范要求。金属螺旋管还应检查产品合格证、出厂检验报告和进场复验报告等。

(5)预应力钢筋张拉与放张:主要检查混凝土强度、构件几何尺寸、孔道状况、张拉力(包括油压表读数、预应力钢筋实际与理论伸长值)、张拉或放张顺序、张拉工艺、预应力钢筋断裂或滑脱情况等是否符合设计和规范要求。

(6)灌浆及封锚:主要检查水泥和外加剂的产品合格证、出厂检验报告和进场复验报告,水泥浆配合比和强度、灌浆记录,外露预应力钢筋切割方法、长度及封锚状况等是否符合设计和规范要求。

(7)其他:主要检查锚固区局部加强构造等是否符合设计标准和规范要求。

5.5.2 砌体工程

砌体工程施工过程中应重点检查以下内容。

(1)砌体材料:主要检查产品的品种、规格、型号、数量、外观状况及产品的合格证、性能检测报告等是否符合设计标准和规范要求。块材、水泥、钢筋、外加剂等尚应检查产品主要性能的进场复验报告。严禁使用国家明令淘汰的材料。

（2）砌筑砂浆：主要检查配合比、计量、搅拌质量（包括稠度、保水性等）、试块（包括制作、数量、养护和试块强度等）是否符合设计标准和规范要求。

（3）砌体：主要检查砌筑方法、皮数杆、灰缝（包括宽度、瞎缝、假缝、透明缝、通缝等）、砂浆饱满度、砂浆黏结状况、块材的含水率、留槎、接槎、洞口、脚手眼、标高、轴线位置、平整度、垂直度、封顶及砌体中钢筋品种、规格、数量、位置、几何尺寸、接头等是否符合设计和规范要求。

（4）其他：砌筑砌体时，楼面和屋面堆载不得超过楼板的允许荷载值。

5.5.3　钢结构工程

钢结构工程施工过程中应重点检查以下内容。

（1）原材料及成品进场：主要检查钢材、焊接材料、连接用紧固标准件、焊接球、螺旋球、封板、锥头、套筒、金属压型钢板、涂装材料、橡胶垫及其他特殊材料的品种、规格、性能等是否符合现行国家产品标准及设计要求。其中，进口钢材产品的质量应符合设计和合同规定标准的要求，主要通过检查产品质量的合格证明文件、中文标志和检验报告（包括抽样复验报告）来完成。

（2）钢结构焊接工程：主要检查焊工合格证及其有效期和认可范围，焊接材料、焊钉（栓钉）烘焙记录，焊接工艺评定报告，焊缝外观、尺寸及探伤记录，焊接预热后施工记录和工艺试验报告等是否符合设计标准和规范要求。

（3）紧固件连接工程：主要检查紧固件和连接钢材的品种、规格、型号、级别、尺寸、外观及匹配情况，普通螺栓的拧紧顺序、拧紧情况、外露丝扣，高强度螺栓连接摩擦面抗滑移系数试验报告和复验报告、扭矩扳手标定记录、紧固顺序、转角或扭矩（初拧、复拧、终拧）、螺栓外露丝扣等是否符合设计和规范要求。普通螺栓作为永久性连接螺栓时，当设计有要求或对其质量有疑义时，应检查螺栓实物复验报告。

（4）钢零件及钢部件加工：主要检查钢材切割面或剪切面的平面度、割纹和缺口的深度、边缘缺棱、型钢端部垂直度、构件几何尺寸偏差、矫正工艺和温度、弯曲加工及其间隙、刨边允许偏差和粗糙度、螺栓孔质量（包括精度、直径、圆度、垂直度、孔距、孔边距等）、管和球的加工质量等是否符合设计和规范要求。

（5）钢结构安装：主要检查钢结构零件及部件的制作质量、地脚螺栓及预留孔情况、安装平面轴线位置、标高、垂直度、平面弯曲、单元拼接长度与整体长度、支座中心偏移与高差、钢结构安装完成后环境影响造成的自然变形、节点平面紧贴的情况、垫铁的位置及数量等是否符合设计和规范要求。

（6）钢结构涂装工程：防腐涂料、涂装遍数、间隔时间、涂层厚度及涂装前钢材表面处理应符合设计要求和国家现行有关标准，防火涂料黏结强度、抗压强度、涂装厚度、表面裂纹宽度及涂装前钢材表面处理和防锈涂装等应符合设计要求和国家现行有关标准。

（7）其他：钢结构施工过程中，用于临时加固、支撑的钢构件，其原材料、加工制作、焊接、安装、防腐等应符合相关技术标准和规范要求。

5.6　防水工程施工过程中的质量检查与检验

5.6.1　防水工程施工前的检查

1. 材料

检查所有卷材及其配套材料、防水涂料和胎体增强材料、刚性防水材料、聚乙烯丙纶及其黏结材料等的出厂合格证、质量检验报告和现场抽样复验报告(检查证明和报告,主要是检查材料的品种、规格、性能等),卷材和配套材料的相容性、配合比等均应符合设计要求和国家现行有关标准规定。

防水混凝土原材料(包括掺合料、外加剂)的出厂合格证、质量检验报告、现场抽样试验报告、配合比、计量、坍落度等均应符合设计要求和国家现行有关标准规定。

2. 人员

检查分包队伍的施工资质、作业人员的上岗证。

5.6.2　防水工程施工中的检查

1. 地下防水工程

检查防水层基层状况(包括干燥、干净、平整度、转角圆弧等)、卷材铺贴(胎体增强材料铺设)的方向及顺序、附加层、搭接长度及搭接缝位置、转角处、变形缝、穿墙管道等细部做法等是否符合设计和规范要求。

检查防水混凝土模板及支撑、混凝土的浇筑(包括方案、搅拌、运输、浇筑、振捣、抹压等)和养护、施工缝或后浇带及预埋件(套管)的处理、止水带(条)等的预理、试块的制作和养护、防水混凝土的抗压强度和抗渗性能试验报告、隐蔽工程验收记录、试块缺陷情况和处理记录等是否符合设计和规范要求。

2. 屋面防水工程

检查基层状况(包括干燥、干净、坡度、平整度、分格缝、转角圆弧等)、卷材铺贴(胎体增强材料铺设)的方向及顺序、附加层、搭接长度及搭接缝位置、泛水的高度、女儿墙压顶的坡向及坡度、玛琋脂试验报告单、细部构造处理、排气孔设置、防水保护层、缺陷情况、隐蔽工程验收记录等是否符合设计和规范要求。

3. 厨房、厕浴间防水工程

检查基层状况(包括干燥、干净、坡度、平整度、转角圆弧等)、涂膜的方向及顺序、附加层、涂膜厚度、防水的高度、管根处理、防水保护层、缺陷情况、隐蔽工程验收记录等是否符合设计和规范要求。

5.6.3 防水工程施工完成后的检查

1. 地下防水工程

检查标识好的"背水内表面的结构工程展开图",核对地下防水渗漏情况,检验地下防水工程整体施工质量是否符合要求。

2. 屋面防水工程

防水层完工后,应在雨后或持续淋水 2 h 后(有可能作蓄水检验的屋面,其蓄水时间不应少于 24 h),检查屋面有无渗漏、积水和排水系统是否畅通,施工质量符合要求方可进行防水层验收。

3. 厨房、厕浴间防水工程

厨房、厕浴间防水层完成后,应做 24 h 蓄水试验,蓄水高度在最高处为 20~30 mm,确认无渗漏时再做保护层和面层。设备和饰面层施工完后,还应在其上继续做第二次 24 h 蓄水试验,达到最终无渗漏和排水畅通为合格,方可进行正式验收。

➡ 课后习题

5-1 什么是施工技术准备工作?

5-2 什么是施工过程的作业质量控制工作?

5-3 什么是隐蔽工程?

5-4 现场质量检查的内容有哪些?

5-5 施工作业质量自控的有效制度有哪些?

➡ 实训内容

针对某一实际工程项目,进行该项目的施工过程中的质量检查和检验。

6 建筑工程施工质量验收

【能力要求】

目标	内容	权重
知识点	建筑工程施工质量验收的概念,施工过程,工程项目竣工	40%
技能	地基与基础工程的施工质量验收,主体结构工程的施工质量验收,防水工程的施工质量验收,装饰装修工程的施工质量验收	60%

【案例导入】

　　某办公楼工程,建筑面积 45000 m²,钢筋混凝土框架-剪力墙结构,地下 1 层,地上 12 层,层高 5 m,抗震等级一级,内墙装饰面层为油漆、涂料,地下工程防水为混凝土自防水和外贴卷材防水。

　　施工过程中,发生了下列事件。

　　事件一:项目部按规定向监理工程师提交调查后再提交 HRB400EΦ12 钢筋复试报告。主要检测数据为:抗拉强度实测值 561 N/mm²,屈服强度实测值 460 N/mm²,实测重量 0.816 kg/m(HRB400EΦ12 钢筋:屈服强度标准值 400 N/mm²,极限强度标准值 540 N/mm²,理论重量 0.888 kg/m)。

　　事件二:监理工程师对三层油漆和涂料施工质量检查中,发现部分房间有流坠、刷纹、透底等质量通病,下达了整改通知单。

　　事件三:在地下防水工程质量检查验收时,监理工程师对防水混凝土强度、抗渗性能和细部节点构造进行了检查,提出了整改要求。

分析：

(1)事件一中，强屈比＝抗拉强度/屈服强度＝561/460＝1.22＜1.25，不合格。

超屈比＝屈服强度实测值/屈服强度标准值＝460/400＝1.15＜1.3，合格。

重量偏差＝(0.888－0.816)/0.888×100％＝8％≤8％，合格。

(2)涂饰工程除了流坠、刷纹、透底等质量通病外，还有泛碱、咬色、疙瘩、砂眼、漏涂、起皮和掉粉等通病。

(3)地下防水共分为四个等级，其中一级防水标准是不允许渗水，结构表面可有少量湿渍。

(4)防水混凝土验收时需要检查防水混凝土的变形缝、施工缝、后浇带穿墙管道、埋件等设置和构造做法是否符合设计要求。

6.1 建筑工程施工质量验收概述

6.1.1 建筑工程施工质量验收的概念

正确地进行工程项目质量的检查评定和验收，是施工质量控制的重要手段。

根据《建筑工程施工质量验收统一标准》(GB 50300—2013)，所谓验收，是指建筑工程在施工单位自行质量检查评定的基础上，参与建设活动的有关单位共同对检验批、分项工程、分部工程、单位工程的质量进行抽样复验，根据相关标准，以书面形式对工程质量达到合格与否作出确认。

施工质量验收应按照《建筑工程施工质量验收统一标准》(GB 50300—2013)进行。该标准是建筑工程各专业工程施工质量验收规范编制的统一准则，各专业工程施工质量验收规范都应与该标准配合使用。

建筑工程质量验收应划分为单位(子单位)工程、分部(子分部)工程、分项工程和检验批，是工程建设质量控制的一个重要环节，它包括施工过程的质量验收及工程项目竣工质量验收两个方面。

6.1.2 施工过程的质量验收

施工过程质量验收主要是指检验批和分项工程、分部工程的质量验收。

《建筑工程施工质量验收统一标准》(GB 50300—2013)与各个专业工程施工质量验收规范，明确规定了各分项工程的施工质量的基本要求，规定了分项工程检验批量的抽查办法和抽查数量，规定了检验批主控项目、一般项目的检查内容和允许偏差，规定了对主控项目、一般项目的检验方法，规定了各分部工程验收的方法和需要的技术资料等，同时对涉及人民生命财产安全、人身健康、环境保护和公共利益的内容以强制性条文作出规定，要求必须坚决、严格遵照执行。

检验批和分项工程是质量验收的基本单元；分部工程是在所含全部分项工程验收的基础上进行验收的，在施工过程中随完工随验收，并留下完整的质量验收记录和资料；单位工程作为具有独立使用功能的完整的建筑产品,必须进行竣工质量验收。

施工过程的质量验收包括以下验收环节,通过验收后留下完整的质量验收记录和资料,为工程项目竣工质量验收提供依据。

1. 检验批质量验收

检验批是工程验收的最小单位,是分项工程乃至整个建筑工程质量验收的基础。

所谓检验批,是指按同一生产条件或按规定的方式汇总起来供检验用的,由一定数量样本组成的检验体。

建筑工程的检验批可根据施工及质量控制和专业验收需要,按楼层、施工段、变形缝等进行划分,是施工过程中条件相同并有一定数量的材料、构配件或安装项目,由于其质量基本均匀一致,因此可以作为检验的基础单位,并按批验收。

检验批质量的合格与否主要取决于对主控项目和一般项目的检验结果。主控项目是对检验批基本质量有决定性影响的检验项目,因此必须全部符合有关专业工程验收规范的规定。这意味着主控项目不允许有不符合要求的检验结果,即这种项目的检查具有否决权。除主控项目以外的检验项目称为一般项目。

检验批质量验收合格的规定如下:

(1)主控项目和一般项目的质量经抽样检验合格。

(2)具有完整的施工操作依据、质量检查记录。

检验批应由监理工程师(建设单位项目技术负责人)组织施工单位项目专业质量(技术)负责人等进行验收。

2. 分项工程质量验收

分项工程的质量验收是在检验批验收的基础上进行的。一般情况下,两者具有相同或相近的性质,只是批量的大小不同而已。相关检验批经汇集即构成分项工程。

分项工程质量合格的条件比较简单,只要构成分项工程的各检验批的验收资料、文件完整,并且全部验收合格,则分项工程验收合格。

分项工程质量验收合格的规定如下:

(1)分项工程所含的检验批均应符合合格质量的规定。

(2)分项工程所含的检验批的质量验收记录应完整。

分项工程应由监理工程师(建设单位项目技术负责人)组织施工单位项目专业质量(技术)负责人等进行验收。

3. 分部工程质量验收

分部工程的质量验收在其所含各分项工程验收的基础上进行。

分部工程质量验收合格的规定如下:

(1)分部(子分部)工程所含分项工程的质量均应验收合格。

(2)质量控制资料应完整。

(3)地基与基础、主体结构和设备安装等分部工程有关安全和功能的检验和抽样检测结果应符合有关规定。

(4)观感质量验收应符合要求。

分部工程的各分项工程必须已验收合格且相应的质量控制资料、文件必须完整,这是验收的基本条件。此外,由于各分项工程的性质不尽相同,因此,分部工程不能简单地组合所含分项工程加以验收,尚需增加以下两类检查项目。

①涉及安全和使用功能的地基与基础、主体结构分部工程、有关安全及重要使用功能的安装分部工程应进行有关的见证取样送样试验或抽样检测。

②有关观感质量验收。这类检查往往难以定量,只能以观察、触摸或简单量测的方式进行,并由个人的主观印象判断,检查结果并不给出"合格"或"不合格"的结论,而是综合给出质量评价。对于"差"的检查点,应通过返修处理等补救。

分部工程应由总监理工程师(建设单位项目负责人)组织施工单位项目负责人和技术、质量负责人等进行验收;地基与基础、主体结构分部工程的勘察、设计单位工程项目负责人和施工单位技术、质量部门负责人也应参加相关分部工程验收。

4. 施工过程质量验收不合格的处理

施工过程的质量验收是以检验批的施工质量为基本验收单元的。检验批质量不合格可能是由于使用的材料不合格,或施工作业质量不合格,或质量控制资料不完整等原因所致,其处理方法如下:

(1)在检验批验收时,发现存在严重缺陷的应推倒重做,有一般的缺陷可通过返修或更换器具、设备消除缺陷后重新进行验收。

(2)个别检验批发现某些项目或指标(如试块强度等)不满足要求,难以确定是否验收时,应请有资质的法定检测单位检测、鉴定,当鉴定结果能够达到设计要求时,应予以验收。

(3)当检测鉴定达不到设计要求,但经原设计单位核算仍能满足结构安全和使用功能的检验批,可予以验收。

(4)若存在严重质量缺陷或超过检验批范围内的缺陷,经法定检测单位检测鉴定以后,认为不能满足最低限度的安全储备和使用功能,则必须进行加固处理。虽然改变了外形尺寸,但能满足安全使用要求,可按技术处理方案和协商文件进行验收,责任方应承担经济责任。

(5)通过返修或加固处理后仍不能满足安全使用要求的分部工程严禁验收。

6.1.3 工程项目竣工质量验收

施工项目竣工质量验收是施工质量控制的最后一个环节,是对施工过程质量控制成果的全面检验,是从终端把关方面进行质量控制。未经验收或验收不合格的工程,不得交付使用。

1. 竣工质量验收的依据

工程项目竣工质量验收的依据有:

(1)国家相关法律法规和建设主管部门颁布的管理条例和办法;

(2)工程施工质量验收统一标准;

(3)专业工程施工质量验收规范;

(4)批准的设计文件、施工图纸及说明书;

（5）工程施工承包合同；

（6）其他相关文件。

2. 竣工质量验收的要求

工程项目竣工质量验收应按下列要求进行：

（1）检验批的质量应按主控项目和一般项目验收。

（2）工程质量的验收均应在施工单位自检合格的基础上进行。

（3）隐蔽工程在隐蔽前应由施工单位通知监理工程师或建设单位专业技术负责人进行验收，并形成验收文件，验收合格后方可继续施工。

（4）参加工程施工质量验收的各方人员应具备规定的资格，单位工程的验收人员应具备工程建设相关专业的中级以上技术职称并具有 5 年以上从事工程建设相关专业的工作经历，参加单位工程验收的签字人员应为各方项目负责人。

（5）对涉及结构安全的试块、试件以及有关材料，应按规定进行见证取样检测；对涉及结构安全、使用功能、节能、环境保护等重要分部工程，进行抽样检测。

（6）承担见证取样检测及有关结构安全、使用功能等项目的检测单位应具备相应资质。

（7）工程的观感质量应由验收人员现场检查，并应共同确认。

建筑工程施工质量验收合格应符合下列要求：

（1）符合《建筑工程施工质量验收统一标准》（GB 50300—2013）和相关专业验收规范的规定。

（2）符合工程勘察、设计文件的要求。

（3）符合合同约定。

3. 单位工程质量验收合格的规定

单位工程是工程项目竣工质量验收的基本对象。按照《建筑工程施工质量验收统一标准》（GB 50300—2013），建设项目单位（子单位）工程质量验收合格应符合下列规定：

（1）单位（子单位）工程所含分部（子分部）工程的质量均应验收合格。

（2）质量控制资料应完整。

（3）单位（子单位）工程所含分部工程的有关安全和功能的检测资料应完整。

（4）主要功能项目的抽查结果应符合相关专业质量验收规范的规定。

（5）观感质量验收应符合要求。

4. 单位工程质量验收的程序

建设工程项目竣工验收，可分为竣工验收准备、竣工预验收和正式竣工验收三个环节进行。整个验收过程涉及建设单位、设计单位、监理单位及施工总分包各方的工作，必须按照工程项目质量控制系统的职能分工，以监理工程师为核心进行竣工验收的组织协调。

（1）竣工验收准备。

施工单位按照合同规定的施工范围和质量标准完成施工任务后，应自行组织有关人员进行质量检查评定。自检合格后，向现场监理机构提交工程竣工预验收申请报告，要求组织工程竣工预验收。施工单位的竣工验收准备，包括工程实体的验收准备和相关工程档案资料的验收准备,应达到竣工验收的要求,其中设备及管道安装工程等,应经过试压、试车和系统联动试运转检查记录。

(2)竣工预验收。

监理机构收到施工单位的工程竣工预验收申请报告后,应就验收的准备情况和验收条件进行检查,对工程质量进行竣工预验收。对工程实体质量及档案资料存在的缺陷,及时提出整改意见,并与施工单位协商整改方案,确定整改要求和完成时间。具备下列条件时,由施工单位向建设单位提交工程竣工验收报告,申请工程竣工验收。

①完成建设工程设计和合同约定的各项内容;

②有完整的技术档案和施工管理资料;

③有工程使用的主要建筑材料、构配件和设备的进场试验报告;

④有工程勘察、设计、施工、工程监理等单位分别签署的质量合格文件;

⑤有施工单位签署的工程保修书。

(3)正式竣工验收。

建设单位收到工程竣工验收报告后,应由建设单位(项目)负责人组织施工(含分包单位)、设计、勘察、监理等单位(项目)负责人进行单位工程验收。

建设单位应组织勘察、设计、施工、监理等单位和其他方面的专家组成竣工验收小组,负责检查验收的具体工作,并制订验收方案。

建设单位应在工程竣工验收前7个工作日将验收时间、验收地点、验收组名单书面通知该工程的工程质量监督机构。建设单位组织竣工验收会议。正式验收过程的主要工作有:

①建设、勘察、设计、施工、监理单位分别汇报工程合同履约情况及工程施工各环节施工满足设计要求,质量符合法律法规和强制性标准的情况。

②检查审核设计、勘察、施工、监理单位的工程档案资料及质量验收资料。

③实地检查工程外观质量,对工程的使用功能进行抽查。

④对工程施工质量管理各环节工作,工程实体质量及质保资料情况进行全面评价,形成经验收组人员共同确认签署的工程竣工验收意见。

⑤竣工验收合格,建设单位应及时提出工程竣工验收报告。验收报告应附有工程施工许可证、设计文件审查意见、质量检测功能性试验资料、工程质量保修书等法规所规定的其他文件。

⑥工程质量监督机构应对工程竣工验收工作进行监督。

5. 建筑工程质量不符合要求的处理

当建筑工程质量不符合要求时,应按下列规定进行处理:

(1)经返工重做或更换器具、设备的检验批,应重新进行验收。

(2)经有资质的检测单位检测鉴定能够达到设计要求的检验批,应予以验收。

(3)经有资质的检测单位检测鉴定达不到设计要求,但经原设计单位核算认可,能够满足结构安全和使用功能的检验批,可予以验收。

(4)经返修或加固处理的分项工程、分部工程,虽然改变外形尺寸,但仍能满足安全、使用要求,可按技术处理方案和协商文件进行验收。

（5）通过返修或加固处理仍不能满足安全、使用要求的分部工程、单位（子单位）工程，严禁验收。

6.竣工验收备案

我国实行建设工程竣工验收备案制度。新建、扩建和改建的各类房屋建筑工程和市政基础设施工程的竣工验收，均应按《建设工程质量管理条例》（国务院令〔2000〕279号）的规定进行备案。

（1）建设单位应当自建设工程竣工验收合格之日起15日内，将建设工程竣工验收报告和规划、公安消防、环保等部门出具的认可文件或准许使用文件，报建设行政主管部门或者其他相关部门备案。

（2）备案部门在收到备案文件资料后的15日内，对文件资料进行审查，符合要求的工程，在验收备案表上加盖"竣工验收备案专用章"，并将一份退建设单位存档。如审查中发现建设单位在竣工验收过程中有违反国家有关建设工程质量管理规定行为的，责令停止使用，重新组织竣工验收。

（3）建设单位有下列行为之一的，责令改正，处以工程合同价款2%以上4%以下的罚款，造成损失的依法承担赔偿责任：

①未组织竣工验收，擅自交付使用的；

②验收不合格，擅自交付使用的；

③对不合格的建设工程按照合格工程验收的。

6.2　地基与基础工程的施工质量验收

6.2.1　地基与基础工程包括的内容

地基与基础工程主要包括无支护土方、有支护土方、地基与基础处理、桩基、地下防水、混凝土基础、砌体基础、劲钢（管）混凝土、钢结构等子分部工程。

（1）无支护土方的分项工程：土方开挖、土方回填。

（2）有支护土方的分项工程：排桩、降水、排水、地下连续墙、锚杆、土钉墙、水泥土桩、沉井与沉箱、钢与混凝土支撑。

（3）桩基的分项工程：锚杆静压桩及静力压桩、预应力离心管桩、钢筋混凝土预制桩、钢桩、混凝土灌注桩（成孔、钢筋笼、清孔、水下混凝土灌注）。

（4）地下防水的分项工程：防水混凝土、水泥砂浆防水层、卷材防水层、涂料防水层、金属板防水层、塑料板防水层、细部构造、喷锚支护、复合式衬砌、地下连续墙、盾构法隧道、渗排水、盲沟排水、隧道、坑道排水、预注浆、后注浆、衬砌裂缝注浆。

（5）混凝土基础的分项工程：模板、钢筋、混凝土、后浇带混凝土、混凝土结构裂缝处理。

（6）砌体基础的分项工程：砖砌体、混凝土砌块砌体、石砌体、配筋砌体。

（7）劲钢（管）混凝土的分项工程：劲钢（管）焊接、劲钢（管）与钢筋的连接、混凝土。

（8）钢结构的分项工程：焊接钢结构、栓接钢结构、钢结构制作、钢结构安装、钢结构涂装。

6.2.2　地基与基础工程验收所需的条件

1. 工程实体

（1）地基与基础分部工程验收前，基础墙面上的施工孔洞需按规定镶堵密实，并做隐蔽工程验收记录，未经验收，不得进行回填土分项工程施工。当确需分阶段进行地基与基础分部工程质量验收时，建设单位项目负责人在质监交底会上应向质监人员提交书面申请，并及时向质检站备案。

（2）混凝土结构工程的模板应拆除并将其表面清理干净，混凝土结构存在隐患处应整改完成。

（3）楼层标高控制线应清除弹出，竖向结构主控轴线应弹出墨线，并做醒目标志。

（4）工程技术资料存在的问题均已悉数整改完成。

（5）施工合同和设计文件规定的地基与基础分部工程施工的内容已完成，检验、检测报告（包括环境检测报告）应符合现行验收规范和标准的要求。

（6）安装工程中各类管道预埋工作结束，相应测试工作已完成，其结果符合规定要求。

（7）地基与基础分部工程施工中，质检站发出整改（停工）通知书要求整改的质量问题都已整改完成，完成报告书已送质检站归档。

2. 工程资料

（1）施工单位在地基与基础工程完工之后，对工程进行自检，确认工程质量符合有关法律法规和工程建设强制性标准的要求，提供主体结构施工质量自评报告，该报告应由项目经理和施工单位负责人审核、签字、盖章。

（2）监理单位在地基与基础工程完工后，对工程全过程监理情况进行质量评价，提供主体结构质量评估报告，该报告应当由总监和监理单位有关负责人审核、签字、盖章。

（3）勘察、设计单位对勘察、设计文件及设计变更等进行检查，对地基与基础工程实体与设计图纸及变更是否一致进行认可。

（4）有完整的地基与基础工程档案资料、见证试验档案、监理资料、施工质量保证资料、管理资料和评定资料。

6.2.3　地基与基础工程验收的主要依据

（1）《建筑地基基础工程施工质量验收规范》（GB 50202—2015）等现行质量检验评定标准、施工验收规范。

（2）国家及地方关于建设工程的强制性标准。

（3）经审查通过的施工图纸、设计变更、工程洽商以及设备技术说明书。

（4）引进技术或成套设备的建设项目，还应出具签订的合同和国外提供的设计文件等资料。

（5）其他有关建设工程的法律、法规、规章和规范性文件。

6.2.4 地基与基础工程验收组织与验收人员

(1)由建设单位项目负责人(或总监理工程师)组织地基与基础分部工程的验收工作,该工程的施工、监理(建设)、设计、勘察等单位参加。

(2)验收人员:由建设单位(监理单位)负责组成验收小组,验收小组组长由建设单位项目负责人(总监理工程师)担任,验收组应至少有一名由工程技术人员担任的副组长。验收组成员由总监理工程师(建设单位项目负责人),勘察、设计、施工单位项目负责人,施工单位项目技术、质量负责人,以及施工单位技术、质量部门负责人等组成。

6.2.5 地基与基础工程验收的程序

地基与基础工程验收的程序:施工企业自评、设计单位认可、监理单位核定、业主验收、政府监督。

(1)地基与基础分部(子分部)工程施工完成后,施工单位应组织相关人员检查,在自检合格的基础上,报项目监理机构总监理工程师(建设单位项目负责人)。

(2)地基与基础分部(子分部)工程验收前,施工单位应将分部(子分部)工程的质量控制资料整理成册报送项目监理机构审查,项目监理机构审查符合要求后,由总监理工程师签署审核意见,并于验收前3个工作日通知质检站。

(3)总监理工程师(建设单位项目负责人)收到上报的验收报告后,应及时组织参建方(总监理工程师、建设单位项目负责人、设计单位项目负责人、勘察单位项目负责人、施工单位技术、质量负责人及项目经理)对地基与基础分部(子分部)工程进行验收,验收合格后填写地基与基础分部(子分部)工程质量验收记录,并签注验收结论和意见。相关责任人签字并加盖单位公章,并附分部工程观感质量检查记录。

6.2.6 地基与基础工程验收的内容

应对地基与基础工程的所有子分部工程的实体及工程资料进行检查。

工程实体的检查主要针对是否按照设计图纸、工程洽商进行施工,有无重大质量缺陷等;工程资料的检查只要针对各子分部工程的验收记录、原材料的各项报告、隐蔽工程验收记录等。

6.2.7 地基与基础工程验收的结论

(1)验收会议由地基与基础工程验收小组组长主持。

(2)建设、施工、监理、设计、勘察单位分别书面汇报工程合同履约状况和在工程建设各环节中执行国家法律法规及工程建设强制性标准情况。

(3)验收小组听取各参验单位的意见,形成经验收小组全体人员分别签字的验收意见。

(4)参建责任方签署的地基与基础工程质量验收记录,应在签字盖章后3个工作日内由项目监理人报送质检站存档。

(5)在验收过程中,当参与工程结构验收的建设、施工、监理、设计、勘察单位各方不能形成一致意见时,应当协商提出解决的方法,待意见一致后,重新组织工程验收。

(6)地基与基础工程未经验收或验收不合格,责任方擅自进行上部施工的,应签发局部停工通知书,责令整改,并按有关规定处理。

6.2.8 建筑地基基础工程施工质量验收的具体实施

1. 术语

(1)土工合成材料地基。

它是指在土工合成材料上填以土(砂土料)构成建筑物的地基,土工合成材料可以是单层,也可以是多层,一般为浅层地基。

(2)重锤夯实地基。

利用重锤自由下落时的冲击能来夯实浅层填土地基,使表面形成一层较为均匀的硬层来承受上部荷载。强夯的锤击与落距要远大于重锤夯实地基。

(3)强夯地基。

工艺与重锤夯实地基类同,但锤重与落距要远大于重锤夯实地基。

(4)注浆地基。

将配置好的化学浆液或水泥浆液,通过导管注入土体空隙中,与土体结合,发生物化反应,从而提高土体强度,减少其压缩性和渗透性。

(5)预压地基。

在原状土上加载,使土中水排出,以实现土的预先固结,减少建筑物地基后期沉降和提高地基承载力。按加载方法的不同,分为堆载预压、真空预压、降水预压三种不同方法的预压地基。

(6)高压喷射注浆地基。

利用钻机把带有喷嘴的注浆管钻至土层的预定位置或先钻孔后将注浆管放至预定位置,以高压使浆液或水从喷嘴中射出,边旋转边喷射浆液,使土体与浆液搅拌混合形成一固结体。施工采用单独喷出水泥浆的工艺,称为单管法;施工采用同时喷出高压空气与水泥浆的工艺,称为二管法;施工采用同时喷出高压水、高压空气及水泥浆的工艺,称为三管法。

(7)水泥土搅拌桩地基。

它是指利用水泥作为固化剂,通过搅拌机械将其与地基土强制搅拌,硬化后构成的地基。

(8)土与灰土挤密桩地基。

它是指在原土中成孔后分层填以素土或灰土,并夯实,使填土压密,同时挤压周围土体,构成坚实的地基。

(9)水泥粉煤灰、碎石桩。

用长螺旋钻机钻孔或沉管桩机成孔后,将水泥、粉煤灰及碎石混合搅拌,泵压或经下料斗投入孔内,构成密实的桩体。

（10）锚杆静压桩。

利用锚杆将桩分节压入土层中的沉桩工艺。锚杆可用垂直土锚或临时锚在混凝土底板、承台中的地锚。

2. 地基

（1）灰土地基。

灰土地基质量检验标准应符合表 6-1 的规定。

表 6-1　　　　　　　　灰土地基质量检验标准

项	序	检查项目	检查偏差或允许值		检查方法
			单位	数值	
主控项目	1	地基承载力	按设计要求		按规定方法
	2	配合比	按设计要求		按拌和时的体积比
	3	压实系数	按设计要求		现场实测
一般项目	1	石灰粒径	mm	≤5	筛分法
	2	土料有机质含量	%	≤5	试验室焙烧法
	3	土颗粒粒径	mm	≤15	筛分法
	4	含水量（与要求的最优含水量比较）	%	±2	烘干法
	5	分层厚度偏差（与设计要求比较）	mm	±50	水准仪

（2）砂和砂石地基。

砂和砂石地基质量检验标准应符合表 6-2 的规定。

表 6-2　　　　　　　　砂和砂石地基质量检验标准

项	序	检查项目	检查偏差或允许值		检查方法
			单位	数值	
主控项目	1	地基承载力	按设计要求		按规定方法
	2	配合比	按设计要求		检查拌和时的体积比或重量比
	3	压实系数	按设计要求		现场实测
一般项目	1	砂石料有机质含量	%	≤5	焙烧法
	2	砂石料含泥量	%	≤5	水洗法
	3	石料粒径	mm	≤100	筛分法
	4	含水量（与要求的最优含水量比较）	%	±2	烘干法
	5	分层厚度（与设计要求比较）	mm	±50	水准仪

（3）土工合成材料地基。

土工合成材料地基质量检验标准应符合表 6-3 的规定。

表 6-3　　　　　　　　　　　　土工合成材料地基质量检验标准

项	序	检查项目	允许偏差或允许值		检查方法
			单位	数值	
主控项目	1	土工合成材料强度	％	≤5	置于夹具上做拉伸试验（结果与设计标准相比）
	2	土工合成材料延伸率	％	≤3	置于夹具上做拉伸试验（结果与设计标准相比）
	3	地基承载力	按设计要求		按规定方法
一般项目	1	地基合成材料搭接长度	mm	≥300	用钢尺量
	2	土石料有机质含量	％	≤5	焙烧法
	3	层面平整度	mm	≤20	用 2m 靠尺
	4	每层铺设厚度	mm	±25	水准仪

（4）粉煤灰地基。

粉煤灰地基质量检验标准应符合表 6-4 的规定。

表 6-4　　　　　　　　　　　　粉煤灰地基质量检验标准

项	序	检查项目	允许偏差或允许值		检查方法
			单位	数值	
主控项目	1	压实系数	按设计要求		现场实测
	2	地基承载力	按设计要求		按规定方法
一般项目	1	粉煤灰粒径	mm	0.001～2.000	过筛
	2	氧化铝及二氧化硅含量	％	≥70	试验室化学分析
	3	烧失量	％	≤12	试验室烧结法
	4	每层铺筑厚度	mm	±50	水准仪
	5	含水量（最优含水量比较）	％	±2	取样后经试验室确定

（5）强夯地基。

强夯地基质量检验标准应符合表 6-5 的规定。

表 6-5 **强夯地基质量检验标准**

项	序	检查项目	允许偏差或允许值		检查方法
			单位	数值	
主控项目	1	地基强度	按设计要求		按规定方法
	2	地基承载力	按设计要求		按规定方法
一般项目	1	夯锤落距	mm	±300	钢索设标志
	2	锤重	kg	±100	称重
	3	夯击遍数及顺序	按设计要求		计数法
	4	夯点间距	mm	±500	用钢尺量
	5	夯击范围(超出基础范围距离)	按设计要求		用钢尺量
	6	前后两遍间歇时间	按设计要求		

(6)注浆地基。

注浆地基质量检验标准应符合表 6-6 的规定。

表 6-6 **注浆地基质量检验标准**

项	序	检查项目			允许偏差或允许值		检查方法
					单位	数值	
主控项目	1	原材料检验	水泥		按设计要求		检查产品合格证书或抽样送检
			注浆用砂	粒径	mm	<2.5	试验室试验
				细度模数		<2.0	
				含泥量及有机物含量	%	<3	
			注浆用黏土	塑性指数		>14	试验室试验
				黏粒含量	%	>25	
				含砂量	%	<5	
				有机物含量	%	<3	
			粉燃灰	细度	不粗于同时使用的水泥		试验室试验
				烧失量	%	<3	
			水玻璃	模数	2.5~3.3		抽样送检
			其他化学浆液		按设计要求		检查产品合格证书或抽样送检
	2	注浆体强度			按设计要求		取样检验
	3	地基承载力			按设计要求		按规定方法

续表

项	序	检查项目	允许偏差或允许值		检查方法
			单位	数值	
一般项目	1	各种注浆材料称量误差	%	<3	抽查
	2	注浆孔位	mm	±20	用钢尺量
	3	注浆孔深	mm	±100	量测注浆管长度
	4	注浆压力(与设计参数比)	%	±10	检查压力表读数

(7)预压地基和塑料排水带。

预压地基和塑料排水带质量检验标准应符合表 6-7 的规定。

表 6-7　　　　　　　　　　　预压地基和塑料排水带质量检验标准

项	序	检查项目	允许偏差或允许值		检查方法
			单位	数值	
主控项目	1	预压载荷	%	≤2	水准仪
	2	固结度(与设计要求比)	%	≤2	根据设计要求采用不同的方法
	3	承载力或其他性能指标	按设计要求		按规定方法
一般项目	1	沉降速率(与控制值比)	%	±10	水准仪
	2	砂井或塑料排水带位置	mm	±100	用钢尺量
	3	砂井或塑料排水带插入深度	mm	±200	插入时用经纬仪检查
	4	插入塑料排水带时的回带长度	mm	≤500	用钢尺量
	5	塑料排水带或砂井高出砂垫层距离	mm	≥200	用钢尺量
	6	插入塑料排水带的回带根数	%	<5	目测

(8)振冲地基。

振冲地基质量检验标准应符合表 6-8 的规定。

表 6-8　　　　　　　　　　　振冲地基质量检验标准

项	序	检查项目	允许偏差或允许值		检查方法
			单位	数值	
主控项目	1	填料粒径	按设计要求		抽样检查
	2	密实电流(黏性土)	A	50～55	电流表读数
		密实电流(砂性土或粉土)	A	40～50	
		(以上为功率 30 kW 振冲器)			
		密实电流(其他类型振冲器)	A_0	1.5～2.0	电流表读数,A_0 为空振电流
	3	地基承载力	按设计要求		按规定方法

项	序	检查项目	允许偏差或允许值		检查方法
			单位	数值	
一般项目	1	填料含泥量	％	＜5	抽样检查
	2	振冲器喷水中心与孔径中心偏差	mm	≤50	用钢尺量
	3	成孔中心与设计孔位中心偏差	mm	≤100	用钢尺量
	4	桩体直径	mm	＜50	用钢尺量
	5	孔深	mm	±200	量钻杆或重锤测

(9)高压喷射注浆地基。

高压喷射注浆地基质量检验标准应符合表 6-9 的规定。

表 6-9　　　　　　　　　　　　**高压喷射注浆地基质量检验标准**

项	序	检查项目	允许偏差或允许值		检查方法
			单位	数值	
主控项目	1	水泥及外掺剂质量	符合出厂要求		查产品合格证或抽样送检
	2	水泥用量	按设计要求		查看流量表及水泥浆水灰比
	3	桩体强度或完整性检验	按设计要求		按规定方法
	4	地基承载力	按设计要求		按规定方法
一般项目	1	钻孔位量	mm	≤50	用钢尺量
	2	钻孔垂直度	％	≤1.5	经纬仪测钻杆或实测
	3	孔深	mm	±200	用钢尺量
	4	注浆压力	按设定参数指标		查看压力表
	5	桩体搭接	mm	＞200	用钢尺量
	6	桩体直径	mm	≤50	开挖后用钢尺量
	7	桩身中心允许偏差	≤0.2D		开挖后桩顶下 500 mm 处用钢尺量，D 为桩径

(10)水泥土搅拌桩地基。

水泥土搅拌桩地基质量检验标准应符合表 6-10 的规定。

表 6-10　　　　　　　　　　　　**水泥土搅拌桩地基质量检验标准**

项	序	检查项目	允许偏差或允许值		检查方法
			单位	数值	
主控项目	1	水泥及外掺剂质量	按设计要求		检查产品合格证或抽样送检
	2	水泥用量	按参数指标		查看流量计
	3	桩体强度	按设计要求		按规定办法
	4	地基承载力	按设计要求		按规定办法

续表

项	序	检查项目	允许偏差或允许值		检查方法
			单位	数值	
一般项目	1	机头提升速度	m/min	≤0.5	量机头上升距离及时间
	2	桩底标高	mm	±200	测机头深度
	3	桩顶标高	mm	+100 −50	水准仪(最上部500 m不计入)
	4	桩位偏差	mm	<50	用钢尺量
	5	桩径		<0.04D	用钢尺量,D为桩径
	6	垂直度	%	≤1.5	经纬仪
	7	搭接	mm	>200	用钢尺量

(11)土和灰土挤密桩复合地基。

土和灰土挤密桩复合地基质量检验标准应符合表6-11的规定。

表6-11　　　　　　　土和灰土挤密桩复合地基质量检验标准

项	序	检查项目	允许偏差或允许值		检查方法
			单位	数值	
主控项目	1	桩体及桩间土干密度		按设计要求	现场取样检查
	2	桩长	mm	+500	测桩管长度或垂球测孔深
	3	地基承载力		按设计要求	按规定的方法
	4	桩径	mm	−20	用钢尺量
一般项目	1	土料有机质含量	%	≤5	试验室焙烧法
	2	石灰粒径	mm	≤5	筛分法
	3	桩位偏差		满堂布桩小于或等于0.40D,条基布桩小于或等于0.25D	用钢尺量,D为桩径
	4	垂直度	%	≤1.5	用经纬仪测桩管
	5	桩径	mm	−20	用钢尺量

注:桩径允许偏差负值是指个别断面。

(12)水泥粉煤灰碎石桩复合地基。

水泥粉煤灰碎石桩复合地基质量检验标准应符合表6-12的规定。

表 6-12　　　　　　　　　**水泥粉煤灰碎石桩复合地基质量检验标准**

项目	序	检查项目	允许偏差或允许值		检查方法
			单位	数值	
主控项目	1	原材料	按设计要求		检查产品合格证书或抽样送检
	2	桩径	mm	−20	用钢尺量或计算填料量
	3	桩身强度	按设计要求		检查 28 d 试块强度
	4	地基承载力	按设计要求		按规定的办法
一般项目	1	桩身完整性	按桩基检测技术规范		按桩基检测技术规范
	2	桩位偏差	满堂布桩小于或等于 0.40D，条基布桩小于或等于 0.25D		用钢尺量，D 为桩径
	3	桩垂直度	%	≤1.5	用经纬仪测桩管
	4	桩长	mm	+100	测桩管长度或垂球测孔深
	5	褥垫层夯填度	≤0.9		用钢尺量

注:1.夯填度是指夯实后的褥垫层厚度与虚体厚度的比值。

　　2.桩径允许偏差负值是指个别断面。

(13)夯实水泥土桩复合地基。

夯实水泥土桩复合地基质量检验标准应符合表 6-13 的规定。

表 6-13　　　　　　　　　**夯实水泥土桩复合地基质量检验标准**

项目	序	检查项目	允许偏差或允许值		检查方法
			单位	数值	
主控项目	1	桩径	mm	−20	用钢尺量
	2	桩长	mm	+500	测桩孔深度
	3	桩体干密度	按设计要求		现场取样检查
	4	地基承载力	按设计要求		按规定的方法
一般项目	1	土料有机质含量	%	≤5	焙烧法
	2	含水量(与最优含水量比)	%	±2	烘干法
	3	土料粒径	mm	≤20	筛分法
	4	水泥质量	按设计要求		检查产品质量合格证书或抽样送检
	5	桩位偏差	满堂布桩小于或等于 0.40D，条基布桩小于或等于 0.25D		用钢尺量，D 为桩径
	6	桩孔垂直度	%	≤1.5	用经纬仪测桩管
	7	褥垫层夯填度	≤0.9		用钢尺量

注:1.夯填度是指夯实后的褥垫层厚度与虚体厚度的比值。

　　2.桩径允许偏差负值是指个别断面。

（14）砂桩地基。

砂桩地基质量检验标准应符合表 6-14 的规定。

表 6-14　　　　　　　　　　　　　　砂桩地基质量检验标准

项	序	检查项目	允许偏差或允许值		检查方法
			单位	数值	
主控项目	1	灌砂量	%	≥95	实际用砂量与计算体积比
	2	地基强度	按设计要求		按规定方法
	3	地基承载力	按设计要求		按规定方法
一般项目	1	砂料的含泥量	%	≤3	试验室测定
	2	砂料的有机质含量	%	≤5	焙烧法
	3	桩位	mm	≤50	用钢尺量
	4	砂桩标高	mm	±150	水准仪
	5	垂直度	%	≤1.5	用经纬仪检查桩管垂直度

3. 桩基础

打（压）入桩（预制混凝土方桩、先张法预应力管桩、钢桩）的桩位偏差，必须符合表 6-15 的规定。斜桩倾斜度的偏差不得大于倾斜角正切值的 15%（倾斜角是指桩的纵向中心线与铅垂线间的夹角）。

表 6-15　　　　　　　　　　　　预制桩（钢桩）桩位的允许偏差

项	项目	允许偏差/mm
1	盖有基础梁的柱： （1）垂直基础梁的中心线； （2）沿基础梁的中心线	100＋0.01H 150＋0.01H
2	桩数为 1～3 根桩基中的桩	100
3	桩数为 4～16 根桩基中的桩	1/2 桩径或边长
4	桩数大于 16 根桩基中的桩： （1）最外边的桩； （2）中间桩	1/3 桩径或边长 1/2 桩径或边长

注：H 为施工现场地面标高与桩顶设计标高的距离。

灌注桩的桩位偏差必须符合表 6-16 的规定，桩顶标高至少要比设计标高高出 0.5 m，桩底清孔质量按不同的成桩工艺有不同的要求，应按本章各节的要求执行。

表 6-16   **灌注桩的平面位置和垂直度的允许偏差**

序号	成孔方法		桩径允许偏差/%	垂直度允许偏差/%	桩位允许偏差/mm	
					1~3 根、单排桩基垂直于中心线方向和群桩基础的边桩	条形桩基沿中心线方向和群桩基础的中间桩
1	泥浆护壁钻孔桩	$D \leqslant 1000$ mm	±50	<1	$D/6$,且不大于 100	$D/4$,且不大于 150
		$D > 1000$ mm	±50		$100+0.01H$	$150+0.01H$
2	套管成孔灌注桩	$D \leqslant 500$ mm	−20	<1	70	150
		$D > 500$ mm			100	150
3	干成孔灌注桩		−20	<1	70	150
4	人工挖孔桩	混凝土护壁	+50	<0.5	50	150
		钢套管护壁	+50	<1	100	200

注:1. 桩径允许偏差的负值是指个别断面。

    2. 采用复打、反插法施工的桩,其桩径允许偏差不受本表限制。

    3. H 为施工现场地面标高与桩顶设计标高的距离,D 为设计桩径。

(1)静力压桩。

静力压桩包括锚杆静压桩及其他各种非冲击力沉桩。锚杆静压桩质量检验标准应符合表 6-17 的规定。

表 6-17   **锚杆静压桩质量检验标准**

项	序	检查项目		允许偏差或允许值		检查方法
				单位	数值	
主控项目	1	桩体质量检验		按基桩检测技术规范		按基桩检测技术规范
	2	桩位偏差				用钢尺量
	3	承载力		按基桩检测技术规范		按基桩检测技术规范
一般项目	1	成品桩质量	外观	表面平整,颜色均匀,掉角深度小于 10 mm,蜂窝面积小于总面积的 0.5%		直观
			外形尺寸	满足设计要求		检查产品合格证书或钻芯试压
			强度			
	2	硫黄胶泥质量(半成品)		满足设计要求		检查产品合格证书或抽样送检

项	序	检查项目			允许偏差或允许值		检查方法
					单位	数值	
一般项目	3	接桩	电焊接桩	焊缝质量			
				电焊结束后停歇时间	min	>1.0	用秒表测定
			硫黄胶泥接桩	胶泥浇筑时间	min	<2	用秒表测定
				浇筑后停歇时间	min	>7	用秒表测定
	4	电焊条质量			设计要求		检查产品合格证书
	5	压桩压力(设计有要求时)			%	±5	检查压力表读数
	6	接桩时上下节平面偏差			mm	<10	用钢尺量
		接桩时节点弯曲矢高				<l/1000	用钢尺量,l为两节桩长
	7	桩顶标高			mm	±50	水表仪

（2）先张法预应力管桩。

先张法预应力管桩质量检验应符合表 6-18 的规定。

表 6-18　　　　　　　　先张法预应力管桩质量检验标准

项	序	检查项目		允许偏差或允许值		检查方法
				单位	数值	
主控项目	1	桩体质量检验		按基桩检测技术规范		按基桩检测技术规范
	2	桩位偏差				用钢尺量
	3	承载力		按基桩检测技术规范		按基桩检测技术规范
一般项目	1	成品桩质量	外观	无蜂窝、露筋、裂缝,色感均匀,桩顶处无孔隙		直观
			桩径	mm	±5	用钢尺量
			管壁厚度	mm	±5	用钢尺量
			桩尖中心线	mm	<2	用钢尺量
			顶面平整度	mm	10	用水平尺量
			桩体弯曲		<l/1000	用钢尺量,l为桩长

项	序	检查项目	允许偏差或允许值		检查方法
			单位	数值	
一般项目	2	接桩 焊缝质量			见表 6-20
		电焊结束后停歇时间	min	>1.0	秒表测定
		上下节平面偏差	mm	<10	用钢尺量
		节点弯曲矢高		<l/1000	用钢尺量,l 为两节桩长
	3	停锤标准	按设计要求		现场实测或查沉桩记录
	4	桩顶标高	mm	±50	水准仪

(3)混凝土预制桩。

钢筋混凝土预制桩质量检验标准应符合表 6-19 的规定。

表 6-19 **钢筋混凝土预制桩质量检验标准**

项	序	检查项目	允许偏差或允许值		检查方法
			单位	数值	
主控项目	1	桩体质量检验	按基桩检测技术规范		按基桩检测技术规范
	2	桩位偏差			用钢尺量
	3	承载力	按基桩检测技术规范		按基桩检测技术规范
一般项目	1	砂、石、水泥、钢材等原材料(现场测定时)	符合设计要求		查出厂质保文件或抽样送检
	2	混凝土配合比及强度(现场预制时)	符合设计要求		检查称量及检查试块记录
	3	成品桩外形	表面平整,颜色均匀,掉角深度小于 10 mm,蜂窝面积小于总面积的 0.5%		直观
	4	成品桩裂缝(收缩裂缝或起吊,装运、堆放引起的裂缝)	深度小于 20 mm,宽度小于 0.25 mm,横向裂缝不超过边长的 1/2		裂缝测定仪,该项对于地下水有侵蚀地区及锤击数超过 500 击的长桩不适用
	5	成品桩尺寸 横截面边长	mm	±5	用钢尺量
		桩顶对角线差	mm	<10	用钢尺量
		桩尖中心线	mm	<10	用钢尺量
		桩身弯曲矢高		<l/1000	用钢尺量,l 为桩长
		桩顶平整度	mm	<2	用水平尺量

项	序	检查项目		允许偏差或允许值		检查方法
				单位	数值	
一般项目	6	电焊接桩	焊缝质量	见表 6-20		见表 6-20
			电焊结束后停歇时间	min	>1.0	秒表测定
			上下节平面偏差	mm	<10	用钢尺量
			节点弯曲矢高		<l/1000	用钢尺量,l 为两节桩长
	7	硫黄胶泥接桩	胶泥浇筑时间	min	<2	秒表测定
			浇筑后停歇时间	min	>7	秒表测定
	8	柱顶标高		mm	±50	水准仪
	9	停锤标准		按设计要求		现场实测或查沉桩记录

（4）钢桩。

钢桩施工质量检验标准应符合表 6-20 的规定。

表 6-20　　　　　　　　　　钢桩施工质量检验标准

项	序	检查项目		允许偏差或允许值		检查方法
				单位	数值	
主控项目	1	桩位偏差				用钢尺量
	2	承载力		按基桩检测技术规范		按基桩检测技术规范
一般项目	1	电焊接桩焊缝	上下节端部错口 外径大于或等于 700 mm	mm	≤3	用钢尺量
			外径小于 700 mm	mm	≤2	用钢尺量
			焊缝咬边深度	mm	≤0.5	焊缝检查仪
			焊缝加强层高度	mm	2	焊缝检查仪
			焊缝加强层宽度	mm	2	焊缝检查仪
			焊缝电焊质量外观	无气孔,无焊瘤,无裂缝		直观
			焊缝探伤检验	满足设计要求		按设计要求
	2	电焊结束后停歇时间		min	>1.0	用秒表测定
	3	节点弯曲矢高			<l/1000	用钢尺量,l 为两节桩长
	4	桩顶标高		mm	±50	水准仪
	5	停锤标准		按设计要求		用钢尺量或沉桩记录

（5）混凝土灌注桩。

混凝土灌注桩质量检验标准应符合表 6-21 的规定。

表 6-21   混凝土灌注桩质量检验标准

项	序	检查项目		允许偏差或允许值		检查方法
				单位	数值	
主控项目	1	桩位				基坑开挖前量护筒,开挖后量桩中心
	2	孔深		mm	+300	只深不浅,用重锤测,或测钻杆、套管长度。嵌岩桩应确保进入设计要求的嵌岩深度
	3	桩体质量检验		按基桩检测技术规范。如钻芯取样,大直径嵌岩桩应钻至桩尖下 50 cm		按基桩检测技术规范
	4	混凝土强度		设计要求		试件报告或钻芯取样送检
	5	承载力		按基桩检测技术规范		按基桩检测技术规范
一般项目	1	垂直度				测套管或钻杆,或用超声波探测,干施工时吊垂球
	2	桩径				井径仪或超声波检测,干施工时用钢尺量,人工挖孔桩不包括内衬厚度
	3	泥浆比重(黏性土或砂性土中)		1.15~1.20		用比重计测,清孔后在距孔底 50 cm 处取样
	4	泥浆面标高(高于地下水位)		m	0.5~1.0	目测
	5	沉渣厚度	端承桩	mm	≤50	用沉渣仪或重锤测量
			摩擦桩	mm	≤150	
	6	混凝土坍落度	水下灌注干施工	mm	160~220 70~100	坍落度仪
	7	钢筋笼安装深度		mm	±100	用钢尺量
	8	混凝土充盈系数		>1		检查每根桩的实际灌注量
	9	桩顶标高		mm	+30 −50	水准仪,需扣除桩顶浮浆层及劣质桩体

4. 土方工程

(1)土方开挖。

土方开挖工程质量检验标准应符合表 6-22 的规定。

表 6-22　　　　　　　　　　土方开挖工程质量检验标准　　　　　　　（单位:mm）

项目	序	项目	允许偏差或允许值					检验方法
			柱基、基坑、基槽	挖方场地平整		管沟	地(路)面基层	
				人工	机械			
主控项目	1	标高	−50	±30	±50	−50	−50	水准仪
	2	长度、宽度(由设计中心线向两边量)	+200 −50	+300 −100	+500 −150	+100	—	经纬仪,用钢尺量
	3	边坡	按设计要求					观察或用坡度尺检查
一般项目	1	表面平整度	20	20	50	20	20	用2 m靠尺和楔形塞尺检查
	2	基底土性	按设计要求					观察或土样分析

（2）土方回填。

填方施工结束后,应检查标高、边坡坡度、压实程度等,检验标准应符合表 6-23 的规定。

表 6-23　　　　　　　　　　土方回填工程质量检验标准

项目	序	检查项目	允许偏差或允许值					检验方法
			桩基、基坑、基槽	场地平整		管沟	地(路)面基础层	
				人工	机械			
主控项目	1	标高	−50	±30	±50	−50	−50	水准仪
	2	分层压实系数	按设计要求					按规定方法
一般项目	1	回填土料	按设计要求					取样检查或直观鉴别
	2	分层厚度及含水量	按设计要求					水准仪及抽样检查
	3	表面平整度	20	20	30	20	20	用靠尺或水准仪

5. 基坑工程

（1）排桩墙支护工程。

排桩墙支护结构包括灌注桩、预制桩、板桩等类型桩构成的支护结构。

钢板桩均为工厂成品,新桩可按出厂标准检验,重复使用的钢板桩检验标准应符合

表 6-24 的规定,混凝土板桩检验标准应符合表 6-25 的规定。

表 6-24 重复使用的钢板桩检验标准

序	检查项目	允许偏差或允许值		检查方法
		单位	数值	
1	桩垂直度	%	<1	用钢尺量
2	桩身弯曲度		<2%l	用钢尺量,l 为桩长
3	齿槽平直度及光滑度	无电焊渣或毛刺		用 1 m 长的桩段做通过试验
4	桩长度	不小于设计长度		用钢尺量

表 6-25 混凝土板桩检验标准

项	序	检查项目	允许偏差或允许值		检查方法
			单位	数值	
主控项目	1	桩长度	mm	+10 0	用钢尺量
	2	桩身弯曲度		<0.1%l	用钢尺量,l 为桩长
一般项目	1	保护层厚度	mm	±5	用钢尺量
	2	模截面相对两面之差	mm	5	用钢尺量
	3	桩尖对桩轴线的位移	mm	10	用钢尺量
	4	桩厚度	mm	+10 0	用钢尺量
	5	凹凸槽尺寸	mm	±3	用钢尺量

(2)水泥土桩墙支护工程。

加筋水泥土桩应符合表 6-26 的规定。

表 6-26 加筋水泥土桩质量检验标准

序	检查项目	允许偏差或允许值		检查方法
		单位	数值	
1	型钢长度	mm	±10	用钢尺量
2	型钢垂直度	%	<1	经纬仪
3	型钢插入标高	mm	±30	水准仪
4	型钢插入平面位置	mm	10	用钢尺量

(3)锚杆及土钉墙支护工程。

锚杆及土钉墙支护工程质量检验应符合表 6-27 的规定。

表 6-27 锚杆及土钉墙支护工程质量检验

项	序	检查项目	允许偏差或允许值		检查方法
			单位	数值	
主控项目	1	锚杆土钉长度	mm	±30	用钢尺量
	2	锚杆锁定力	按设计要求		现场实测
一般项目	1	锚杆或土钉位置	mm	±100	用钢尺量
	2	钻孔倾斜度		±1	测钻机倾角
	3	浆体强度	按设计要求		试样送检
	4	注浆量	大于理论计算浆量		检查计量数据
	5	土钉墙面厚度	mm	±10	用钢尺量
	6	墙体强度	按设计要求		试样送检

（4）钢或混凝土支撑系统。

钢或混凝土支撑系统工程质量检验标准应符合表 6-28 的规定。

表 6-28 钢或混凝土支撑系统工程质量检验标准

项	序	检查项目		允许偏差或允许值		检查方法
				单位	数值	
主控项目	1	支撑位置	标高	mm	30	水准仪
			平面	mm	100	用钢尺量
	2	预加顶力		kN	±50	油泵读数或传感器
一般项目	1	围图标高		mm	30	水准仪
	2	立柱桩				
	3	立柱位置	标高	mm	30	水准仪
			平面	mm	50	用钢尺量
	4	开挖超深（开槽放支撑不在此范围）		mm	＜200	水准仪
	5	支撑安装时间		按设计要求		用钟表估测

（5）地下连续墙。

地下连续墙质量检验标准应符合表 6-29 的规定。

表 6-29 **地下连续墙质量检验标准**

项	序	检查项目		允许偏差或允许值		检查方法
				单位	数值	
主控项目	1	墙体强度		按设计要求		检查试件记录或取芯试压
	2	垂直度	永久结构		1/300	测声波测槽仪或成槽机上的监测系统
			临时结构		1/500	
一般项目	1	导墙尺寸	宽度	mm	$W+40$	用钢尺量,W 为地下墙设计厚度
			墙面平整度	mm	<5	用钢尺量
			导墙平面位置	mm	±10	用钢尺量
	2	沉渣厚度	永久结构	mm	$\leqslant100$	重锤测或沉积物测定仪测
			临时结构	mm	$\leqslant200$	
	3	槽深		mm	$+100$	重锤测
	4	混凝土坍落度		mm	$180\sim220$	坍落度测定仪
	5	钢筋笼尺寸				
	6	地下墙表面平整度	永久结构	mm	<100	此为均匀黏土层,松散及易坍土层由设计决定
			临时结构	mm	<150	
			插入式结构	mm	<20	
	7	永久结构时的预埋件位置	水平向	mm	$\leqslant10$	用钢尺量
			垂直向	mm	$\leqslant20$	水准仪

(6)沉井(箱)。

沉井(箱)质量检验标准应符合表 6-30 的要求。

表 6-30 **沉井(箱)质量检验标准**

项	序	检查项目	允许偏差或允许值		检查方法
			单位	数值	
主控项目	1	混凝土强度		满足设计要求(下沉前必须达到70%设计强度)	检查试件记录或抽样送检
	2	封底前,沉井(箱)的下沉稳定	mm/8h	<10	水准仪
	3	封底结束后的位置: 刃脚平均标高(与设计标高比); 刃脚平面中心线位移	mm	$<100\%H$ $<1\%H$	水准仪 经纬仪,H 为下沉总深度,$H<10$ m 时,控制在 100 mm 之内
		四角中任何两角的底面高差		$<1\%l$	水准仪,l 为两角的距离,但不超过 300 mm,$l<10$ m 时,控制在 100 mm 之内

项	序	检查项目		允许偏差或允许值		检查方法
				单位	数值	
一般项目	1	钢材、对接钢筋、水泥、骨料等原材料检查		符合设计要求		查出厂质保书或抽样送检
	2	结构体外观		无裂缝,无蜂窝、空洞,不露筋		直观
	3	平面尺寸	长与宽	%	±0.5	用钢尺量,最大控制在100 mm之内
			曲线部分半径	%	±0.5	用钢尺量,量大控制在 50 mm之内
			两对角线差	%	1.0	用钢尺量
			预埋件	mm	20	用钢尺量
	4	下沉过程中的偏差	高差	%	1.5~2.0	水准仪,但最大不超过 1 m
			平面轴线		<1.5%H	经纬仪,H 为下沉深度,最大应控制在 300 mm 之内,此数值不包括高差引起的中线位移
	5	封底混凝土坍落度		cm	18~22	坍落度测定器

注:主控项目 3 的三项偏差可同时存在,下沉总深度是指下沉前后刃脚的高差。

(7)降水与排水。

降水与排水是配合基坑开挖的安全措施,施工前应有降水与排水设计。当在基坑外降水时,应有降水范围的估算,对重要建筑物或公共设施在降水过程中应监测。

降水与排水施工的质量检验标准应符合表 6-31 的规定。

表 6-31　　　　　　　　　　**降水与排水施工的质量检验标准**

序	检查项目		允许偏差或允许值		检查方法
			单位	数值	
1	排水沟坡度		‰	1~2	目测:坑内不积水,沟内排水畅通
2	井管(点)垂直度		%	1	插管时目测
3	井管(点)间距(与设计相比)		%	≤150	用钢尺量
4	井管(点)插入深度(与设计相比)		mm	≤200	水准仪
5	过滤砂砾料填灌(与计算值相比)		mm	≤5	检查回填料用量
6	井点真空度	轻型井点	kPa	>60	真空度表
		喷射井点	kPa	>93	真空度表
7	电渗井点阴阳极距离	轻型井点	mm	80~100	用钢尺量
		喷射井点	mm	120~150	用钢尺量

6. 分部(子分部)工程质量验收

分项工程、分部(子分部)工程质量的验收,均应在施工单位自检合格的基础上进行。施工单位确认自检合格后提出工程验收申请,工程验收时应提供下列技术文件和记录:

(1)原材料的质量合格证和质量鉴定文件;

(2)半成品如预制桩、钢桩、钢筋笼等产品合格证书;

(3)施工记录及隐蔽工程验收文件;

(4)检测试验及见证取样文件;

(5)其他必须提供的文件或记录。

验收工作应按下列规定进行:

(1)分项工程的质量验收应分别按主控项目和一般项目验收;

(2)隐蔽工程应在施工单位自检合格后,于隐蔽前通知有关人员检查验收,并形成中间验收文件;

(3)分部(子分部)工程的验收,应在分项工程通过验收的基础上,对必要的部位进行见证检验。

6.3 主体结构工程的施工质量验收

6.3.1 主体结构的内容

主体结构主要包括混凝土结构、劲钢(管)混凝土结构、砌体结构、钢结构、木结构、网架和索膜结构等子分部工程。

混凝土结构的分项工程:模板、钢筋、混凝土、预应力、现浇结构、装配式结构。

劲钢(管)混凝土结构的分项工程:劲钢(管)焊接、螺栓连接、劲钢(管)与钢筋的连接、劲钢(管)制作、安装、混凝土。

砌体结构的分项工程:砖砌体、混凝土小型空心砌块砌体、石砌体、填充墙砌体、砖配筋砌体。

钢结构的分项工程:钢结构焊接、紧固件连接、钢零部件加工、单层钢结构安装、多层及高层钢结构安装、钢结构涂装、钢构件组装、钢构件预拼装、钢网架结构安装、压型金属板。

木结构的分项工程:方木和原木结构、胶合木结构、轻型木结构、木构件防护。

网架和索膜结构的分项工程:网架制作、网架安装、索膜安装、网架防火、防腐涂料。

6.3.2 主体结构验收的条件

1. 工程实体

(1)主体分部验收前,墙面上的施工孔洞需按规定镶堵密实,并做隐蔽工程验收记录。未经验收不得进行装饰装修的施工,确需分阶段进行主体分部工程质量验收时,建设单位项目负责人在质监交底会上向质监人员提出书面申请,并争得质检站同意。

(2)混凝土结构工程模板应拆除并对其表面清理干净,混凝土结构存在缺陷处应整改完成。

(3)楼层标高控制线应清楚弹出墨线,并做醒目标志。

(4)工程技术资料存在的问题均已悉数整改完成。

(5)施工合同、设计文件所规定和工程洽商所包括的主体分部工程施工的内容已完成。

(6)安装工程中各类管道预埋结束,位置、尺寸准确,相应测试工作已完成,其结果符合规定要求。

(7)主体分部工程验收前,可完成样板房或样板单元的室内粉刷。

(8)主体分部工程施工中,质检站发出整改(停工)通知书要求整改的质量问题都已整改完成,完成报告书已送质检站归档。

2. 工程资料

(1)施工单位在主体结构完工之后对工程进行自检,确认工程质量符合有关法律法规和工程建设强制性标准,提供主体结构施工质量自评报告,该报告应由项目经理和施工单位负责人审核、签字、盖章;

(2)监理单位在主体结构工程完工后对工程全过程监理情况进行质量评价,提供主体工程质量评估报告,该报告应当由总监和监理单位有关负责人审核、签字、盖章;

(3)勘察、设计单位对勘察、设计文件及设计变更进行检查,对工程主体实体是否与设计图纸及变更一致,进行认可;

(4)有完整的主体结构工程档案资料、见证试验档案、监理资料、施工质量保证资料、管理资料和评定资料;

(5)主体工程验收通知书;

(6)工程规划许可证复印件(需加盖建设单位公章);

(7)中标通知书复印件(需加盖建设单位公章);

(8)工程施工许可证复印件(需加盖建设单位公章);

(9)混凝土结构子分部工程结构实体混凝土强度验收记录;

(10)混凝土结构子分部工程结构实体钢筋保护层厚度验收记录。

6.3.3 主体结构验收的主要依据

(1)《建筑工程施工质量验收统一标准》(GB 50300—2015)等现行质量检验评定标准、施工验收规范;

(2)国家及地方关于建设工程的强制性标准;

(3)经审查通过的施工图纸、设计变更、工程洽商以及设备技术说明书;

(4)引进技术或成套设备的建设项目,还应出具签订的合同和国外提供的设计文件等资料;

(5)其他有关建设工程的法律、法规、规章和规范性文件。

6.3.4　主体结构验收组织及验收人员

建设工程主体结构的验收工作由建设单位负责组织实施,建设工程质量监督部门对建设工程主体结构的验收实施监督,该工程的施工、监理、设计等单位参加。

由建设单位负责组织主体结构验收小组。验收小组组长由建设单位法人代表或其委托的负责人担任。验收小组副组长应至少有一名工程技术人员担任。验收小组成员由建设单位负责人、项目现场管理人员及设计、施工、监理等单位的项目技术负责人或质量负责人组成。

6.3.5　主体结构验收的程序

建设工程主体结构工程验收的程序包括施工企业自评、设计单位认可、监理单位核定、业主验收、政府监督。

(1)施工单位在主体结构工程完工后,向建设单位提交建设工程主体结构分部工程的质量验收报告,申请主体结构工程验收;

(2)监理单位核查施工单位提交的建设工程主体结构分部工程质量验收报告,对工程质量情况作出评价,填写建设工程主体结构验收监理评估报告;

(3)建设单位审查施工单位提交的建设工程主体结构分部工程质量验收报告,对符合验收要求的工程,组织设计、施工、监理等单位的相关人员组成验收小组;

(4)建设单位在主体工程验收 3 个工作日前将验收的时间、地点及验收小组名单报至所在地区建设工程质量监督站;

(5)建设单位组织验收小组成员在建设工程质量监督站的监督下,在规定的时间内对建设工程主体工程进行工程实体和工程资料的全面验收。

6.3.6　主体结构验收的结论

(1)由主体结构工程验收小组组长主持验收会议;

(2)建设、施工、监理、设计单位分别书面汇报工程合同履约状况和在工程建设各环节执行国家法律法规和工程建设强制性标准的情况;

(3)验收小组听取各参与验收单位的意见,形成经全体验收小组人员分别签字的验收意见;

(4)参建责任方签署的主体结构分部工程质量验收记录,应在签字盖章后 3 个工作日内由项目监理人员报送质监站存档;

(5)在验收过程中,当参与工程结构验收的建设、施工、监理、设计单位各方不能形成一致意见时,应当协商提出解决的方法,待意见一致后,重新组织工程验收。

6.3.7　混凝土结构工程施工质量验收的具体实施

1. 术语

(1)混凝土结构。

混凝土结构是以混凝土为主制成的结构,包括素混凝土结构、钢筋混凝土结构和预应力混凝土结构,按施工方法可分为现浇混凝土结构和装配式混凝土结构。

(2)现浇混凝土结构。

在现场原位支模并整体浇筑而成的混凝土结构,简称现浇混凝土结构。

(3)装配式混凝土结构。

由预制混凝土构件或部件装配、连接而成的混凝土结构,简称装配式混凝土结构。

(4)缺陷。

混凝土结构施工质量中不符合规定要求的检验项或检验点,按其程度可分为严重缺陷和一般缺陷。

(5)严重缺陷。

对结构构件的受力性能、耐久性能或安装、使用功能有决定性影响的缺陷,称为严重缺陷。

(6)一般缺陷。

对结构构件的受力性能、耐久性能或安装、使用功能无决定性影响的缺陷,称为一般缺陷。

(7)结构性能检验。

针对结构构件的承载力、挠度、裂缝控制性能等各项指标所进行的检验,称为结构性能检验。

2. 模板分项工程

(1)主控项目。

①模板及支架用材料的技术指标应符合国家现行有关标准的规定。进场时应抽样检验模板和支架材料的外观、规格和尺寸。

检查数量:按国家现行相关标准的规定确定。

检验方法:检查质量证明文件,观察,尺量。

②后浇带处的模板及支架应独立设置。

检查数量:全数检查。

检验方法:观察。

(2)一般项目。

①模板安装质量应符合下列规定。

a.模板的接缝应严密;

b.模板内不应有杂物、积水或冰雪等;

c.模板与混凝土的接触面应平整、清洁;

d.用作模板的地坪、胎膜等应平整、清洁,不应有影响构件质量的下沉、裂缝、起砂或起鼓;

e.对清水混凝土及装饰混凝土构件,应使用能达到设计效果的模板。

检查数量:全数检查。

检验方法:观察。

②隔离剂的品种和涂刷方法应符合施工方案的要求。隔离剂不得影响结构性能及装饰施工;不得沾污钢筋、预应力筋、预埋件和混凝土接槎处;不得对环境造成污染。

检查数量:全数检查。

检验方法:检查质量证明文件,观察。

③现浇混凝土结构多层连续支模应符合施工方案的规定。上、下层模板支架的竖杆宜对准。竖杆下垫板的设置应符合施工方案的要求。

检查数量:全数检查。

检验方法:观察。

④固定在模板上的预埋件和预留孔洞均不得遗漏,且应安装牢固。其位置偏差应符合表 6-32 的规定。

表 6-32　　　　　　　　　　预埋件和预留孔洞的允许偏差

项目		允许偏差/mm
预埋钢板中心线位置		3
预埋管、预留孔中心线位置		3
插筋	中心线位置	5
	外露长度	+10,0
预埋螺栓	中心线位置	2
	外露长度	+10,0
预留洞	中心线位置	10
	尺寸	+10,0

注:检查中心线位置时,应沿纵、横两个方向量测,并取其中偏差的较大值。

检查数量:在同一检验批内,对于梁、柱和独立基础,应抽查构件数量的 10%,且不应少于 3 件;对于墙和板,应按有代表性的自然间抽查 10%,且不应少于 3 间;对于大空间结构,墙可按相邻轴线间高度 5 m 左右划分检查面,板可按纵、横轴线划分检查面,抽查10%,且均不应少于 3 面。

检验方法:观察,尺量。

⑤现浇结构模板安装的尺寸偏差及检验方法应符合表 6-33 的规定。

表 6-33　　　　　　　　现浇结构模板安装的允许偏差及检验方法

项目		允许偏差/mm	检验方法
轴线位置		5	尺量
底模上表面标高		±5	水准仪或拉线、尺量
模板内部尺寸	基础	±10	尺量
	柱、墙、梁	±5	尺量
垂直度	柱、墙层高小于或等于 6 m	8	经纬仪或吊线、尺量
	柱、墙层高大于 6 m	10	经纬仪或吊线、尺量
相邻两块模板表面高差		2	尺量
表面平整度		5	2 m 靠尺和塞尺量测

注:检查轴线位置,当有纵、横两个方向时,沿纵、横两个方向量测,并取其中偏差的较大值。

检查数量:在同一检验批内,对于梁、柱和独立基础,应抽查构件数量的 10%,且不应少于 3 件;对于墙和板,应按有代表性的自然间抽查 10%,且不应少于 3 间;对于大空间结构,墙可按相邻轴线间高度 5 m 左右划分检查面,板可按纵、横轴线划分检查面,抽查 10%,且均不应少于 3 面。

⑥预制构件模板安装的允许偏差及检验方法应符合表 6-34 的规定。

表 6-34　　　　　　　预制构件模板安装的允许偏差及检验方法

项目		允许偏差/mm	检验方法
长度	板、梁	±4	尺量两侧边,取其中较大值
	薄腹梁、桁架	±8	
	柱	0,-10	
	墙板	0,-5	
宽度	板、墙板	0,-5	尺量两端及中部,取其中较大值
	梁、薄腹梁、桁架	+2,-5	
高(厚)度	板	+2,-3	尺量两端及中部,取其中较大值
	墙板	0,-5	
	梁、薄腹梁、桁架、柱	+2,-5	
侧向弯曲	梁、板、柱	$l/1000$ 且不大于 15	拉线、尺量最大弯曲处
	墙板、薄腹梁、桁架	$l/1500$ 且不大于 15	
板的表面平整度		3	2 m 靠尺和塞尺量测
相邻两板表面高低差		1	尺量
对角线差	板	7	尺量两对角线
	墙板	5	
翘曲	板、墙板	$L/1500$	水平尺在两端量测
设计起拱	薄腹梁、桁架、梁	±3	拉线、尺量跨中

注:1. l 为构件长度,单位为 mm。

　　2. 检查数量:首次使用及大修后的模板应全数检查;使用中的模板应抽查 10%,且不应少于 5 件,不足 5 件时应全数检查。

3. 钢筋分项工程

(1)材料。

①主控项目。

a. 钢筋进场时,应按国家现行标准抽取试件作屈服强度、抗拉强度、伸长率、弯曲性能和重量偏差检验,检验结果应符合相应标准的规定。

检查数量:按进场的批次和产品的抽样检验方案确定。

检验方法:检查质量证明文件和抽样检验报告。

b. 对按一、二、三级抗震等级设计的框架和斜撑构件(含梯段)中的纵向受力普通钢筋,应采用 HRB335E、HRB400E、HRB500E、HRBF335E、HRBF400E 或 HRBF500E 钢

筋。其强度和最大力下总伸长率的实测值应符合下列规定:

(a)抗拉强度实测值与屈服强度实测值的比值不应小于1.25;

(b)屈服强度实测值与屈服强度标准值的比值不应大于1.30;

(c)最大力下总伸长率不应小于9%。

检查数量:按进场的批次和产品的抽样检验方案确定。

检验方法:检查抽样检验报告。

②一般项目。

钢筋应平直、无损伤,表面不得有裂纹、油污、颗粒状或片状老锈。

检查数量:进场时和使用前全数检查。

检验方法:观察。

(2)钢筋加工。

①主控项目。

a.钢筋弯折的弯弧内直径应符合下列规定:

(a)光圆钢筋,不应小于钢筋直径的2.5倍。

(b)335 MPa级、400 MPa级带肋钢筋,不应小于钢筋直径的4倍。

(c)500 MPa级带肋钢筋,当直径为28 mm以下时,不应小于钢筋直径的6倍;当直径为28 mm及28 mm以上时,不应小于钢筋直径的7倍。

(d)箍筋弯折处尚不应小于纵向受力钢筋的直径。

检查数量:按每工作班同一类型钢筋、同一加工设备抽查不应少于3件。

检验方法:尺量。

b.纵向受力钢筋的弯折后平直段长度应符合设计要求。光圆钢筋末端作180°弯钩时,弯钩的平直段长度不应小于钢筋直径的3倍。

检查数量:按每工作班同一类型钢筋、同一加工设备抽查不应少于3件。

检验方法:尺量。

②一般项目。

钢筋加工的形状、尺寸应符合设计要求,其偏差应符合表6-35的规定。

表6-35 钢筋加工的允许偏差

项目	允许偏差/mm
受力钢筋沿长度方向的净尺寸	±10
弯起钢筋的弯折位置	±20
箍筋外廓尺寸	±5

检查数量:按每工作班同一类型钢筋、同一加工设备抽查不应少于3件。

检验方法:尺量。

(3)钢筋连接。

①主控项目。

a.钢筋的连接方式应符合设计要求。

检查数量:全数检查。

检验方法:观察。

b.钢筋采用机械连接或焊接连接时,钢筋机械连接接头、焊接接头的力学性能、弯曲性能应符合国家现行相关标准的规定。接头试件应从工程实体中截取。

检查数量:按《钢筋机械连接技术规程》(JGJ 107—2016)和《钢筋焊接及验收规程》(JGJ 18—2012)的规定确定。

检验方法:检查质量证明文件和抽样检验报告。

②一般项目。

a.钢筋接头的位置应符合设计和施工方案要求。有抗震设防要求的结构中,梁端、柱端箍筋加密区范围内不应进行钢筋搭接。接头末端至钢筋弯起点的距离不应小于钢筋直径的10倍。

检查数量:全数检查。

检验方法:观察,尺量。

b.钢筋机械连接接头、焊接接头的外观质量应符合《钢筋机械连接技术规程》(JGJ 107—2016)、《钢筋焊接及验收规程》(JGJ 18—2012)的规定。

检查数量:按《钢筋机械连接技术规程》(JGJ 107—2016)、《钢筋焊接及验收规程》(JGJ 18—2012)的规定确定。

检验方法:观察,尺量。

(4)钢筋安装。

①主控项目。

a.钢筋安装时,受力钢筋的牌号、规格和数量必须符合设计要求。

检查数量:全数检查。

检验方法:观察,尺量。

b.受力钢筋的安装位置、锚固方式应符合设计要求。

检查数量:全数检查。

检验方法:观察,尺量。

②一般项目。

钢筋安装允许偏差及检验方法应符合表6-36的规定。

表 6-36 钢筋安装允许偏差和检验方法

项目		允许偏差/mm	检验方法
绑扎钢筋网	长、宽	±10	尺量
	网眼尺寸	±20	尺量连续三挡,取最大偏差值
绑扎钢筋骨架	长	±10	尺量
	宽、高	±5	尺量

项目		允许偏差/mm	检验方法
纵向受力钢筋	间距	±10	尺量两端、中间各一点,取最大偏差值
	排距	±5	
纵向受力钢筋、箍筋的混凝土保护层厚度	基础	±10	尺量
	柱、梁	±5	尺量
	板、墙、壳	±3	尺量
绑扎箍筋、横向钢筋间距		±20	尺量连续三挡,取最大偏差值
钢筋弯起点位置		20	尺量,沿纵、横两个方向量测,并取其中偏差的较大值
预埋件	中心线位置	5	尺量
	水平高差	+3,0	塞尺量测

梁板类构件上部受力钢筋保护层厚度的合格点率应达到90％及90％以上,且不得有超过表6-36中数值1.5倍的尺寸偏差。

检查数量:在同一检验批内,对于梁、柱和独立基础,应抽查构件数量的10％,且不少于3件;对墙和板,应按有代表性的自然间抽查10％,且不应少于3间;对于大空间结构,墙可按相邻轴线间高度5 m左右划分检查面,板可按纵、横轴线划分检查面,抽查10％,且均不应少于3面。

4.预应力分项工程

(1)材料。

①主控项目。

a.预应力筋进场时,应按《预应力混凝土用钢绞线》(GB/T 5224—2014)、《预应力混凝土用钢丝》(GB/T 5223—2014)、《预应力混凝土用螺纹钢筋》(GB/T 20065—2006)和《无黏结预应力钢绞线》(JG/T 161—2016)抽取试件作抗拉强度、伸长率检验,其检验结果应符合相应标准的规定。

检查数量:按进场的批次和产品的抽样检验方案确定。

检验方法:检查质量证明文件和抽样检验报告。

b.无黏结预应力钢绞线进场时,应进行防腐润滑脂量和护套厚度的检验,检验结果应符合《无黏结预应力钢绞线》(JG/T 161—2016)的规定。

经观察认为涂包质量有保证时,无黏结预应力筋可不作油脂量和护套厚度的抽样检验。

检查数量:按《无黏结预应力钢绞线》(JG/T 161—2016)的规定确定。

检验方法:观察,检查质量证明文件和抽样检验报告。

②一般项目。

a.预应力筋进场时,应进行外观检查,其外观质量应符合下列规定:

(a)有黏结预应力筋的表面不应有裂纹、小刺、机械损伤、氧化铁皮和油污等,展开后应平顺,不应有弯折;

(b)无黏结预应力钢绞线护套应光滑、无裂缝,无明显褶皱,轻微破损处应外包防水塑料胶带修补,严重破损者不得使用。

检查数量:全数检查。

检验方法:观察。

b.预应力筋用锚具、夹具和连接器进场时,应进行外观检查,其表面应无污物、锈蚀、机械损伤和裂纹。

检查数量:全数检查。

检验方法:观察。

(2)制作与安装。

①主控项目

a.预应力筋安装时,其品种、规格、级别和数量必须符合设计要求。

检查数量:全数检查。

检验方法:观察,尺量。

b.预应力筋的安装位置应符合设计要求。

检查数量:全数检查。

检验方法:观察,尺量。

②一般项目。

a.预应力筋端部锚具的制作质量应符合下列要求:

(a)钢绞线挤压锚具挤压完成后,预应力筋外端露出挤压套筒的长度不应小于1 mm;

(b)钢绞线压花锚具的梨形头尺寸和直线锚固段长度不应小于设计值;

(c)钢丝墩头不应出现横向裂纹,墩头的强度不得低于钢丝强度标准值的98%。

检查数量:对挤压锚,每工作班抽查5%,且不应少于5件;对压花锚,每工作班抽查3件。对钢丝墩头强度,每批钢丝检查6个墩头试件。

检验方法:观察,尺量,检查墩头强度试验报告。

b.预应力筋或成孔管道定位控制点的竖向位置偏差应符合表6-37的规定,其合格点率应达到90%及90%以上,且不得有超过表中数值1.5倍的尺寸偏差。

表6-37 预应力筋或成孔管道定位控制点的竖向位置允许偏差

构件截面高(厚)度/mm	$h \leqslant 300$	$300 < h \leqslant 1500$	>1500
允许偏差/mm	±5	±10	±15

检查数量:在同一检验批内,应抽查各类型构件总数的10%,且不少于3个构件,每个构件不应少于5处。

检验方法:尺量。

(3)张拉与张放。

①主控项目。

a.预应力筋张拉或放张前,应对构件混凝土强度进行检验。同条件养护的混凝土立方体试件抗压强度应符合设计要求,当设计无要求时应符合下列规定。

(a)应符合配套锚固产品技术要求的混凝土最低强度且不应低于设计混凝土强度等级值的75%。

(b)对于采用消除应力钢丝或钢绞线作为预应力筋的先张法构件,不应低于30 MPa。

检查数量:全数检查。

检验方法:检查同条件养护试件试验报告。

b.对于后张法预应力结构构件,钢绞线出现断裂或滑脱的数量不应超过同一截面钢绞线总根数的3%,且每根断裂的钢绞线断丝不得超过一丝;对于多跨双向连续板,其同一截面应按每跨计算。

检查数量:全数检查。

检验方法:观察,检查张拉记录。

c.先张法预应力筋张拉锚固后,实际建立的预应力值与工程设计规定检验值的相对允许偏差为±5%。

检查数量:每工作班抽查预应力筋总数的1%,且不应少于3根。

检验方法:检查预应力筋应力检测记录。

②一般项目。

a.预应力筋张拉质量应符合下列规定。

(a)采用应力控制方法张拉时,张拉力下预应力筋的实测伸长值与计算伸长值的相对允许偏差为±6%。

(b)最大张拉应力不应大于《混凝土结构工程施工规范》(GB 50666—2011)的规定。

检查数量:全数检查。

检验方法:检查张拉记录。

b.先张法预应力构件,应检查预应力筋张拉后的位置偏差,张拉后预应力筋的位置与设计位置的偏差不应大于5 mm,且不应大于构件截面短边边长的4%。

检查数量:每工作班抽查预应力筋总数的3%,且不应少于3束。

检验方法:尺量。

(4)灌浆及封锚。

①主控项目。

a.预留孔道灌浆后,孔道内水泥浆应饱满、密实。

检查数量:全数检查。

检验方法:观察,检查灌浆记录。

b.锚具的封闭保护措施应符合设计要求;当设计无要求时,外露锚具和预应力筋的混凝土保护层厚度不应小于:一类环境时20 mm,二a、二b类环境时50 mm,三a、三b类环境时80 mm。

检查数量:在同一检验批内,抽查预应力筋总数的5%,且不少于5处。

检验方法:观察,尺量。

②一般项目。

后张法预应力筋锚固后的锚具外的外露长度不应小于预应力筋直径的 1.5 倍,且不应小于 30 mm。

检查数量:在同一检验批内,抽查预应力筋总数的 3%,且不应少于 5 束。

检验方法:观察,尺量。

5. 混凝土分项工程

(1)一般规定。

混凝土强度应按《混凝土强度检验评定标准》(GB/T 50107—2010)的规定分批检验评定。划入同一检验批的混凝土,其施工持续时间不宜超过 3 个月。

检验评定混凝土强度时,应采用 28 天或设计规定龄期的标准养护试件。

试件成型方法及标准养护条件应符合《普通混凝土力学性能试验方法标准》(GB/T 50081—2002)的规定。采用蒸汽养护的构件,其试件应先随构件同条件养护,再置入标准养护条件下继续养护至 28 天或设计规定龄期。

(2)原材料。

①主控项目。

a. 水泥进场时,应对其品种、代号、强度等级、包装或散装仓号、出厂日期等进行检查,并应对水泥的强度、安定性和凝结时间进行检验,检验结果应符合《通用硅酸盐水泥》(GB 175—2007)的相关规定。

检查数量:按同一生产厂家、同一品种、同一代号、同一强度等级、同一批号且连续进场的水泥,袋装不超过 200 t 为一批。散装不超过 500 t 为一批,每批抽样数量不应少于一次。

检验方法:检查质量证明文件和抽样检验报告。

b. 混凝土外加剂进场时,应对其品种、性能、出厂日期等进行检查,并应对外加剂的相关性能指标进行检验,检验结果应符合《混凝土外加剂》(GB 8076—2008)和《混凝土外加剂应用技术规范》(GB 50119—2013)的规定。

检查数量:按同一厂家、同一品种、同一性能、同一批号且连续进场的混凝土外加剂,不超过 50 t 为一批,每批抽样数量不应少于一次。

检验方法:检查质量证明文件和抽样检验报告。

c. 水泥、外加剂进场检验,当满足下列条件之一时,其检验批容量可扩大一倍:

(a)获得认证的产品;

(b)同一生产厂家、同一品种、同一规格的产品,连续三次进场检验均一次检验合格。

②一般项目。

a. 混凝土用矿物掺合料进场时,应对其品种、性能、出厂日期等进行检查,并对矿物掺合料的相关性能指标进行检验,检验结果应符合国家现行有关标准的规定。

检查数量:按同一生产厂家、同一品种、同一批号且连续进场的矿物掺合料,粉煤灰、矿渣粉、磷渣粉、钢铁渣粉和复合矿物掺合料不超过 200 t 为一批,沸石粉不超过 120 t 为一批,硅粉不超过 30 t 为一批,每批抽样数量不应少于一次。

检验方法:检查质量证明文件和抽样检验报告。

b.混凝土原材料中的粗、细骨料质量应符合《普通混凝土用砂、石质量及检验方法标准》(JGJ 52—2006)的规定,使用经过净化处理的海砂应符合《海砂混凝土应用技术规范》(JGJ 206—2010)的规定,再生混凝土骨料应符合《混凝土用再生粗骨料》(GB/T 25177—2010)和《混凝土和砂浆用再生细骨料》(GB/T 25176—2010)的规定。

检查数量:按《普通混凝土用砂、石质量及检验方法标准》(JGJ 52—2006)的规定确定。

检验方法:检查抽样检验报告。

c.混凝土拌制及养护用水应符合《混凝土用水标准》(JGJ 63—2006)的规定。采用饮用水作为混凝土用水时,可不检验;采用中水、搅拌站清洗水、施工现场循环水等其他水源时,应对其成分进行检验。

检查数量:同一水源检查不应少于一次。

检验方法:检查水质检验报告。

(3)混凝土拌合物。

①主控项目。

a.预制混凝土进场时,其质量应符合《预拌混凝土》(GB/T 14902—2012)的规定。

检查数量:全数检查。

检验方法:检查质量证明文件。

b.混凝土拌合物不应离析。

检查数量:全数检查。

检验方法:观察。

c.混凝土中氯离子含量和碱总含量应符合《混凝土结构设计规范》(2015 年版)(GB 50010—2010)的规定和设计要求。

检查数量:同一配合比的混凝土检查不应少于一次。

检验方法:检查原材料试验报告和氯离子、碱的总含量计算书。

d.首次使用的混凝土配合比应进行开盘鉴定,其原材料、强度、凝结时间、稠度等应满足设计配合比的要求。

检查数量:同一配合比的混凝土检查不应少于一次。

检验方法:检查开盘鉴定资料和强度试验报告。

②一般项目。

a.混凝土拌合物稠度应满足施工方案的要求。

检查数量:对于同一配合比的混凝土,取样应符合下列规定。

(a)每拌制 100 盘且不超过 100 m³ 时,取样不得少于一次;

(b)每工作班拌制不足 100 盘时,取样不得少于一次;

(c)每次连续浇筑超过 1000 m³ 时,每 200 m³ 取样不得少于一次;

(d)每一楼层取样不得少于一次。

检验方法:检查稠度抽样检验记录。

b.混凝土有抗冻要求时,应在施工现场进行混凝土含气量检验,其检验结果应符合国家现行有关标准的规定和设计要求。

检查数量:同一配合比的混凝土,取样不应少于一次,取样数量应符合《普通混凝土拌合物性能试验方法标准》(GB/T 50080—2016)的规定。

检验方法:检查混凝土含气量检验报告。

(4)混凝土施工。

①主控项目。

a.混凝土的强度等级必须符合设计要求。用于检验混凝土强度的试件应在浇筑地点随机抽取。

b.检查数量:对于同一配合比的混凝土,取样与试件留置应符合下列规定。

(a)每拌制 100 盘且不超过 100 m^3 时,取样不得少于一次;

(b)每工作班拌制不足 100 盘时,取样不得少于一次;

(c)连续浇筑超过 1000 m^3 时,每 200 m^3 取样不得少于一次;

(d)每一楼层取样不得少于一次;

(e)每次取样应至少留置一组试件。

检验方法:检查施工记录及混凝土强度试验报告。

②一般项目。

a.后浇带的留设位置应符合设计要求,后浇带和施工缝的留设及处理方法应符合施工方案要求。

检查数量:全数检查。

检验方法:观察。

b.混凝土浇筑完毕后应及时进行养护,养护时间以及养护方法应符合施工方案要求。

检查数量:全数检查。

检验方法:观察,检查混凝土养护记录。

6.现浇结构分项工程

(1)一般规定。

现浇结构的外观质量缺陷,应由监理单位、施工单位等各方根据其对结构性能和使用功能影响的严重程度,按表 6-38 确定。

表 6-38　　　　　　　　　　　　现浇结构外观质量缺陷

名称	现象	严重缺陷	一般缺陷
露筋	构件内钢筋未被混凝土包裹而外露	纵向受力钢筋有露筋	其他钢筋有少量露筋
蜂窝	混凝土表面缺少水泥砂浆而形成石子外露	构件主要受力部位有蜂窝	其他部位有少量蜂窝
孔洞	混凝土中孔穴深度和长度均超过保护层厚度	构件主要受力部位有孔洞	其他部位有少量孔洞

名称	现象	严重缺陷	一般缺陷
夹渣	混凝土中夹有杂物且深度超过保护层厚度	构件主要受力部位有夹渣	其他部位有少量夹渣
疏松	混凝土中局部不密实	构件主要受力部位有疏松	其他部位有少量疏松
裂缝	缝隙从混凝土表面延伸至混凝土内部	构件主要受力部位有影响结构性能或使用功能的裂缝	其他部位有少量不影响结构性能或使用功能的裂缝
连接部位缺陷	连接部位有混凝土缺陷及连接钢筋、连接件松动	连接部位有影响结构传力性能的缺陷	连接部位有基本不影响结构传力性能的缺陷
外形缺陷	缺棱掉角、棱角不直、翘曲不平、飞边凸肋等	清水混凝土构件有影响使用功能或装饰效果的外形缺陷	其他混凝土构件有不影响使用功能的外形缺陷
外表缺陷	构件表面麻面、掉皮、起砂、沾污等	具有重要装饰效果的清水混凝土构件有外表缺陷	其他混凝土构件有不影响使用功能的外表缺陷

（2）外观质量。

①主控项目。

现浇结构的外观质量不应有严重缺陷。

对于已经出现的严重缺陷,应由施工单位提出技术处理方案,并经监理单位认可后方可进行处理;对于裂缝、连接部位出现的严重缺陷及其他影响结构安全的严重缺陷,技术处理方案尚应经设计单位认可。对经处理的部位应重新验收。

检查数量:全数检查。

检验方法:观察,检查处理记录。

②一般项目。

现浇结构的外观质量不应有一般缺陷。

对于已经出现的一般缺陷,应由施工单位按技术处理方案进行处理,对经处理的部位应重新验收。

检查数量:全数检查。

检验方法:观察,检查处理记录。

（3）位置和尺寸偏差。

①主控项目。

现浇结构不应有影响结构性能或使用功能的尺寸偏差,混凝土设备基础不应有影响结构性能和设备安装的尺寸偏差。

对超过尺寸允许偏差且影响结构性能和安装、使用功能的部位,应由施工单位提出技术处理方案,经监理、设计单位认可后进行处理。对经处理的部位应重新验收。

检查数量:全数检查。

检验方法:量测,检查处理记录。

②一般项目。

现浇结构的位置、尺寸偏差及检验方法应符合表 6-39 的规定。

表 6-39　　　　　　　　　　　现浇结构尺寸允许偏差和检验方法

项目		允许偏差/mm	检验方法
轴线位置	整体基础	15	经纬仪及尺量
	独立基础	10	经纬仪及尺量
	墙、柱、梁	8	尺量
垂直度	柱、墙层高 ≤6 m	10	经纬仪或吊线、尺量
	柱、墙层高 >6 m	12	经纬仪或吊线、尺量
	全高(H)不大于 300 m	$H/30000+20$	经纬仪、尺量
	全高(H)大于 300 m	$H/10000$ 且不大于 80	经纬仪、尺量
标高	层高	±10	水准仪或拉线、尺量
	全高	±30	
截面尺寸	基础	+15,−10	尺量
	柱、梁、板、墙	+10,−5	尺量
	楼梯相邻踏步高差	±6	尺量
电梯井	中心位置	10	尺量
	长、宽	+25,0	尺量
表面平整度		8	2 m 靠尺和塞尺量测
预埋设施中心线位置	预埋件	10	尺量
	预埋螺栓	5	
	预埋管	5	
	其他	10	
预留洞、孔中心线位置		15	尺量

　　注:1.检查轴线、中心线位置时,沿纵、横两个方向量测,并取其中偏差的较大值。

　　　　2.H 为全高,单位为 mm。

检查数量:按楼层、结构缝或施工段划分检验批。在同一检验批内,对于梁、柱和独立基础,应抽查构件数量的 10%,且不少于 3 件;对于墙和板,应按有代表性的自然间抽查 10%,且不应少于 3 间;对于大空间结构,墙可按相邻轴线间高度 5 m 左右划分检查面,板可按纵、横轴线划分检查面,抽查 10%,且均不应少于 3 面;对于电梯井,应全数检查。

现浇设备基础的位置和尺寸应符合设计和设备安装的要求,其位置和尺寸偏差及检验方法应符合表 6-40 的规定。

检查数量:全数检查。

表 6-40　　　　　　　　　　　　**现浇设备基础位置和尺寸允许偏差及检验方法**

项目		允许偏差/mm	检验方法
坐标位置		20	经纬仪及尺量
不同平面标高		0,-20	水准仪或拉线、尺量
平面外形尺寸		±20	尺量
凸台上平面外形尺寸		0,-20	尺量
凹槽尺寸		+20,0	尺量
平面水平度	每米	5	水平尺、塞尺量测
	全长	10	水准仪或拉线、尺量
垂直度	每米	5	经纬仪或吊线、尺量
	全高	10	
预埋地脚螺栓	中心位置	2	尺量
	顶标高	+20,0	水准仪或拉线、尺量
	中心距	±2	尺量
	垂直度	5	吊线、尺量
预埋地脚螺栓孔	中心线位置	10	尺量
	截面尺寸	+20,0	尺量
	深度	+20,0	尺量
	垂直度	$h/100$ 且不大于 10	吊线、尺量
预埋活动地脚螺栓锚板	中心线位置	5	尺量
	标高	+20,0	水准仪或拉线、尺量
	带槽锚板平整度	5	直尺、塞尺量测
	带螺纹孔锚板平整度	2	直尺、塞尺量测

　　注:1. 检查坐标、中心线位置时,应沿纵、横两个方向测量,并取其中偏差的较大值。

　　　　2. h 为预埋地脚螺栓孔孔深,单位为 mm。

7. 装配式结构分项工程

(1)预制构件。

①主控项目。

a. 预制构件的质量应符合《混凝土结构工程施工质量验收规范》(GB 50204—2015)、国家现行相关标准的规定和设计的要求。

　　检查数量:全数检查。

　　检验方法:检查质量证明文件或质量验收记录。

b. 预制构件的外观质量不应有严重缺陷,且不应有影响结构性能和安装、使用功能的尺寸偏差。

　　检查数量:全数检查。

　　检验方法:观察,尺量;检查处理记录。

c.预制构件上的预埋件、预留插筋、预埋管线等的材料质量、规格和数量以及预留孔、预留洞的数量应符合设计要求。

检查数量:全数检查。

检验方法:观察。

②一般项目。

a.预制构件的外观质量不应有一般缺陷。

检查数量:全数检查。

检验方法:观察,检查处理记录。

b.预制构件尺寸的允许偏差及检验方法应符合表 6-41 的规定。

表 6-41 预制构件尺寸的允许偏差及检验方法

项目			允许偏差/mm	检验方法
长度	楼板、梁、柱、桁架	小于 12 m	±5	尺量
		不小于 12 m 且小于 18 m	±10	
		不小于 18 m	±20	
	墙板		±4	
宽度、高(厚)度	楼板、梁、柱、桁架		±5	尺量一端及中部,取其中偏差绝对值较大处
	墙板		±4	
表面平整度	楼板、梁、柱、墙板内表面		5	2m 靠尺和塞尺量测
	墙板外表面		3	
侧向弯曲	楼板、梁、柱		$l/750$ 且不大于 20	拉线、直尺量测最大侧向弯曲处
	墙板、桁架		$l/1000$ 且不大于 20	
翘曲	楼板		$l/750$	调平尺在两端量测
	墙板		$l/1000$	
对角线	楼板		10	尺量两个对角线
	墙板		5	
预留孔	中心线位置		5	尺量
	孔尺寸		±5	
预留洞	中心线位置		10	尺量
	洞口尺寸、深度		±10	
预埋件	预埋板中心线位置		5	尺量
	预埋板与混凝土面平面高差		0,−5	
	预埋螺栓		2	
	预埋螺栓外露长度		+10,−5	
	预埋套筒、螺母中心线位置		2	
	预埋套筒、螺母与混凝土面平面高差		±5	

续表

项目		允许偏差/mm	检验方法
预留插筋	中心线位置	5	尺量
	外露长度	+10，−5	
键槽	中心线位置	5	尺量
	长度、宽度	±5	
	深度	±10	

注：1. l 为构件长度，单位为 mm。

　　2. 检查中心线、螺栓和孔道位置偏差时，沿纵、横两个方向量测，并取其中偏差较大值。

检查数量：同一类型的构件，不超过 100 件为一批，每批应抽查构件数量的 5％，且不应少于 3 件。

c. 预制构件的粗糙面的质量及键槽的数量应符合设计要求。

检查数量：全数检查。

检验方法：观察。

（2）安装与连接。

①主控项目。

a. 预制构件临时固定措施的安装质量应符合施工方案的要求。

检查数量：全数检查。

检验方法：观察。

b. 钢筋采用焊接连接时，其接头质量应符合《钢筋焊接及验收规程》(JGJ 18—2012)的规定。

检查数量：按《钢筋焊接及验收规程》(JGJ 18—2012)的有关规定确定。

检验方法：检查质量证明文件及平行加工试件的检验报告。

c. 钢筋采用机械连接时，其接头质量应符合《钢筋机械连接技术规程》(JGJ 107—2016)的规定。

检查数量：按《钢筋机械连接技术规程》(JGJ 107—2016)的有关规定确定。

检验方法：检查质量证明文件、施工记录及平行加工试件的检验报告。

②一般项目。

装配式结构施工后，其外观质量不应有一般缺陷。

检查数量：全数检查。

检验方法：观察，检查处理记录。

8. 混凝土结构子分部工程

（1）结构实体检验。

对涉及混凝土结构安全的有代表性的部位应进行结构实体检验。结构实体检验应包括混凝土强度、钢筋保护层厚度、结构位置与尺寸偏差以及合同约定的项目；必要时可检验其他项目。

结构实体检验应由监理单位组织施工单位实施,并见证实施过程。施工单位应制订结构实体检验专项方案,并经监理单位审核批准后实施。除结构位置与尺寸偏差外的结构实体检验项目,应由具有相应资质的检测机构完成。

(2)混凝土结构子分部工程验收。

混凝土结构子分部工程施工质量验收合格应符合下列规定:

①所含分项工程质量验收应合格;

②应有完整的质量控制资料;

③观感质量验收应合格;

④结构实体检验结果应符合相关规范要求。

当混凝土结构施工质量不符合要求时,应按下列规定进行处理:

①经返工、返修或更换构件、部件的,应重新进行验收;

②经有资质的检测机构按国家现行相关标准检测鉴定达到设计要求的,应予以验收;

③经有资质的检测机构按国家现行相关标准检测鉴定达不到设计要求的,但经原设计单位核算并确认仍可满足结构安全和使用功能的,可予以验收;

④经返修或加固处理能够满足结构可靠性要求的,可根据技术处理方案和协商文件进行验收。

混凝土结构子分部工程施工质量验收时,应提供下列文件和记录:

①设计变更文件;

②原材料质量证明文件和抽样检验报告;

③预拌混凝土的质量证明文件;

④混凝土、灌浆料试件的性能检验报告;

⑤钢筋接头的试验报告;

⑥预制构件的质量证明文件和安装验收记录;

⑦预应力筋用锚具、连接器的质量证明文件和抽样检验报告;

⑧预应力筋安装、张拉的检验记录;

⑨钢筋套筒灌浆连接及预应力孔道灌浆记录;

⑩隐蔽工程验收记录;

⑪混凝土工程施工记录;

⑫混凝土试件的试验报告;

⑬分项工程验收记录;

⑭结构实体检验记录;

⑮工程的重大质量问题的处理方案和验收记录;

⑯其他必要的文件和记录。

混凝土结构工程子分部工程施工质量验收合格后,应将所有的验收文件存档备案。

6.3.8 砌体工程施工质量验收的具体实施

1. 概述

（1）术语。

①砌体结构。

由块体和砂浆砌筑而成的墙、柱作为建筑物主要受力构件的结构称为砌体结构。它是砖砌体、砌块砌体和石砌体结构的统称。

②块体。

它是砌体所用各种砖、石、小砌块的总称。

③瞎缝。

砌体中相邻块体间无砌筑砂浆，又彼此接触的水平缝或竖向缝称为瞎缝。

④通缝。

砌体中上下皮块体搭接长度小于规定数值的竖向灰缝称为通缝。

⑤相对含水率。

相对含水率是指含水率与吸水率的比值。

⑥芯柱。

在小砌块墙体的孔洞内浇灌混凝土形成的柱，有素混凝土芯柱和钢筋混凝土芯柱。

⑦实体检测。

由有检测资质的检测单位采用标准的检验方法，在工程实体上进行原位检测或抽取试样在试验室进行检验的活动。

（2）砌体施工质量控制等级。

砌体施工质量控制等级分为三级，并应按表 6-42 划分。

表 6-42　　　　　　　　　　　　　**砌体施工质量控制等级**

项目	施工质量控制等级		
	A	B	C
现场质量管理	监督检查制度健全，并严格执行；施工方有在岗专业技术管理人员，人员齐全，并持证上岗	监督检查制度基本健全，并能执行；施工方有在岗专业技术管理人员，人员齐全，并持证上岗	有监督检查制度；施工方有在岗专业技术管理人员
砂浆、混凝土强度	试块按规定制作，强度满足验收规定，离散性小	试块按规定制作，强度满足验收规定，离散性较小	试块按规定制作，强度满足验收规定，离散性大
砂浆拌和	机械拌和；配合比计量控制严格	机械拌和；配合比计量控制一般	机械或人工拌和；配合比计量控制较差
砌筑工人	中级工以上，其中高级工不少于30%	高级工、中级工不少于70%	初级工以上

注：1. 砂浆、混凝土强度离散性大小根据强度标准差确定。

2. 配筋砌体不得为 C 级施工。

（3）砌筑砂浆。

水泥使用应符合下列规定。

①水泥进场时应对其品种、等级、包装或散装仓号、出厂日期进行检查，并应对其强度、安定性进行复验，其质量必须符合《通用硅酸盐水泥》（GB 175—2007）的有关规定。

②当在使用中对水泥质量有怀疑或水泥出厂超过三个月（快硬硅酸盐水泥超过一个月）时，应复查试验，并按其复验结果使用。

③不同品种的水泥，不得混合使用。

抽检数量：按同一生产厂家、同一品种、同一等级、同一批号连续进场的水泥，袋装水泥不超过 200 t 为一批，散装水泥不超过 500 t 为一批，每批抽样不少于一次。

检验方法：检查产品合格证、出厂检验报告和进场复验报告。

2. 砖砌体工程

（1）主控项目。

①砖和砂浆的强度等级必须符合设计要求。

抽检数量：每一生产厂家，烧结普通砖、混凝土实心砖每 15 万块，烧结多孔砖、混凝土多孔砖、蒸压灰砂砖及蒸压粉煤灰砖每 10 万块各为 1 验收批，不足上述数量时按 1 批计，抽检数量为 1 组。

检验方法：检查砖和砂浆试块试验报告。

②砌体灰缝砂浆应密实、饱满，砖墙水平灰缝的砂浆饱满度不得低于 80%；砖柱水平灰缝和竖向灰缝饱满度不得低于 90%。

抽检数量：每检验批抽查不应少于 5 处。

检验方法：用专用百格网检查砖底面与砂浆的黏结痕迹面积。每处检测 3 块砖，取其平均值。

③砖砌体的转角处和交接处应同时砌筑，严禁无可靠措施的内外墙分砌施工。在抗震设防烈度为 8 度及 8 度以上的地区，对不能同时砌筑而又必须留置的临时间断处应砌成斜槎。普通砖砌体斜槎水平投影长度不应小于高度的 2/3。多孔砖砌体的斜槎长高比不应小于 1/2。斜槎高度不得超过一步脚手架的高度。

抽检数量：每检验批抽查不应少于 5 处。

检验方法：观察。

④非抗震设防及抗震设防烈度为 6 度、7 度地区的临时间断处，当不能留斜槎时，除转角处外，可留直槎，但直槎必须做成凸槎，且应加设拉结钢筋，拉结钢筋应符合下列规定：

a. 每 120 mm 墙厚放置 1φ6 拉结钢筋（120 mm 墙厚应放置 2φ6 拉结钢筋）。

b. 间距沿墙高不应超过 500 mm，且竖向间距偏差不应超过 100 mm。

c. 埋入长度从留槎处算起每边均不应小于 500 mm，对抗震设防烈度为 6 度、7 度的地区，不应小于 1000 mm。

d. 末端应有 90°弯钩。

抽检数量：每检验批抽查不应少于 5 处。

检验方法:观察和尺量。

(2)一般项目。

①砖砌体组砌方法应正确,内外搭砌,上下错缝。清水墙、窗间墙无通缝;混水墙中不得有长度大于 300 mm 的通缝,长度 200~300 mm 的通缝每间不超过 3 处,且不得位于同一面墙体上。砖柱不得采用包心砌法。

抽检数量:每检验批抽查不应少于 5 处。

检验方法:观察。

②砖砌体的灰缝应横平竖直,厚薄均匀。水平灰缝厚度及竖向灰缝宽度宜为 10 mm,但不应小于 8 mm,也不应大于 12 mm。

抽检数量:每检验批抽查不应少于 5 处。

检验方法:水平灰缝厚度用尺量 10 皮砖砌体高度折算。竖向灰缝宽度用尺量 2 m 砌体长度折算。

③砖砌体尺寸、位置的允许偏差及检验应符合表 6-43 的规定。

表 6-43

砖砌体尺寸、位置的允许偏差及检验

项次	项目			允许偏差/mm	检验方法	抽检数量
1	轴线位移			10	用经纬仪和尺或用其他测量仪器检查	承重墙、柱全数检查
2	基础、墙、柱顶面标高			±15	用水准仪和尺检查	不应少于 5 处
3	墙面垂直度	每层		5	用 2 m 托线板检查	不应少于 5 处
		全高	10 m	10	用经纬仪、吊线和尺或其他测量仪器检查	外墙全部阳角
			10 m	20		
4	表面平整度	清水墙、柱		5	用 2 m 靠尺和楔形塞尺检查	不应少于 5 处
		混水墙、柱		8		
5	水平灰缝平直度	清水墙		7	拉 5 m 线和尺检查	不应少于 5 处
		混水墙		10		
3	门窗洞口高、宽(后塞口)			±10	用尺检查	不应少于 5 处
4	外墙上下窗口偏移			20	以底层窗口为准,用经纬仪或吊线检查	不应少于 5 处
6	清水墙游丁走缝			20	以每层第一皮砖为准,用吊线和尺检查	不应少于 5 处

3. 混凝土小型空心砌块砌体工程

(1)主控项目。

①小砌块和芯柱混凝土、砌筑砂浆的强度等级必须符合设计要求。

抽检数量:每一生产厂家,每 1 万块小砌块为一检验批,不足 1 万块按 1 检验批计,抽检数量为 1 组。用于多层建筑的基础和底层的小砌块抽检数量不应少于 2 组。

检验方法:检查小砌块和芯柱混凝土、砌筑砂浆试块试验报告。

②砌体水平灰缝和竖向灰缝的砂浆饱满度,按净面积计算不得低于 90%。

抽检数量:每检验批抽查不应少于 5 处。

检验方法:用专用百格网检测小砌块与砂浆黏结痕迹。每处检测 3 块小砌块,取其平均值。

③墙体转角处和纵横墙交接处应同时砌筑。临时间断处应砌成斜槎,斜槎水平投影长度不应小于斜槎高度。

抽检数量:每检验批抽查不应少于 5 处。

检验方法:观察。

(2)一般项目。

砌体的水平灰缝厚度和竖向灰缝宽度宜为 10 mm,但不应大于 12 mm,也不应小于 8 mm。

抽检数量:每检验批抽查不应少于 5 处。

抽检方法:水平灰缝厚度用尺量 5 皮小砌块的高度折算;竖向灰缝宽度用尺量 2 m 砌体长度折算。

4. 石砌体工程

(1)主控项目。

①石材及砂浆强度等级必须符合设计要求。

抽检数量:同一产地的同类石材抽检不应小于一组。

检验方法:料石检查产品质量证明书,石材、砂浆检查试块试验报告。

②砌体灰缝的砂浆饱满度不应小于 80%。

抽检数量:每检验批抽查不应少于 5 处。

检验方法:观察。

(2)一般项目。

①石砌体尺寸、位置的允许偏差及检验方法应符合表 6-44 的规定。

表 6-44　　　　　　　　　**石砌体尺寸、位置的允许偏差及检验方法**

项次	项目	允许偏差/mm							检验方法
		毛石砌体		料石砌体					
				毛料石		粗料石		细料石	
		基础	墙	基础	墙	基础	墙	墙、柱	
1	轴线位置	20	15	20	15	15	10	10	用经纬仪和尺检查,或用其他测量仪器检查
2	基础和墙砌体顶面标高	±25	±15	±25	±15	±15	±15	±10	用水准仪和尺检查

续表

项次	项目		允许偏差/mm							检验方法
			毛石砌体		料石砌体					
					毛料石		粗料石		细料石	
			基础	墙	基础	墙	基础	墙	墙、柱	
3	砌体厚度		+30	+20 −10	+30	+20 −10	+15	+10 −5	+10 −5	用尺检查
4	墙面垂直度	每层		20		20		10	7	用经纬仪、吊线和尺检查,或用其他测量仪器检查
		全高		30		30		25	20	
5	表面平整度	清水墙、柱				20		10	5	细料石用2 m靠尺和楔形塞尺检查,其他用两直尺垂直于灰缝拉2 m线和尺检查
		混水墙、柱				30		15		
6	清水墙水平灰缝平直度							10	5	拉10 m线和尺检查

抽检数量:每检验批抽查不应少于5处。

②石砌体的组砌形式应符合下列规定。

a.内外搭砌,上下错缝,拉结石、丁砌石交错设置。

b.毛石墙拉结石每0.7 m² 墙面不应少于1块。

检查数量:每检验批抽查不应少于5处。

检验方法:观察。

5.配筋砌体工程

(1)主控项目。

①钢筋的品种、规格、数量和设置部位应符合设计要求。

检验方法:检查钢筋的合格证书、钢筋性能复试试验报告、隐蔽工程记录。

②构造柱、芯柱、组合砌体构件、配筋砌体剪力墙构件的混凝土及砂浆的强度等级应符合设计要求。

抽检数量:每检验批砌体,试块不应小于1组,检验批砌体试块不得小于3组。

检验方法:检查混凝土和砂浆试块试验报告。

③构造柱与墙体的连接处应符合下列规定。

a.墙体应砌成马牙槎,马牙槎凹凸尺寸不宜小于60 mm,高度不应超过300 mm,马牙槎应先退后进,对称砌筑;马牙槎尺寸偏差每一构造柱不应超过2处。

b.预留拉结钢筋的规格、尺寸、数量及位置应正确,拉结钢筋应沿墙高每隔500 mm设2φ6,伸入墙内不宜小于600 mm,钢筋的竖向移位不应超过100 mm,且竖向移位每一构造柱不得超过2处。

c. 施工中不得任意弯折拉结钢筋。

抽检数量:每检验批抽查不应少于5处。

检验方法:观察和尺量。

④配筋砌体中受力钢筋的连接方式及锚固长度、搭接长度应符合设计要求。

抽检数量:每检验批抽查不应少于5处。

检验方法:观察。

(2)一般项目。

①构造柱一般尺寸允许偏差及检验方法应符合表6-45的规定。

表6-45 构造柱位置及垂直度的允许偏差

项次	项目			允许偏差/mm	检验方法
1	中心线位置			10	用经纬仪和尺检查,或用其他测量仪器检查
2	层间错位			8	用经纬仪和尺检查,或用其他测量仪器检查
3	垂直度	每层		10	用2m托线板检查
		全高	≤10 m	15	用经纬仪、吊线和尺检查,或用其他测量仪器检查
			>10 m	20	

抽检数量:每检验批抽查不应少于5处。

②设置在砌体灰缝中钢筋,应居中置于灰缝中。水平灰缝厚度应大于钢筋直径4 mm以上。砌体外露面砂浆保护层的厚度不应小于15 mm。

抽检数量:每检验批抽检3个构件,每个构件检查3处。

检验方法:观察,辅以钢尺检测。

③网状配筋砖砌体中,钢筋网规格及放置间距应符合设计规定。每一构件钢筋网沿砌体高度位置超过设计规定一皮砖厚不得多于1处。

抽检数量:每检验批抽查不应少于5处。

检验方法:通过钢筋网成品检查钢筋规格,钢筋网放置间距采用局部剔缝观察,或用探针刺入灰缝内检查,或用钢筋位置测定仪测定。

6. 填充墙砌体工程

(1)主控项目。

①烧结空心砖、小砌块和砌筑砂浆的强度等级应符合设计要求。

抽检数量:烧结空心砖每10万块为一检验批,小砌块每1万块为一检验批,不足上述数量时按1检验批计,抽检数量为1组。

检验方法:检查砖、小砌块进场复验报告和砂浆试块试验报告。

②填充墙砌体应与主体结构可靠连接,其连接构造应符合设计要求,未经设计同意,不得随意改变连接构造方法。每一填充墙与柱的拉结筋的位置超过一皮砖体高度的数量不得多于一处。

抽检数量:每检验批抽查不应少于5处。

检验方法:观察。

(2)一般项目。

①填充墙砌体尺寸、位置的允许偏差及检验方法应符合表6-46的规定。

表6-46　　　　　　　　**填充墙砌体尺寸、位置的允许偏差及检验方法**

项次	项目		允许偏差/mm	检验方法
1	轴线位移		10	用尺检查
2	垂直度	≤3 m	5	用2 m托线板或吊线、尺检查
		>3 m	10	
3	表面平整度		8	用2 m靠尺和楔形塞尺检查
4	门窗洞口高、宽(后塞门)		±10	用尺检查
5	外墙上、下窗口偏移		20	用经纬仪或吊线检查

抽检数量:每检验批抽查不应少于5处。

②填充墙砌体的砂浆饱满度及检验方法应符合表6-47的规定。

表6-47　　　　　　　　**填充墙砌体的砂浆饱满度及检验方法**

砌体分类	灰缝	饱满度及要求	检验方法
空心砖砌体	水平	≥80%	采用专用百格网检查块体底面或侧面砂浆的黏结痕迹面积
	垂直	填满砂浆,不得有透明缝、瞎缝、假缝	
蒸压加气混凝土砌块、轻骨料混凝土小型空心砌块砌体	水平	≥80%	
	垂直	≥80%	

抽检数量:每检验批抽查不应少于5处。

③填充墙留置的拉结钢筋或网片的位置应与块体皮数相符合。拉结钢筋或网片应置于灰缝中,埋置长度应符合设计要求,竖向位置偏差不应超过1皮高度。

检查数量:每检验批抽查不应少于5处。

检验方法:观察和尺量。

④砌筑填充墙时应错缝搭砌,蒸压加气混凝土砌块搭砌长度不应小于砌块长度的1/3;轻骨料混凝土小型空心砌块搭砌长度不应小于90 mm;竖向通缝不应大于2皮。

抽检数量:每检验批抽查不应少于5处。

检查方法:观察和尺量。

⑤填充墙的水平灰缝厚度和竖向灰缝宽度应正确。烧结空心砖、轻骨料混凝土小型空心砌块砌体的灰缝应为8~12 mm。当蒸压加气混凝土砌块砌体采用水泥砂浆、水泥混合砂浆或蒸压加气混凝土砌块砌筑砂浆时,水平灰缝厚度和竖向灰缝宽度不应超过15 mm;当蒸压加气混凝土砌块砌体采用蒸压加气混凝土砌块黏结砂浆时,水平灰缝厚度和竖向灰缝宽度宜为3~4 mm。

检查数量:每检验批抽查不应少于5处。

检查方法:水平灰缝厚度用尺量5皮小砌块的高度折算;竖向灰缝宽度用尺量2 m砌体长度折算。

7. 冬期施工

(1)当室外日平均气温连续5天稳定低于5 ℃时,砌体工程应采取冬期施工措施。

(2)砌体工程冬期施工应有完整的冬期施工方案。

(3)地基土有冻胀性时,应在未冻的地基上砌筑,并防止在施工期间和回填土地基受冻。

(4)拌和砂浆时水的温度不得超过80 ℃,砂的温度不得超过40 ℃。

(5)配筋砌体不得采用掺氯盐的砂浆施工。

8. 子分部工程验收

(1)砌体工程验收前,应提供下列文件和记录:

①设计变更文件;

②施工执行的技术标准;

③原材料出厂合格证书、产品性能检测报告和进场复验报告;

④混凝土及砂浆配合比通知单;

⑤混凝土及砂浆试件抗压强度试验报告单;

⑥砌体工程施工记录;

⑦隐蔽工程验收记录;

⑧分项工程检验批的主控项目、一般项目验收记录;

⑨填充墙砌体植筋锚固力检测记录;

⑩重大技术问题的处理方案和验收记录;

⑪其他必要的文件和记录。

(2)砌体子分部工程验收时,应对砌体工程的观感质量作出总体评价。

(3)当砌体工程质量不符合要求时,应按《建筑工程施工质量统一验收标准》(GB 50300—2013)的有关规定执行。

(4)有裂缝的砌体应按下列情况进行验收:

①对不影响结构安全性的砌体裂缝,应予以验收,对明显影响使用功能和观感质量的裂缝,应进行处理。

②对有可能影响结构安全性的砌体裂缝,应由有资质的检测单位检测鉴定,需返修或加固处理的,待返修或加固处理满足使用要求后进行二次验收。

6.3.9 钢结构工程施工质量验收的具体实施

1. 概述

(1)术语。

①零件。

零件是组成部件或构件的最小单元,如节点板、翼缘板等。

②部件。

部件是由若干零件组成的单元,如焊接 H 型钢、牛腿等。

③构件。

构件是由零件或由零件和部件组成的钢结构基本单元,如梁、柱、支撑等。

④小拼单元。

小拼单元是钢网架结构安装工程中,除散件之外的最小安装单元,一般分为平面桁架和椎体两种类型。

⑤中拼单元。

中拼单元是钢网架结构安装工程中,由散件和小拼单元组成的安装单元,一般分条状和块状两种类型。

⑥高强度螺栓连接副。

高强度螺栓连接副是高强度螺栓和与之配套的螺母、垫圈的总称。

⑦抗滑移系数。

抗滑移系数是高强度螺栓连接中,使连接件摩擦面产生滑动时的外力与垂直于摩擦面的高强度螺栓预拉力之和的比值。

⑧预拼装。

预拼装是为检验构件是否满足安装质量要求而进行的拼装。

⑨空间刚度单元。

空间刚度单元是由构件构成的基本的稳定空间体系。

⑩焊钉(栓钉)焊接。

焊钉(栓钉)焊接是将焊钉(栓钉)一端与板件(或管件)表面接触通电引弧,待接触面熔化后,给焊钉(栓钉)一定压力完成焊接的方法。

⑪环境温度。

环境温度是制作或安装时现场的温度。

(2)基本规定。

①钢结构工程应按下列规定进行施工质量控制:

a.采用的原材料及成品应进行进场验收。凡涉及安全、功能的原材料及成品应按规定进行复验,并应经监理工程师(建设单位技术负责人)见证取样、送样;

b.各工序应按施工技术标准进行质量控制,每道工序完成后,应进行检查;

c.相关各专业工种之间,应进行交接检验,并经监理工程师(建设单位技术负责人)检查认可。

②当钢结构工程施工质量不符合《建筑工程施工质量统一验收标准》(GB 50300—2013)要求时,应按下列规定进行处理:

a.经返工重做或更换构(配)件的检验批,应重新进行验收;

b.经有资质的检测单位检测鉴定能够达到设计要求的检验批,应予以验收;

c.经有资质的检测单位检测鉴定达不到设计要求,但经原设计单位核算认可,能够满足结构安全和使用功能的检验批,可予以验收;

d.轻返修或加固处理的分项、分部工程,虽然改变了外形尺寸,但仍能满足安全使用要求,可按处理技术方案和协商文件进行验收。

2. 原材料及成品进场

(1)钢材。

①主控项目。

a.钢材、钢铸件的品种、规格、性能等应符合现行国家产品标准和设计要求。进口钢材产品的质量应符合设计和合同规定标准的要求。

检查数量:全数检查。

检验方法:检查质量合格证明文件、中文标志及检验报告等。

b.对属于下列情况之一的钢材,应进行抽样复验,其复验结果应符合现行国家产品标准和设计要求。

(a)国外进口钢材;

(b)钢材混批;

(c)板厚大于或等于 40 mm,且设计有 Z 向性能要求的厚板;

(d)建筑结构安全等级为一级,大跨度钢结构中主要受力构件所采用的钢材;

(e)设计有复验要求的钢材;

(f)对质量有疑义的钢材。

检查数量:全数检查。

检验方法:检查复验报告。

②一般项目。

a.钢板厚度及允许偏差应符合其产品标准的要求。

检查数量:每一品种、规格的钢板抽查 5 处。

检验方法:用游标卡尺量测。

b.型钢的规格尺寸及允许偏差符合其产品标准的要求。

检查数量:每一品种、规格的型钢抽查 5 处。

检验方法:用钢尺和游标卡尺量测。

c.钢材的表面外观质量除应符合国家现行有关标准的规定外,尚应符合下列规定:

(a)当钢材的表面有锈蚀、麻点或划痕等缺陷时,其深度不得大于该钢材厚度负允许偏差值的 1/2;

(b)钢材表面的锈蚀等级应符合《涂覆涂料前钢材表面处理 表面清洁度的目视评定 第 1 部分:未涂覆过的钢材表面和全面清除原有涂层后的钢材表面的锈蚀等级和处理等级》(GB/T 8923.1—2011)规定的 C 级及 C 级以上;

(c)钢材端边或断口处不应有分层、夹渣等缺陷。

检查数量:全数检查。

检验方法:观察。

(2)焊接材料。

①主控项目。

a.焊接材料的品种、规格、性能等应符合现行国家产品标准和设计要求。

检查数量:全数检查。

检验方法:检查焊接材料的质量合格证明文件、中文标志及检验报告等。

b.重要钢结构采用的焊接材料应进行抽样复验,复验结果应符合现行国家产品标准和设计要求。

检查数量:全数检查。

检验方法:检查复验报告。

②一般项目。

a.焊钉及焊接瓷环的规格、尺寸及偏差应符合《电弧螺柱焊用圆柱头焊钉》(GB/T 10433—2002)中的规定。

检查数量:按量抽查1%,且不应少于10套。

检验方法:用钢尺和游标卡尺量测。

b.焊条外观不应有药皮脱落、焊芯生锈等缺陷;焊剂不应受潮结块。

检查数量:按量抽查1%,且不应少于10包。

检验方法:观察。

(3)连接用紧固标准件。

①主控项目。

钢结构连接用高强度大六角头螺栓连接副、扭剪型高强度螺栓连接副、钢网架用高强度螺栓、普通螺栓、铆钉、自攻钉、拉铆钉、射钉、锚栓(机械型和化学试剂型)、地脚锚栓等紧固标准件及螺母、垫圈等标准配件,其品种、规格、性能等应符合现行国家产品标准和设计要求。高强度大六角头螺栓连接副和扭剪型高强度螺栓连接副出厂时应分别随箱带有扭矩系数和紧固轴力(预拉力)的检验报告。

检查数量:全数检查。

检验方法:检查产品的质量合格证明文件、中文标志及检验报告等。

②一般项目。

a.高强度螺栓连接副,应按包装箱配套供货,包装箱上应标明批号、规格、数量及生产日期。螺栓、螺母、垫圈外观表面应涂油保护,不应出现生锈和沾染脏物,螺纹不应损伤。

检查数量:按包装箱数抽查5%,且不应少于3箱。

检验方法:观察。

b.对于建筑结构安全等级为一级、跨度40 m及40 m以上的螺栓球节点钢网架结构,其连接高强度螺栓应进行表面硬度试验,对于8.8级的高强度螺栓,其硬度应为HRC21~29;对于10.9级的高强度螺栓,其硬度应为HRC32~36,且不得有裂纹或损伤。

检查数量:按规格抽查8只。

检验方法:硬度计、10倍放大镜或磁粉探伤。

(4)焊接球。

①主控项目。

a.焊接球及制造焊接球所采用的原材料,其品种、规格、性能等应符合现行国家产品标准和设计要求。

检查数量:全数检查。

检验方法:检查产品的质量合格证明文件、中文标志及检验报告等。

b.焊接球焊缝应进行无损检验,其质量应符合设计要求。

检查数量:每一规格按数量抽查5%,且不应少于3个。

检验方法:超声波探伤或检查检验报告。

②一般项目。

焊接球表面应无明显波纹及局部凹凸不平不大于1.5 mm。

检查数量:每一规格按数量抽查5%,且不应少于3个。

检验方法:用弧形套模、卡尺量和观察。

(5)螺栓球。

①主控项目。

a.螺栓球及制造螺栓球节点所采用的原材料,其品种、规格、性能等应符合现行国家产品标准和设计要求。

检查数量:全数检查。

检验方法:检查产品的质量合格证明文件、中文标志及检验报告等。

b.螺栓球不得有过烧、裂纹及褶皱。

检查数量:每种规格抽查5%,且不应少于5只。

检验方法:用10倍放大镜观察和表面探伤。

②一般项目。

螺栓球螺纹尺寸应符合《普通螺纹 基本尺寸》(GB/T 196—2003)中粗牙螺纹的规定,螺纹公差必须符合《普通螺纹 公差》(GB/T 197—2003)中6H级精度的规定。

检查数量:每种规格抽查5%,且不应少于5只。

检验方法:用标准螺纹规检查。

(6)封板、锥头和套筒。

主控项目如下。

①封板、锥头和套筒及制造封板、锥头和套筒所采用的原材料,其品种、规格、性能等应符合现行国家产品标准和设计要求。

检查数量:全数检查。

检验方法:检查产品的质量合格证明文件、中文标志及检验报告等。

②封板、锥头、套筒外观不得有裂纹、过烧及氧化皮。

检查数量:每种抽查5%,且不应少于10只。

检验方法:用放大镜观察和表面探伤。

(7)金属压型板。

①主控项目。

a.金属压型板及制造金属压型板所采用的原材料,其品种、规格、性能等应符合现行国家产品标准和设计要求。

检查数量：全数检查。

检验方法：检查产品的质量合格证明文件、中文标志及检验报告等。

b. 压型金属泛水板、包角板和零配件的品种、规格以及防水密封材料的性能应符合现行国家产品标准和设计要求。

检查数量：全数检查。

检验方法：检查产品的质量合格证明文件、中文标志及检验报告等。

②一般项目。

压型金属板的规格尺寸及允许偏差、表面质量、涂层质量等应符合设计要求和《钢结构工程施工质量验收规范》(GB 50205—2001)的规定。

检查数量：每种规格抽查 5%，且不应少于 3 件。

检验方法：观察，用 10 倍放大镜检查及尺量。

(8)涂装材料。

①主控项目。

a. 钢结构防腐涂料、稀释剂和固化剂等材料的品种、规格、性能等应符合现行国家产品标准和设计要求。

检查数量：全数检查。

检验方法：检查产品的质量合格证明文件、中文标志及检验报告等。

b. 钢结构防火涂料的品种和技术性能应符合设计要求，并应经过具有资质的检测机构检测符合国家现行有关标准的规定。

检查数量：全数检查。

检验方法：检查产品的质量合格证明文件、中文标志及检验报告等。

②一般项目。

防腐涂料和防火涂料的型号、名称、颜色及有效期应与其质量证明文件相符。开启后，不应存在结皮、结块、凝胶等现象。

检查数量：按桶数抽查 5%，且不应少于 3 桶。

检验方法：观察。

(9)其他。

主控项目如下。

①钢结构用橡胶垫的品种、规格、性能等应符合现行国家产品标准和设计要求。

检查数量：全数检查。

检验方法：检查产品的质量合格证明文件、中文标志及检验报告等。

②钢结构工程所涉及的其他特殊材料，其品种、规格、性能等应符合现行国家产品标准和设计要求。

检查数量：全数检查。

检验方法：检查产品的质量合格证明文件、中文标志及检验报告等。

3. 钢结构焊接工程

(1)钢构件焊接工程。

①主控项目。

a.焊条、焊丝、焊剂、电渣焊熔嘴等焊接材料与母材的匹配应符合设计要求及《钢结构焊接规范》(GB 50661—2011)的规定。焊条、焊剂、药芯焊丝、熔嘴等在使用前,应按其产品说明书及焊接工艺文件的规定进行烘焙和存放。

检查数量:全数检查。

检验方法:检查质量证明书和烘焙记录。

b.焊工必须经考试合格并取得合格证书。持证焊工必须在其考试合格项目及其认可范围内施焊。

检查数量:全数检查。

检验方法:检查焊工合格证及其认可范围、有效期。

c.施工单位对其首次采用的钢材、焊接材料、焊接方法、焊后热处理等,应进行焊接工艺评定,并根据评定报告确定焊接工艺。

检查数量:全数检查。

检验方法:检查焊接工艺评定报告。

d.设计要求全焊透的一、二级焊缝应采用超声波探伤进行内部缺陷的检验,超声波探伤不能对缺陷作出判断时,应采用射线探伤,其内部缺陷分级及探伤方法应符合《焊缝无损检测 超声检测 技术、检测等级和评定》(GB/T 11345—2013)或《金属熔化焊焊接接头射线照相》(GB/T 3323—2005)的规定。

焊接球节点网架焊缝、螺栓球节点网架焊缝及圆管 T、K、Y 形节点相关线焊缝,其内部缺陷分级及探伤方法应符合《钢结构超声波探伤及质量分级法》(JG/T 203—2007)、《钢结构焊接规范》(GB 50661—2011)的规定。

一级、二级焊缝的质量等级及缺陷分级应符合表 6-48 的规定。

检查数量:全数检查。

检验方法:检查超声波或射线探伤记录。

表 6-48 一、二级焊缝质量等级及缺陷分级

焊缝质量等级		一级	二级
内部缺陷 超声波探伤	评定等级	Ⅱ	Ⅲ
	检验等级	B 级	B 级
	探伤比例	100%	20%
内部缺陷 射线探伤	评定等级	Ⅱ	Ⅲ
	检验等级	AB 级	AB 级
	探伤比例	100%	20%

注:探伤比例的计数方法应按以下原则确定。

1. 对于工厂制作焊缝,应按每条焊缝计算百分比,且探伤长度应不小于 200 mm,当焊缝长度不足 200 mm 时,应对整条焊缝进行探伤。

2. 对于现场安装焊缝,应按同一类型、同一施焊条件的焊缝条数计算百分比,探伤长度应不小于 200 mm,并应不少于 1 条焊缝。

e.焊缝表面不得有裂纹、焊瘤等缺陷。一级、二级焊缝不得有表面气孔、夹渣、弧坑裂纹、电弧擦伤等缺陷。且一级焊缝不得有咬边、未焊满、根部收缩等缺陷。

检查数量:每批同类构件抽查10%,且不应少于3件;被抽查构件中,每一类型焊缝按条数抽查5%,且不应少于1条;每条检查1处,总抽查数不应少于10处。

检验方法:观察或使用放大镜、焊缝量规和钢尺测量,当存在疑义时,采用渗透或瓷粉探伤。

②一般项目。

a.对于需要进行焊前预热或焊后热处理的焊缝,其预热温度或后热温度应符合国家现行有关标准的规定或通过工艺试验确定。预热区在焊道两侧,每侧宽度均应大于焊件厚度的1.5倍以上,且不应小于100 mm;后热处理应在焊后立即进行,保温时间应根据板厚按每25 mm板厚1 h确定。

检查方法:全数检查。

检验方法:检查预热、后热施工记录和工艺试验报告。

b.焊成凹形的角焊缝,焊缝金属与母材间应平缓过渡;加工成凹形的角焊缝,不得在其表面留下切痕。

检查数量:每批同类构件抽查10%,且不应少于3件。

检验方法:观察。

c.焊缝感观应达到:外形均匀、成型较好,焊道与焊道、焊道与基本金属间过渡较平滑,焊渣和飞溅物基本清除干净。

检查数量:每批同类构件抽查10%,且不应少于3件;被抽查构件中,每种焊缝按数量各抽查5%,总抽查处不应少于5处。

检验方法:观察。

(2)焊钉(栓钉)焊接工程。

①主控项目。

a.施工单位对其采用的焊钉和钢材焊接应进行焊接工艺评定,其结果应符合设计要求和国家现行有关标准的规定。瓷环应按其产品说明书进行烘焙。

检查数量:全数检查。

检验方法:检查焊接工艺评定报告和烘焙记录。

b.焊钉焊接后应进行弯曲试验检查,其焊缝和热影响区不应有肉眼可见的裂纹。

检查数量:每批同类构件抽查10%,且不应少于10件;被抽查构件中,每件检查焊钉数量的1%,但不应少于1个。

检验方法:焊钉弯曲30°后用角尺测量和观察。

②一般项目。

焊钉根部焊脚应均匀,焊脚立面的局部未熔合或不足360°的焊脚应进行修补。

检查数量:按总焊钉数量抽查1%,且不应少于10个。

检验方法:观察。

4.紧固件连接工程

(1)普通紧固件连接。

①主控项目。

a.普通螺栓作为永久性连接螺栓时,当设计有要求或对其质量有疑义时,应进行螺栓实物最小拉力载荷复验,其结果应符合《紧固件机械性能 螺栓、螺钉和螺柱》(GB 3098.1—2010)的规定。

检查数量:每一规格螺栓抽查8个。

检验方法:检查螺栓实物复验报告。

b.连接薄钢板采用的自攻钉、拉铆钉、射钉等,其规格尺寸应与被连接钢板相匹配,其间距、边距等应符合设计要求。

检查数量:按连接节点数抽查1%,且不应少于3个。

检验方法:观察和尺量。

②一般项目。

a.永久性普通螺栓紧固应牢固、可靠,外露丝扣不应少于2扣。

检查数量:按连接节点数抽查10%,且不应少于3个。

检验方法:观察和用小锤敲击。

b.自攻螺钉、钢拉铆钉、射钉等与连接钢板应紧固密贴,外观排列整齐。

检查数量:按连接节点数抽查10%,且不应少于3个。

检验方法:观察或用小锤敲击。

(2)高强度螺栓连接。

①主控项目。

a.高强度大六角头螺栓连接副终拧完成1 h后、48 h内应进行终拧扭矩检查。

检查数量:按节点数抽查10%,且不应少于10个;每个被抽查节点按螺栓数抽查10%,且不应少于2个。

b.扭剪型高强度螺栓连接副终拧后,除因构造原因无法使用专用扳手终拧掉梅花头者外,未在终拧中拧掉梅花头的螺栓数不应大于该节点螺栓数的5%。对所有梅花头未拧掉的扭剪型高强度螺栓连接副应采用扭矩法或转角法进行终拧并作标记,且进行终拧扭矩检查。

检查数量:按节点数抽查10%,但不应少于10个节点,被抽查节点中梅花头未拧掉的扭剪型高强度螺栓连接副全数进行终拧扭矩检查。

②一般项目。

a.高强度螺栓连接副的施拧顺序和初拧、复拧扭矩应符合设计要求和《钢结构高强度螺栓连接技术规程》(JGJ 82—2011)的规定。

检查数量:全数检查资料。

检验方法:检查扭矩扳手标定记录和螺栓施工记录。

b.高强度螺栓连接副终拧后,螺栓丝扣应外露2~3扣,其中允许有10%的螺栓丝扣外露 1 扣或 4 扣。

检查数量:按节点数抽查 5%,且不应少于 10 个。

检验方法:观察。

c.高强度螺栓连接摩擦面应保持干燥、整洁,不应有飞边、毛刺、焊接飞溅物、焊疤、氧化铁皮、污垢等,除设计要求外,摩擦面不应涂漆。

检查数量:全数检查。

检验方法:观察。

d.高强度螺栓应自由穿入螺栓孔。高强度螺栓孔不应采用气割扩孔,扩孔数量应征得设计同意,扩孔后的孔径不应超过 1.2d(d 为螺栓直径)。

检查数量:被扩螺栓孔全数检查。

检验方法:观察及用卡尺检查。

e.螺栓球节点网架总拼完成后,高强度螺栓与球节点应紧固连接,高强度螺栓拧入螺栓球内的螺纹长度不应小于 1.0d(d 为螺栓直径),连接处不应出现有间隙、松动等未拧紧情况。

检查数量:按节点数抽查 5%,且不应少于 10 个。

检验方法:普通扳手及尺量控制。

5.钢零件及钢部件加工工程

(1)切割。

①主控项目。

钢材切割面或剪切面应无裂纹、夹渣、分层和大于 1 mm 的缺棱。

检查数量:全数检查。

检验方法:观察或用放大镜及百分尺检查,有疑义时做渗透、磁粉或超声波探伤检查。

②一般项目。

a.气割的允许偏差应符合表 6-49 的规定。

表 6-49　　　　　　　　　　　气割的允许偏差

项目	允许偏差/mm
零件宽度、长度	±3.0
切割面平面度	0.05t,且不应大于 2.0
割纹深度	0.3
局部缺口深度	1.0

注:t 为切割面厚度,取 1.0 mm。

检查数量:按切割面数抽查 10%,且不应少于 3 个。

检验方法:观察检查或用钢尺、塞尺检查。

b.机械剪切的允许偏差应符合表 6-50 的规定。

表 6-50   **机械剪切的允许偏差**

项目	允许偏差/mm
零件宽度、长度	±3.0
边缘缺棱	1.0
型钢端部垂直度	2.0

检查数量:按切割面数抽查 10%,且不应少于 3 个。

检验方法:观察或用钢尺、塞尺检查。

(2)矫正和成型。

①主控项目。

a. 碳素结构钢在环境温度低于 -16 ℃、低合金结构钢在环境温度低于 -12 ℃时,不应进行冷矫正和冷弯曲。碳素结构钢和低合金结构钢在加热矫正时,加热温度不应超过 900 ℃。低合金结构钢在加热矫正后应自然冷却。

检查数量:全数检查。

检验方法:检查制作工艺报告和施工记录。

b. 当零件采用热加工成型时,加热温度应控制在 900~1000 ℃;碳素结构钢和低合金结构钢在温度分别下降到 700 ℃和 800 ℃之前,应结束加工;低合金结构钢应自然冷却。

检查数量:全数检查。

检验方法:检查制作工艺报告和施工记录。

②一般项目。

矫正后的钢材表面,不应有明显的凹面或损伤,划痕深度不得大于 0.5 mm,且不应大于该钢材厚度负允许偏差的 1/2。

检查数量:全数检查。

检验方法:观察和实测。

(3)边缘加工。

①主控项目。

气割或机械剪切的零件需要进行边缘加工时,其刨削量不应小于 2.0 mm。

检查数量:全数检查。

检验方法:检查工艺报告和施工记录。

②一般项目。

边缘加工允许偏差应符合表 6-51 的规定。

表 6-51   **边缘加工的允许偏差**

项目	允许偏差
零件宽度、长度	$\pm 1.0\ \mu m$
加工边直线度	$l/3000$,且不应大于 $2.0\ \mu m$
相邻两边夹角	$\pm 6'$
加工面垂直度	$0.025t$,且不应大于 $0.5\ \mu m$
加工面表面粗糙度	$50\ \mu m$

注:l 表示长度,下同。

检查数量:按加工面数抽查 10%,且不应少于 3 件。

检验方法:观察和实测。

(4)管、球加工。

①主控项目。

a.螺栓球成型后,不应有裂纹、褶皱、过烧。

检查数量:每种规格抽查 10%,且不应少于 5 个。

检验方法:用 10 倍放大镜观察或表面探伤。

b.钢板压成半圆球后,表面不应有裂纹、褶皱;焊接球其对接坡口应采用机械加工,对接焊缝表面应打磨平整。

检查数量:每种规格抽查 10%,且不应少于 5 个。

检验方法:用 10 倍放大镜观察或表面探伤。

②一般项目。

a.螺栓球加工的允许偏差应符合表 6-52 的规定。

检查数量:每种规格抽查 10%,且不应少于 5 个。

检验方法:见表 6-52。

表 6-52 **螺栓球加工的允许偏差**

项目		允许偏差/mm	检验方法
圆度	$d \leqslant 120$	1.5	用卡尺和游标卡尺检查
	$d > 120$	2.5	
同一轴线上两铣平面平行度	$d \leqslant 120$	0.2	用百分表 V 形块检查
	$d > 120$	0.3	
铣平面距球中心距离		±0.2	用游标卡尺检查
相邻两螺栓孔中心线夹角		±30′	用分度头检查
两铣平面与螺栓孔轴线垂直度		0.005r	用百分表检查
球毛坯直径	$d \leqslant 120$	+2.0 −1.0	用卡尺和游标卡尺检查
	$d > 120$	+3.0 −1.5	

注:d、r 分别为螺栓球的直径、半径,下同。

b.焊接球加工的允许偏差应符合表 6-53 的规定。

检查数量:每种规格抽查 10%,且不应少于 5 个。

检验方法:见表 6-53。

表 6-53 **焊接球加工的允许偏差**

项目	允许偏差/mm	检验方法
直径	±0.005d ±2.5	用卡尺和游标卡尺检查

项目	允许偏差/mm	检验方法
圆度	2.5	用卡尺和游标卡尺检查
壁厚减薄量	0.13t,且不应大于1.5	用卡尺和测厚仪检查
两半球对口错边	1.0	用套模和游标卡尺检查

注:t为厚度,下同。

c.钢网架(桁架)用钢管杆件加工的允许偏差应符合表6-54的规定。

检查数量:每种规格抽查10%,且不应少于5根。

检验方法:见表6-54。

表6-54　　　　　　　　钢网架(桁架)用钢管杆件加工的允许偏差

项目	允许偏差/mm	检验方法
长度	±1.0	用钢尺和百分表检查
端面对管轴的垂直度	0.005r	用百分表V形块检查
管口曲线	1.0	用套模和游标卡尺检查

(5)制孔。

①主控项目。

A、B级螺栓孔(Ⅰ类孔)应具有H12的精度,孔壁表面粗糙度Ra不应大于12.0 μm。其孔径的允许偏差应符合表6-55的规定。

C级螺栓孔(Ⅱ类孔),孔壁表面粗糙度Ra不应大于25 μm,其允许偏差应符合表6-56的规定。

检查数量:按钢构件数量抽查10%,且不应少于3件。

检验方法:用游标卡尺或孔径量规检查。

表6-55　　　　　　　　A、B级螺栓孔径的允许偏差　　　　　　　　(单位:mm)

序号	螺栓公称直径、螺栓孔直径	螺栓公称直径允许偏差	螺栓孔直径允许偏差
1	10～18	0.00 −0.21	+0.18 0.00
2	18～30	0.00 −0.21	+0.21 0.00
3	30～50	0.00 −0.25	+0.25 0.00

表6-56　　　　　　　　C级螺栓孔径的允许偏差

项目	允许偏差/mm
直径	+1.0 0.0
圆度	2.0
垂直度	0.03t,且不应大于2.0

②一般项目。

螺栓孔孔距的允许偏差应符合表 6-57 的规定。

表 6-57 　　　　　　　　　　螺栓孔孔距允许偏差 　　　　　　　　　（单位:mm）

螺栓孔孔距范围	≤500	501~1200	1201~3000	>3000
同一组内任意两孔间距离	±1.0	±1.5	—	—
相邻两组的端孔距离	±1.5	±2.0	±2.5	±3.0

注:1.在节点中连接板与一根杆件相连的所有螺栓孔为一组;

　　2.对接接头在拼接板一侧的螺栓孔为一组;

　　3.在两相邻节点或接头间的螺栓孔为一组,但不包括上述两款所规定的螺栓孔;

　　4.受弯构件翼缘上的连接螺栓孔,每米长度范围内的螺栓孔为一组。

检查数量:按钢构件数量抽查 10%,且不应少于 3 件。

检验方法:用钢尺检查。

6.钢构件组装工程

(1)焊接 H 型钢。

一般项目如下。

焊接 H 型钢的翼缘板拼接缝和腹板拼接缝的间距不应小于 200 mm。翼缘板拼接长度不应小于 2 倍板宽;腹板拼接宽度不应小于 300 mm,长度不应小于 600 mm。

检查数量:全数检查。

检验方法:观察和用钢尺检查。

(2)组装。

①主控项目。

吊车梁和吊车桁架不应下挠。

检查数量:全数检查。

检验方法:构件直立,在两端支承后,用水准仪和钢尺检查。

②一般项目。

a.顶紧接触面应有 75% 以上的面积紧贴。

检查数量:按接触面的数量抽查 10%,且不应少于 10 个。

检验方法:用 0.3 mm 塞尺检查,其塞入面积应小于 25%,边缘间隙不应大于 0.8 mm。

b.桁架结构杆件轴线交点错位的允许偏差不得大于 3.0 mm。

检查数量:按构件数抽查 10%,且不应少于 3 个;每个抽查构件按节点数抽查 10%,且不应少于 3 个节点。

检验方法:尺量。

(3)端部铣平及安装焊缝坡口。

①主控项目。

端部铣平的允许偏差应符合表 6-58 的规定。

表 6-58 端部铣平的允许偏差

项目	允许偏差/mm
两端铣平时构件长度	±2.0
两端铣平时零件长度	±0.5
铣平面的平面度	0.3
铣平面对轴线的垂直度	$l/1500$

检查数量:按铣平面数量抽查 10%,且不应少于 3 个。

检验方法:用钢尺、角尺、塞尺等检查。

②一般项目。

a. 安装焊缝坡口的允许偏差应符合表 6-59 的规定。

表 6-59 安装焊缝坡口的允许偏差

项目	允许偏差
坡口角度	±5°
钝边	±1.0 mm

检查数量:按坡口数量抽查 10%,且不应少于 3 条。

检验方法:用焊缝量规检查。

b. 外露铣平面应防锈保护。

检查数量:全数检查。

检验方法:观察。

(4)钢构件外形尺寸。

主控项目如下。

钢构件外形尺寸主控项目的允许偏差应符合表 6-60 的规定。

表 6-60 钢构件外形尺寸主控项目的允许偏差

项目	允许偏差/mm
单层柱、梁、桁架受力支托(支承面)表面至第一个安装孔距离	±1.0
多节柱铣平面至第一个安装孔距离	±1.0
实腹梁两端最外侧安装孔距离	±3.0
构件连接处的截面几何尺寸	±3.0
柱、梁连接处的腹板中心线偏移	2.0
受压构件(杆件)弯曲矢高	$l/1000$,且不应大于 10.0

检查数量:全数检查。

检验方法:用钢尺检查。

7. 钢构件预拼装工程

主控项目如下。

高强度螺栓和普通螺栓连接的多层板叠,应采用试孔器进行检查,并应符合下列规定:

①当采用比孔公称直径小 1.0 mm 的试孔器检查时,每组孔的通过率不应小于 85%。

②当采用比螺栓公称直径大 0.3 mm 的试孔器检查时,通过率应为 100%。

检查数量:按预拼装单元全数检查。

检验方法:用试孔器检查。

8. 单层钢结构安装工程

(1)基础和支承面。

①主控项目。

a. 建筑物的定位轴线、基础轴线和标高、地脚螺栓的规格及其紧固应符合设计要求。

检查数量:按柱基数抽查 10%,且不应少于 3 个。

检验方法:用经纬仪、水准仪、全站仪和钢尺现场实测。

b. 基础顶面直接作为柱的支承面和基础顶面预埋钢板或支座作为柱的支承面时,其支承面、地脚螺栓(锚栓)位置的允许偏差应符合表 6-61 的规定。

表 6-61 支承面、地脚螺栓(锚栓)位置的允许偏差

项目		允许偏差/mm
支承面	标高	±3.0
	水平度	$l/1000$
地脚螺栓(锚栓)	螺栓中心偏移	5.0
预留孔中心偏移		10.0

检查数量:按柱基数抽查 10%,且不应少于 3 个。

检验方法:用经纬仪、水准仪、全站仪、水平尺和钢尺实测。

c. 采用坐浆垫板时,坐浆垫板的允许偏差应符合表 6-62 的规定。

表 6-62 坐浆垫板的允许偏差

项目	允许偏差/mm
顶面标高	0.0 −3.0
水平度	$l/1000$
位置	20.0

检查数量:资料全数检查。按柱基数抽查 10%,且不应少于 3 个。

检验方法:用水准仪、全站仪、水平尺和钢尺现场实测。

d. 采用杯口基础时,杯口尺寸的允许偏差应符合表 6-63 的规定。

表 6-63   杯口尺寸的允许偏差

项目	允许偏差/mm
底面标高	0.0 −5.0
杯口深度 H	±5.0
杯口垂直度	$H/100$,且不应大于 10.0
位置	10.0

检查数量:按基础数抽查 10%,且不应少于 4 处。

检验方法:观察及尺寸检查。

②一般项目。

地脚螺栓(锚栓)尺寸的允许偏差应符合表 6-64 的规定。地脚螺栓(锚栓)的螺纹应受到保护。

表 6-64   地脚螺栓(锚栓)尺寸的允许偏差

项目	允许偏差/mm
螺栓(锚栓)露出长度	+30.0 0.0
螺纹长度	+30.0 0.0

检查数量:按柱基数抽查 10%,且不应少于 3 个。

检验方法:用钢尺现场实测。

(2)安装和校正。

①主控项目。

a.钢构件应符合设计要求。运输、堆放和吊装等造成的钢构件变形及涂层脱落,应进行矫正和修补。

检查数量:按构件数抽查 10%,且不应少于 3 个。

检验方法:用拉线、钢尺现场实测或观察。

b.设计要求顶紧的节点,接触面不应少于 70% 紧贴,且边缘最大间隙不应大于 0.8 mm。

检查数量:按节点数抽查 10%,且不应少于 3 个。

检验方法:用钢尺及 0.3 mm 和 0.8 mm 厚的塞尺现场实测。

②一般项目。

a.钢柱等主要构件的中心线及标高基准点等标记应齐全。

检查数量:按同类构件数抽查 10%,且不应少于 3 件。

检验方法:观察。

b.当钢桁架(或梁)安装在混凝土柱上时,其支座中心对定位轴线的偏差不应大于 10 mm;当采用大型混凝土屋面板时,钢桁架(或梁)间距的偏差不应大于 10 mm。

检查数量:按同类构件数抽查 10%,且不应少于 3 榀。

检验方法:用拉线和钢尺现场实测。

c.现场焊缝组对间隙的允许偏差应符合表 6-65 的规定。

检查数量:按同类节点数抽查 10%,且不应少于 3 个。

检验方法:尺量。

表 6-65　　　　　　　　　　　　　现场焊缝组对间隙的允许偏差

项目	允许偏差/mm
无垫板间隙	+3.0 0.0
有垫板间隙	+3.0 −2.0

d.钢结构表面应干净,结构主要表面不应有疤痕、泥砂等污垢。

检查数量:按同类构件数抽查 10%,且不应少于 3 件。

检验方法:观察。

9.多层及高层钢结构安装工程

安装和校正如下。

(1)主控项目。

①钢构件应符合设计要求。运输、堆放和吊装等造成的钢构件变形及涂层脱落,应进行矫正和修补。

检查数量:按构件数抽查 10%,且不应少于 3 个。

检验方法:用拉线、钢尺现场实测或观察。

②设计要求顶紧的节点,接触面不应少于 70% 紧贴,且边缘最大间隙不应大于 0.8 mm。

检查数量:按节点数抽查 10%,且不应少于 3 个。

检验方法:用钢尺及 0.3 mm 和 0.8 mm 厚的塞尺现场实测。

(2)一般项目。

①钢结构表面应干净,结构主要表面不应有疤痕、泥砂等污垢。

检查数量:按同类构件数抽查 10%,且不应少于 3 件。

检验方法:观察。

②钢柱等主要构件的中心线及标高基准点等标记应齐全。

检查数量:按同类构件数抽查 10%,且不应少于 3 件。

检验方法:观察。

③当钢构件安装在混凝土柱上时,其支座中心对定位轴线的偏差不应大于 10 mm;当采用大型混凝土屋面板时,钢梁(或桁架)间距的偏差不应大于 10 mm。

检查数量:按同类构件数抽查 10%,且不应少于 3 榀。

检验方法:用拉线和钢尺现场实测。

④多层及高层钢结构中现场焊缝组对间隙的允许偏差应符合表 6-65 的规定。

检查数量:按同类节点数抽查 10％,且不应少于 3 个。

检验方法:尺量。

10. 钢网架结构安装工程

(1)支承面顶板和支承垫块。

主控项目如下。

①钢网架结构支座定位轴线的位置、支座锚栓的规格应符合设计要求。

检查数量:按支座数抽查 10％,且不应少于 4 处。

检验方法:用经纬仪和钢尺实测。

②支承面顶板的位置、标高、水平度以及支座锚栓位置的允许偏差应符合表 6-66 的规定。

表 6-66 支承面顶板、支座锚栓位置的允许偏差

项目		允许偏差/mm
支承面顶板	位置	15.0
	顶面标高	0 −3.0
	顶面水平度	$l/1000$
支座锚栓	中心偏移	±5.0

检查数量:按支座数抽查 10％,且不应少于 4 处。

检验方法:用经纬仪、水准仪、水平尺和钢尺实测。

③支承垫块的种类、规格、摆放位置和朝向,必须符合设计要求和国家现行有关标准的规定。橡胶垫块与刚性垫块之间或不同类型刚性垫块之间不得互换使用。

检查数量:按支座数抽查 10％,且不应少于 4 处。

检验方法:观察和用钢尺实测。

④网架支座锚栓的紧固应符合设计要求。

检查数量:按支座数抽查 10％,且不应少于 4 处。

检验方法:观察。

(2)总拼与安装。

①主控项目。

a.小拼单元的允许偏差应符合表 6-67 的规定。

表 6-67 小拼单元的允许偏差

项目	允许偏差/mm
节点中心偏移	2.0
焊接球节点与钢管中心的偏移	1.0
杆件轴线的弯曲矢高	$L_1/1000$,且不应大于 5.0

项目		允许偏差/mm
锥体型小拼单元	弦杆长度	±2.0
	锥体高度	±2.0
	上弦杆对角线长度	±3.0
平面桁架型小拼单元	跨长 ≤24 m	+3.0 / −7.0
	跨长 >24 m	+5.0 / −10.0
	跨中高度	±3.0
	跨中拱度 设计要求起拱	±L/5000
	跨中拱度 设计未要求起拱	+10.0

注：L_1 为杆件长度，L 为跨长。

检查数量：按单元数抽查 5%，且不应少于 5 个。

检验方法：用钢尺和拉线等辅助量具实测。

b. 中拼单元的允许偏差应符合表 6-68 的规定。

表 6-68　　　　　　　　　　**中拼单元的允许偏差**

项目		允许偏差/mm
单元长度不大于 20 m，拼接长度	单跨	±10.0
	多跨连续	±5.0
单元长度大于 20m，拼接长度	单跨	±20.0
	多跨连续	±10.0

检查数量：全数检查。

检验方法：用钢尺和辅助量具实测。

c. 对于建筑结构安全等级为一级、跨度 40 m 及 40 m 以上的公共建筑钢网架结构，当有设计要求时，应按下列项目进行节点承载力试验，其结果应符合以下规定。

（a）焊接球节点应按设计指定规格的球及其匹配的钢管焊接成试件，进行轴心拉、压承载力试验，其试验破坏荷载值大于或等于 1.6 倍设计承载力为合格。

（b）螺栓球节点应按设计指定规格的球最大螺栓孔螺纹进行抗拉强度保证荷载试验，当达到螺栓的设计承载力时，螺孔、螺纹及封板仍完好无损为合格。

检查数量：每项试验做 3 个试件。

检验方法：在万能试验机上进行检验，检查试验报告。

d. 钢网架结构总拼完成及屋面工程完成后，应分别测量其挠度值，且所测的挠度值不应超过相应设计值的 1.15 倍。

检查数量:对跨度 24 m 及 24 m 以下钢网架结构,测量下弦中央一点;对跨度 24 m 以上钢网架结构,测量下弦中央一点及各向下弦跨度的四等分点。

检验方法:用钢尺和水准仪实测。

②一般项目。

a.钢网架结构安装完成后,其节点及杆件表面应干净,不应有明显的疤痕、泥砂和污垢。螺栓球节点应将所有接缝用油腻子填嵌严密,并将多余螺孔封口。

检查数量:按节点及杆件数抽查 5%,且不应少于 10 个节点。

检验方法:观察。

b.钢网架结构安装完成后,其安装的允许偏差应符合表 6-69 的规定。

检查数量:除杆件弯曲矢高按杆件数抽查 5%外,其余全数检查。

检验方法:见表 6-69。

表 6-69   **钢网架结构安装的允许偏差**

项 目	允许偏差	检验方法
纵向、横向长度	$L/2000$,且不应大于 30.0 $-L/2000$,且不应小于 -30.0	用钢尺实测
支座中心偏移	$L/3000$,且不应大于 30.0	用钢尺和经纬仪实测
周边支承网架相邻支座高差	$L/400$,且不应大于 15.0	用钢尺和水准仪实测
支座最大高差	30.0	
多点支承网架相邻支座高差	$L_1/800$,且不应大于 30.0	

注:1.L 为纵向、横向长度;

  2.L_1 为相邻支座间距。

11.压型金属板工程

(1)压型金属板制作。

①主控项目。

a.压型金属板成型后,其基板不应有裂纹。

检查数量:按计件数抽查 5%,且不应少于 10 件。

检验方法:观察和用 10 倍放大镜检查。

b.有涂层、镀层压型金属板成型后,涂、镀层不应有肉眼可见的裂纹、剥落和擦痕等缺陷。

检查数量:按计件数抽查 5%,且不应少于 10 件。

检验方法:观察。

②一般项目。

a.压型金属板的尺寸允许偏差应符合表 6-70 的规定。

表 6-70　　　　　　　　　　　压型金属板的尺寸允许偏差

项目			允许偏差/mm
波距			±2.0
波高	压型钢板	截面高度不大于 70 mm	±1.5
		截面高度大于 70 mm	±2.0
侧向弯曲	在测量长度 l_1 的范围内		20.0

注：l_1 为测量长度，是指板长扣除两端各 0.5 m 后的实际长度（小于 10 m）或扣除后任选的 10 mm 长度。

检查数量：按计件数抽查 5%，且不应少于 10 件。

检验方法：用拉线和钢尺检查。

b.压型金属板成型后，表面应干净，不得有明显凹凸和皱褶。

检查数量：按计件数抽查 5%，且不应少于 10 件。

检验方法：观察。

c.压型金属板施工现场制作的允许偏差应符合表 6-71 的规定。

表 6-71　　　　　　　　　压型金属板施工现场制作的允许偏差

项目		允许偏差
压型金属板的覆盖宽度	截面高度不大于 70 mm	+10.0 mm，−2.0 mm
	截面高度大于 70 mm	+6.0 mm，−2.0 mm
板长		±9.0 mm
横向剪切偏差		6.0 mm
泛水板、包角板尺寸	板长	±6.0 mm
	折弯面宽度	±3.0 mm
	折弯面夹角	2°

(2)压型金属板安装。

①主控项目。

a.压型金属板、泛水板和包角板等应固定可靠、牢固，防腐涂料涂刷和密封材料敷设应完好，连接件数量、间距应符合设计要求和国家现行有关标准规定。

检查数量：全数检查。

检验方法：观察及尺量。

b.压型金属板应在支承构件上可靠搭接，搭接长度应符合设计要求，且不应小于表 6-72 所规定的数值。

表 6-72   压型金属板在支承构件上的搭接长度

项目		搭接长度/mm
截面高度大于 70 mm		375
截面高度不大于 70 mm	屋面坡度小于 1/10	250
	屋面坡度不小于 1/10	200
墙面		120

检查数量:按搭接部位总长度抽查 10%,且不应少于 10 m。

检验方法:观察和用钢尺检查。

c.组合楼板中压型钢板与主体结构(梁)的锚固支承长度应符合设计要求,且不应小于 50 mm,端部锚固件连接应可靠,设置位置应符合设计要求。

检查数量:沿连接纵向长度抽查 10%,且不应少于 10 m。

检验方法:观察和用钢尺检查。

②一般项目。

a.压型金属板安装应平整、顺直,板面不应有施工残留物和污物。檐口和墙面下端应呈直线,不应有未经处理的错钻孔洞。

检查数量:按面积抽查 10%,且不应少于 10 m²。

检验方法:观察。

b.压型金属板安装的允许偏差应符合表 6-73 的规定。

表 6-73   压型金属板安装的允许偏差   (单位:mm)

项目		允许偏差
屋面	檐口与屋脊的平行度	12.0
	压型金属板波纹线对屋脊的垂直度	$L/800$,且不应大于 25.0
	檐口相邻两块压型金属板端部错位	6.0
	压型金属板卷边板件最大波浪高	4.0
墙面	墙板波纹线的垂直度	$H/800$,且不应大于 25.0
	墙板包角板的垂直度	$H/800$,且不应大于 25.0
	相邻两块压型金属板的下端错位	6.0

注:1. L 为屋面半坡或单坡长度;

2. H 为墙面高度。

检查数量:檐口与屋脊的平行度,按长度抽查 10%,且不应少于 10 m。其他项目,每 20 m 长度应抽查 1 处,不应少于 2 处。

检验方法:用拉线、吊线和钢尺检查。

12. 钢结构涂装工程

(1)钢结构防腐涂料涂装。

①主控项目。

a.涂装前钢材表面除锈应符合设计要求和国家现行有关标准的规定。处理后的钢材表面不应有焊渣、焊疤、灰尘、油污、水和毛刺等。

检查数量:按构件数抽查10%,且同类构件不应少于3件。

检验方法:用铲刀检查和用《涂覆涂料前钢材表面处理 表面清洁度的目视评定第1部分:未涂覆过的钢材表面和全面清除原有涂层后的钢材表面的锈蚀等级和处理等级》(GB/T 8923.1—2011)规定的图片对照观察检查。

b.涂料、涂装遍数、涂层厚度均应符合设计要求。

检查数量:按构件数抽查10%,且同类构件不应少于3件。

检验方法:用干漆膜测厚仪检查。每个构件检测5处,每处的数值为3个相距50 mm测点涂层干漆膜厚度的平均值。

②一般项目。

a.构件表面不应误涂、漏涂,涂层不应脱皮和返锈等。涂层应均匀、无明显皱皮、流坠、针眼和气泡等。

检查数量:全数检查。

检验方法:观察。

b.当钢结构处在有腐蚀介质环境或外露且设计有要求时,应进行涂层附着力测试,在检测处范围内,当涂层完整程度达到70%以上时,涂层附着力达到合格质量标准的要求。

检查数量:按构件数抽查1%,且不应少于3件,每件测3处。

检验方法:按照《漆膜附着力测定法》(GB 1720—1979)或《色漆和清漆 漆膜的划格试验》(GB/T 9286—1998)的规定执行。

c.涂装完成后,构件的标志、标记和编号应清晰、完整。

检查数量:全数检查。

检验方法:观察。

(2)钢结构防火涂料涂装。

①主控项目。

a.涂装前钢材表面除锈及防绣底漆涂装应符合设计要求和国家现行有关标准的规定。

检查数量:按构件数量抽查10%,且同类构件不应少于3件。

检验方法:表面除绣用铲刀检查和用《涂覆涂料前钢材表面处理 表面清洁度的目视评定 第1部分:未涂覆过的钢材表面和全面清除原有涂层后的钢材表面的锈蚀等级和处理等级》(GB/T 8923.1—2011)规定的图片对照观察、检查。底漆涂料用干漆膜测厚仪检查,每个构件检查5处,每处的数值为3个相距50 mm测点涂层干漆膜厚度的平均值。

b.钢结构防火涂料的黏结强度、抗压强度应符合《钢结构防火涂料应用技术规程》(CECS 24:1990)的规定。检查方法应符合《建筑构件耐火试验方法 第1部分:通用要求》(GB 9978.1—2008)的规定。

检验数量:每使用100 t或不足100 t薄涂型防火涂料应抽检一次黏结强度;每使用500 t或不足500 t厚涂型防火涂料应抽检一次黏结强度和抗压强度。

检验方法:检查复验报告。

c.薄涂型防火涂料的涂层厚度应符合有关耐火极限的设计要求。厚涂型防火涂料涂层的厚度,80%及80%以上面积应符合有关耐火极限的设计要求,且最薄处厚度不应低于设计要求的85%。

检查数量:按同类构件数抽查10%,且均不应少于3件。

检验方法:用涂层厚度测量仪、测针和钢尺检查。

d.薄涂型防火涂料涂层表面裂纹宽度不应大于0.5 mm;厚涂型防火涂料涂层表面裂纹宽度不应大于1 mm。

检查数量:按同类构件数抽查10%,且均不应少于3件。

检验方法:观察和用尺量。

②一般项目。

a.防火涂料涂装基层不应有油污、灰尘和泥砂等污垢。

检查数量:全数检查。

检验方法:观察。

b.防火涂料不应有误涂、漏涂,涂层应闭合无脱层、空鼓、明显凹陷、粉化松散和浮浆等外观缺陷,乳突已剔除。

检查数量:全数检查。

检验方法:观察。

13.钢结构分部分项竣工验收

(1)钢结构分部工程合格质量标准应符合下列规定:

①各分项工程质量均应符合合格质量标准;

②质量控制资料和文件应完整;

③有关安全及功能的检验和见证检测结果应符合相应合格质量标准的要求;

④有关观感质量应符合相应合格质量标准的要求。

(2)钢结构分部工程竣工验收时,应提供下列文件和记录:

①钢结构工程竣工图纸及相关设计文件;

②施工现场质量管理检查记录;

③有关安全及功能的检验和见证检测项目检查记录;

④有关观感质量检验项目检查记录;

⑤分部工程所含各分项工程质量验收记录;

⑥分项工程所含各检验批质量验收记录;

⑦强制性条文检验项目检查记录及证明文件;

⑧隐蔽工程检验项目检查验收记录;

⑨原材料、成品质量合格证明文件、中文标志及性能检测报告;

⑩不合格项的处理记录及验收记录;

⑪重大质量、技术问题实施方案及验收记录;

⑫其他有关文件和记录。

6.3.10   木结构工程施工质量验收的具体实施

1. 术语

(1)方木、原木结构。

方木、原木结构是承重构件由方木(含板材)或原木制作的结构。

(2)齿连接。

齿连接是在木构件上开凿齿槽并与另一木构件抵承,利用其承压和抗剪能力传递构件间作用力的一种连接形式。

(3)胶合木结构。

胶合木结构是承重构件由层板胶合木制作的结构。

(4)层板胶合木。

层板胶合木是以木板层叠胶合而成的木材产品,简称胶合木,也称结构用集成材。按层板,其分为普通层板胶合木、目测分等层板胶合木和机械分等层板胶合木。

(5)指接。

指接是木材接长的一种连接形式,是将两块木板端头用铣刀切削成相互啮合的指形序列,涂胶加压成为长板。

(6)规格材。

规格材是由原木锯解成截面宽度和高度在一定范围内,尺寸系列化的锯材,并经干燥、刨光、定级和标识后的一种木产品。

(7)轻型木结构。

轻型木结构是主要由规格材和木基结构板,通过钉连接制作的剪力墙与横隔(楼盖、屋盖)所构成的木结构,多用于1~3层房屋。

(8)墙骨。

墙骨是轻型木结构墙体中的竖向构件,是主要的受压构件,并保证覆面板平面外的稳定和整体性。

(9)搁栅。

搁栅是一种较小截面尺寸的受弯木构件(包括工字形木搁栅),用于楼盖或顶棚,分别称为楼盖搁栅或顶棚搁栅。

(10)木基结构板材。

木基结构板材是将原木旋切成单板或将木材切削成木片经胶合热压制成的承重板材,包括结构胶合板和定向木片板,可用于轻型木结构的墙面、楼面和屋面的覆盖板。

(11)结构复合木材。

结构复合木材是将原木旋切成单板或切削成木片,施胶加压而成的一类木基结构用材,包括旋切板胶合木、平行木片胶合木、层叠木片胶合木及定向木片胶合木等。

(12)工字形木搁栅。

工字形木搁栅是用锯材或结构复合木材做翼缘、定向木片板或结构胶合板做腹板制作的工字形截面受弯构件。

(13)齿板。

齿板是用镀锌钢板冲压成多齿的连接件,能传递构件间的拉力和剪力,主要用于由规格材制作的木桁架节点的连接。

(14)防腐剂。

防腐剂是能毒杀木腐菌、昆虫、凿船虫以及其他侵害木材生物的化学药剂。

(15)载药量。

载药量是木构件经防腐剂加压处理后,能长期保持在木材内部的防腐剂量,按每立方米的千克数计算。

(16)透入度。

透入度是木构件经防护剂加压处理后,防腐剂透入木构件按毫米计的深度或占边材的百分率。

2. 方木和原木结构

(1)主控项目。

①方木、原木结构的形式、结构布置和构件尺寸,应符合设计文件的规定。

检查数量:全数检查。

检验方法:实物与施工设计图对照、丈量。

②结构用木材应符合设计文件的规定,并具有产品质量合格证书。

检查数量:全数检查。

检验方法:实物与设计文件对照,检查质量合格证书、标识。

③方木、原木及板材的材质等级不应低于表 6-74 的规定,不得采用普通商品材的等级标准替代。

表 6-74　　　　方木、原木及板材的材质等级

项次	构件名称	材质等级
1	受拉或拉弯构件	I_a
2	受弯或压弯构件	II_a
3	受压构件及次要受弯构件(如吊顶小龙骨)	III_a

检查数量:全数检查。

④各类构件制作时及构件进场时木材的平均含水率,应符合下列规定:

a.原木或方木不应大于 25%。

b.板材及规格材不应大于 20%。

c.受拉构件的连接板不应大于 18%。

d.处于通风条件不畅环境下的木构件的木材,不应大于 20%。

检查数量:每一检验批每一树种每一规格等级木材随机抽取 5 根。

⑤钉连接、螺栓连接节点的连接件(钉、螺栓)的规格、数量,应符合设计文件的规定。

检查数量:全数检查。

检验方法:目测、丈量。

(2)一般项目。

①木构件受压接头的位置应符合设计文件的规定,并采用承压面垂直于构件轴线的双盖板连接(平接头),两侧盖板厚度均不应小于对接构件宽度的 50%,高度应与对接构件高度一致。承压面应锯平并彼此顶紧,局部缝隙不应超过 1 mm。螺栓直径、数量、排列应符合设计文件的规定。

检查数量:全数检查。

检验方法:目测、丈量,检查交接检验报告。

②屋盖结构支撑系统的完整性应符合设计文件规定。

检查数量:全数检查。

检查方法:对照设计文件、丈量实物,检查交接检验报告。

3. 胶合木结构

(1)主控项目。

①胶合木结构的结构形式、结构布置和构件截面尺寸,应符合设计文件的规定。

检查数量:全数检查。

检验方法:实物与设计文件对照、丈量。

②结构用层板胶合木的类别、强度等级和组坯方式,应符合设计文件的规定,并应有产品质量合格证书和产品标识,同时应有满足产品标准规定的胶缝完整性检验和层板指接强度检验合格证书。

检查数量:全数检查。

检验方法:实物与证明文件对照。

③各连接节点的连接件类别、规格和数量应符合设计文件的规定。桁架端节点齿连接胶合木端部的受剪面及螺栓连接中的螺栓位置,不应与漏胶胶缝重合。

检查数量:全数检查。

检验方法:目测、丈量。

(2)一般项目。

①胶合木结构的外观质量应符合规定,对于外观要求为 C 级的胶合木构件截面,其尺寸允许偏差和层板错位应符合表 6-75 的要求。

表 6-75　　　　　　　　　外观要求为 C 级的胶合木构件截面的允许偏差　　　　　　(单位:mm)

截面的高度或宽度	截面高度或宽度的允许偏差	错位的最大值
(h 或 b)<100	±2	4
100≤(h 或 b)<300	±3	5
(h 或 b)≥300	±6	6

②金属节点构造、用料规格及焊缝质量应符合设计文件的规定。除设计文件另有规定外,与其相连的各构件轴线应相交于金属节点的合力作用点,与各构件相连的连接类型应符合设计文件的规定。

检查数量:全数检查。

检验方法:目测、丈量。

4. 轻型木结构

(1)主控项目。

①轻型木结构的承重墙(包括剪力墙)、柱、楼盖、屋盖布置、抗倾覆措施及屋盖抗掀起措施等,应符合设计文件的规定。

检查数量:全数检查。

检验方法:实物与设计文件对照。

②进场规格材应有产品质量合格证书和产品标识。

检查数量:全数检查。

检验方法:实物与证书对照。

③轻型木结构各类构件所用规格材的树种、材质等级和规格,以及覆面板的种类和规格,应符合设计文件的规定。

检查数量:全数检查。

检验方法:实物与设计文件对照,检查交接报告。

④规格材的平均含水率不应大于20%。

检查数量:每一检验批每一树种每一规格等级规格材随机抽取5根。

⑤金属连接件应冲压成型,并应具有产品质量合格证书和材质合格保证。镀锌防锈层厚度不应小于275 g/m²。

检查数量:全数检查。

检验方法:实物与产品质量合格证书对照检查。

⑥轻型木结构各类构件间连接的金属连接件的规格、钉连接的用钉规格与数量,应符合设计文件的规定。

检查数量:全数检查。

检验方法:目测、丈量。

(2)一般项目。

轻型木结构的保温措施和隔汽层的设置等,应符合设计文件的规定。

检查数量:全数检查。

检验方法:对照设计文件检查。

5. 木结构的防护

(1)一般规定。

①木结构的防护包括木结构的防腐、防虫和防火。

②阻燃剂、防火涂料以及防腐、防虫等药剂,不得危及人畜安全,不得污染环境。

（2）主控项目。

①所使用的防腐、防虫药剂及防火涂料和阻燃剂应符合设计文件表明的木构件（包括胶合木构件等）使用环境类别和耐火等级，且有质量合格证书的证明文件。

检查数量：全数检查。

检验方法：实物对照、检查检验报告。

②经化学药剂防腐处理后进场的每批次木构件都应进行透入度见证检验。

检查数量：每检验批随机抽取 5～10 根构件，均匀地钻取 20 个（油性药剂）或 48 个（水性药剂）芯样。

检验方法：见《木结构试验方法标准》（GB/T 50329—2012）。

③木结构中外露钢构件及未作镀锌处理的金属连接件，应按设计文件的规定采取防锈蚀措施。

检查数量：全数检查。

检验方法：实物与设计文件对照。

（3）一般项目。

①经防护处理的木构件，其防护层有损伤或因局部加工而造成防护层缺损时，应进行修补。

检查数量：全数检查。

检验方法：根据设计文件与实物对照检查，检查交接报告。

②木结构外墙的防护构造措施应符合设计文件的规定。

检查数量：全数检查。

检验方法：根据设计文件与实物对照检查，检查交接报告。

6. 木结构子分部工程验收

（1）木结构子分部工程质量验收的程序和组合，应符合《建筑工程施工质量验收统一标准》（GB 50300—2013）的有关规定。

（2）检验批及木结构分项工程质量合格，应符合下列规定：

①检验批主控项目检验结果应全部合格。

②检验批一般项目检验结果应有 80% 以上的检查点合格，且最大偏差不应超过允许偏差的 1.2 倍。

③木结构分项工程所含检验批检验结果均应合格，且有各检验批质量验收的完整记录。

（3）木结构子分部工程质量验收应符合下列规定：

①子分部工程所含分项工程的质量验收均应合格。

②子分部工程所含分项工程的质量资料和验收记录应完整。

③安全功能检测项目的资料应完整，抽检的项目均应合格。

④外观质量验收应符合《建筑工程施工质量验收统一标准》（GB 50300—2013）规定。

（4）木结构工程施工质量不合格时，应按《建筑工程施工质量验收统一标准》（GB 50300—2013）的有关规定进行处理。

6.4 防水工程的施工质量验收

6.4.1 地下防水工程的施工质量验收内容

(1)地下防水工程施工质量应按工序或分项进行验收,构成分项工程的各检验批应符合《地下防水工程质量验收规范》(GB 50208—2011)中有关标准。

(2)地下防水工程验收的文件和记录。

①防水设计:设计图纸及会审记录、设计变更通知单和材料代用核定单。

②施工方案:施工方法、技术措施、质量保证措施。

③技术交底:施工操作要求及注意事项。

④材料质量证明文件:出厂合格证、产品质量检验报告和试验报告。

⑤中间检查记录:分项工程质量验收记录、隐蔽工程检查验收记录、施工检验记录。

⑥施工日志:逐日施工情况。

⑦混凝土、砂浆:试配及施工配合比,混凝土抗压、抗渗试验报告。

⑧施工单位资质证明:资质复印证件。

⑨工程检验记录:抽样质量检验及观察检查。

⑩其他技术资料:事故处理报告、技术总结。

(3)地下防水隐蔽工程验收记录的主要内容。

①卷材、涂料防水层的基层;

②防水混凝土结构和防水层被掩盖的部位;

③变形缝、施工缝等防水构造的做法;

④管道设备穿过防水层的封固部位;

⑤渗排水层、盲沟和坑槽;

⑥砌衬前围岩渗漏水的处理;

⑦基坑的超挖和回填。

6.4.2 屋面防水工程的施工质量验收内容

(1)屋面工程施工时,应建立各道工序的自检、交接检和专职人员检查的"三检"制度,并有完整的检查记录。每道工序完成后,应经监理单位(或建设单位)检查验收,合格后方可进行下道工序的施工。

(2)屋面防水工程验收的文件和记录。

①设计图纸及会审记录、设计变更通知单和材料代用核定单。

②施工方案:施工方法、技术措施、质量保证措施。

③技术交底:施工操作要求及注意事项。

④材料质量证明文件:出厂合格证、质量检验报告和试验报告。

　　⑤分项工程质量验收记录、隐蔽工程检查验收记录、施工检验记录、淋水或蓄水检验记录。

　　⑥施工日志:逐日施工情况。

　　⑦工程检验记录:抽样质量检验及观察检查。

　　⑧其他技术资料:事故处理报告、技术总结。

　　(3)屋面防水工程隐蔽验收记录的主要内容。

　　①卷材、涂膜防水层的基层;

　　②密封防水处理部位;

　　③天沟、檐沟、泛水和变形缝等细部做法;

　　④卷材、涂膜防水层的搭接宽度和附加层;

　　⑤刚性保护层与卷材、涂膜防水层之间设置的隔离层。

6.4.3　室内防水工程的施工质量验收内容

　　(1)室内防水工程验收的文件和记录。

　　①设计图纸及会审记录、设计变更通知单和材料代用核定单。

　　②施工方案:施工方法、技术措施、质量保证措施。

　　③技术交底:施工操作要求及注意事项。

　　④材料质量证明文件:出厂合格证、质量检验报告和试验报告。

　　⑤分项工程质量验收记录、隐蔽工程检查验收记录、施工检验记录、蓄水检验记录。

　　⑥施工日志。

　　⑦工程检验记录:抽样质量检验及观察检查。

　　⑧其他技术资料:事故处理报告、技术总结。

　　(2)室内防水隐蔽工程验收记录的主要内容。

　　①卷材、涂料、涂膜等防水层的基层;

　　②密封防水处理部位;

　　③管道、地漏等细部做法;

　　④卷材、涂膜等防水层的搭接宽度和附加层;

　　⑤刚柔防水各层次之间的搭接情况;

　　⑥涂料涂层厚度、涂膜厚度、卷材厚度。

6.4.4　屋面工程施工质量验收的具体实施

1.概述

　　(1)术语。

　　①隔汽层。

　　隔汽层是防止室内水蒸气渗透到保温层内的构造层。

　　②保温层。

保温层是减少屋面热交换作用的构造层。

③防水层。

防水层是能够隔绝水而不使水向建筑物内部渗透的构造层。

④隔离层。

隔离层是消除相邻两种材料之间黏结力、机械咬合力、化学反应等不利影响的构造层。

⑤保护层。

保护层是对防水层或保温层起防护作用的构造层。

⑥隔热层。

隔热层是减少太阳辐射热向室内传递的构造层。

⑦复合防水层。

复合防水层是由彼此相容的卷材和涂料组合而成的防水层。

⑧附加层。

附加层是在易渗漏及易破损部位设置的卷材或涂膜加强层。

⑨瓦面。

瓦面是在屋顶最外面铺盖块瓦或沥青瓦,具有防水和装饰功能的构造层。

⑩板面。

板面是在屋顶最外面铺盖金属板或玻璃板,具有防水和装饰功能的构造层。

⑪防水垫层。

防水垫层是设置在瓦材或金属板材下面,起防水、防潮作用的构造层。

(2)基本规定。

①屋面工程应根据建筑物的性质、重要程度、使用功能要求,按不同屋面防水等级进行设防。屋面防水等级和设防要求应符合《屋面工程技术规范》(GB 50345—2012)的有关规定。

②施工单位应取得建筑防水和保温工程相应等级的资质证书,作业人员应持证上岗。

③屋面工程各子分部工程和分项工程的划分,应符合表 6-76 的要求。

表 6-76   **屋面工程各子分部工程和分项工程的划分**

分部工程	子分部工程	分项工程
屋面工程	基层与保护	找坡层、找平层、隔汽层、隔离层、保护层
	保温与隔热	板状材料保温层、纤维材料保温层、喷涂硬泡聚氨酯保温层、现浇泡沫混凝土保温层、种植隔热层、架空隔热层、蓄水隔热层
	防水与密封	卷材防水层、涂膜防水层、复合防水层、接缝密封防水
	瓦面与板面	烧结瓦和混凝土瓦铺装、沥青瓦铺装、金属板铺装、玻璃采光顶铺装
	细部构造	檐口、檐沟和天沟、女儿墙和山墙、水落口、变形缝、伸出屋面管道、屋面出入口、反梁过水孔、设施基座、屋脊、屋顶窗

④屋面工程各分项工程宜按屋面面积每 500～1000 m² 为 1 个检验批,不足 500 m² 应按 1 个检验批计。

2.基层与保护工程

(1)找坡层与找平层。

①主控项目。

a.找坡层与找平层所用材料的质量及配合比,应符合设计要求。

检验方法:检查出厂合格证、质量检验报告和计量措施。

b.找坡层与找平层的排水坡度,应符合设计要求。

检验方法:用坡度尺检查。

②一般项目。

a.找平层应抹平、压光,不得有酥松、起砂、起皮现象。

检验方法:观察。

b.卷材防水层的基层与突出屋面结构的交接处,以及基层的转角处,找平层应做成圆弧形,且应整齐平顺。

检验方法:观察。

c.找平层分格缝的宽度和间距,均应符合设计要求。

检验方法:观察和尺量。

d.找坡层表面平整度的允许偏差为 7 mm,找平层表面平整度的允许偏差为 5 mm。

检验方法:用 2 m 靠尺和塞尺检查。

(2)隔汽层。

①主控项目。

a.隔汽层所用材料的质量,应符合设计要求。

检验方法:检查出厂合格证、质量检验报告和进场检验报告。

b.隔汽层不得有破损现象。

检验方法:观察。

②一般项目。

a.卷材隔汽层应铺设平整,卷材搭接缝应黏结牢固,密封应严密,不得有扭曲、皱折和气泡等缺陷。

检验方法:观察。

b.涂膜隔汽层应黏结牢固,表面平整,涂布均匀,不得有堆积、气泡和露底等缺陷。

c.当倒置式屋面保护层采用卵石铺压时,卵石应分布均匀,卵石的质(重)量应符合设计要求。

检验方法:观察。

(3)隔离层。

①主控项目。

a.隔离层所用材料的质量及配合比,应符合设计要求。

检验方法:检查出厂合格证和计量措施。

b.隔离层不得有破损和漏铺现象。

检验方法:观察。

②一般项目。

a.塑料膜、土工布、卷材应铺设平整,其搭接宽度不应小于 50 mm,不得有皱折。

检验方法:观察和尺量。

b.低强度等级砂浆表面应压实、平整,不得有起壳、起砂现象。

检验方法:观察。

(4)保护层。

①主控项目。

a.保护层所用材料的质量及配合比,应符合设计要求。

检验方法:检查出厂合格证、质量检验报告和计量措施。

b.块体材料、水泥砂浆或细石混凝土保护层的强度等级,应符合设计要求。

检验方法:检查块体材料、水泥砂浆或混凝土抗压强度试验报告。

c.保护层的排水坡度,应符合设计要求。

检验方法:坡度尺检查。

②一般项目。

a.块体材料保护层表面应干净,接缝应平整,周边应顺直,镶嵌应正确,应无空鼓现象。

检查方法:小锤轻击和观察。

b.水泥砂浆、细石混凝土保护层不得有裂纹、脱皮、麻面和起砂现象。

检验方法:观察。

c.浅色涂料应与防水层黏结牢固,厚薄应均匀,不得漏涂。

检验方法:观察。

3.保温与隔热工程

(1)板状材料保温层。

①主控项目。

a.板状材料的质量,应符合设计要求。

检验方法:检查出厂合格证、质量检验报告和进场检验报告。

b.板状材料保温层的厚度应符合设计要求,其正偏差应不限,负偏差应为 5%,且不得大于 4 mm。

检验方法:钢针插入和尺量检查。

c.屋面热桥部位处理应符合设计要求。

检验方法:观察。

②一般项目。

a.板状材料铺设应紧贴基层,应铺平垫稳,拼缝应严密,粘贴应牢固。

检验方法:观察。

b.固定件的规格、数量和位置均应符合设计要求,垫片应与保温层表面平齐。

检验方法:观察。

c.板状材料保温层表面平整度的允许偏差为 3 mm。

检验方法:用 2 mm 靠尺和塞尺检查。

d.板状材料保温层接缝高低差的允许偏差为 2 mm。

检验方法:用直尺和塞尺检查。

(2)纤维材料保温层。

①主控项目。

a.纤维保温材料的质量应符合设计要求。

检验方法:检查出厂合格证、质量检验报告和进场检验报告。

b.纤维材料保温层的厚度应符合设计要求,其正偏差应不限,负偏差应为 4% 且不得大于 30 mm。

检验方法:钢针插入和尺量检查。

c.屋面热桥部位处理应符合设计要求。

检验方法:观察。

②一般项目。

a.纤维保温材料铺设应紧贴基层,拼缝应严密,表面应平整。

检验方法:观察。

b.固定件的规格、数量和位置应符合设计要求,垫片应与保温层表面齐平。

检验方法:观察。

c.装配式骨架和水泥纤维板应铺钉牢固,表面应平整;龙骨间距和板材厚度应符合设计要求。

检验方法:观察和尺量。

(3)喷涂硬泡聚氨酯保温层。

①主控项目。

a.喷涂硬泡聚氨酯所用原材料的质量及配合比应符合设计要求。

检验方法:检查原材料出厂合格证、质量检验报告和计量措施。

b.喷涂硬泡聚氨酯保温层的厚度应符合设计要求,其正偏差应不限,不得有负偏差。

检验方法:用钢针插入和尺量。

c.屋面热桥部位处理应符合设计要求。

检验方法:观察。

②一般项目。

a.喷涂硬泡聚氨酯应分遍喷涂,黏结应牢固,表面应平整,找坡应正确。

检验方法:观察。

b.喷涂硬泡聚氨酯保温层表面平整度的允许偏差为 5 mm。

检验方法:用 2 m 靠尺和塞尺检查。

(4)现浇泡沫混凝土保温层。

①主控项目。

a.现浇泡沫混凝土所用原材料的质量及配合比应符合设计要求。

检验方法:检查原材料出厂合格证、质量检验报告和计量措施。

b.现浇泡沫混凝土保温层的厚度应符合设计要求,其正负偏差应为5%,且不得大于5 mm。

检验方法:用钢针插入和尺量。

c.屋面热桥部位处理应符合设计要求。

检验方法:观察。

②一般项目。

a.现浇泡沫混凝土应分层施工,黏结应牢固,表面应平整,找坡应正确。

检验方法:观察。

b.现浇泡沫混凝土不得有贯通性裂缝,以及酥松、起砂、起皮现象。

检验方法:观察。

c.现浇泡沫混凝土保温层表面平整度的允许偏差为5 mm。

检验方法:用2 m靠尺和塞尺检查。

(5)种植隔热层。

①主控项目。

a.种植隔热层所用材料的质量应符合设计要求。

检验方法:检查出厂合格证和质量检验报告。

b.排水层应与排水系统连通。

检验方法:观察。

c.挡墙或挡板泄水孔的留设应符合设计要求,并不得堵塞。

检验方法:观察和尺量检查。

②一般项目。

a.陶粒应铺设平整、均匀,厚度应符合设计要求。

检验方法:观察和尺量。

b.排水板应铺设平整,接缝方法应符合国家现行有关标准的规定。

检验方法:观察和尺量。

c.过滤层土工布应铺设平整、接缝严密,其搭接宽度的允许偏差为-10 mm。

检验方法:观察和尺量。

d.种植土应铺设平整、均匀,其厚度的允许偏差为±5%,且不得大于30 mm。

检验方法:尺量。

(6)隔热架空层。

①主控项目。

a.架空隔热制品的质量应符合设计要求。

检验方法:检查材料或构件合格证和质量检验报告。

b.架空隔热制品的铺设应平整、稳固,缝隙勾填应密实。

检验方法:观察。

②一般项目。

a.架空隔热制品距山墙或女儿墙不得小于 250 mm。

检验方法:观察和尺量。

b.架空隔热层的高度和通风屋脊、变形缝做法,应符合设计要求。

检验方法:观察和尺量。

c.架空隔热制品接缝高低差的允许偏差为 3 mm。

检验方法:观察和尺量。

(7)蓄水隔热层。

①主控项目。

a.防水混凝土所用的质量和配合比应符合设计要求。

检验方法:检查出厂合格证、质量检验报告、进场试验报告和计量措施。

b.防水混凝土的抗压强度和抗渗性能应符合设计要求。

检验方法:检查混凝土抗压和抗渗试验报告。

c.蓄水池不得有渗漏现象。

检验方法:蓄水至规定高度观察。

②一般项目。

a.防水混凝土表面应密实、平整,不得有蜂窝、麻面、露筋等缺陷。

检验方法:观察。

b.防水混凝土表面的裂缝宽度不应大于 0.2 mm,并不得贯通。

检验方法:用刻度放大镜检查。

c.蓄水池上所留设的溢水口、过水孔、排水管、溢水管等,其位置、标高和尺寸均应符合设计要求。

检验方法:观察和尺量。

4. 防水和密封工程

(1)卷材防水层。

①主控项目。

a.防水卷材及其配套材料的质量应符合设计要求。

检验方法:检查出厂合格证、质量检验报告和进场检验报告。

b.卷材防水层不得有渗漏或积水现象。

检验方法:雨后观察或淋水、蓄水试验。

c.卷材防水层在檐口、檐沟、天沟、水落口、泛水、变形缝和伸出屋面管道的防水构造,应符合设计要求。

检验方法:观察。

②一般项目。

a.卷材的搭接缝应黏结或焊接牢固,密封应严密,不得扭曲、皱折和翘边。

检验方法:观察。

b.卷材防水层的收头应与基层黏结,钉压应牢固,密封应严密。

检验方法：观察。

c. 卷材防水层的铺贴方向应正确，卷材搭接宽度的允许偏差为－10 mm。

检验方法：观察和尺量。

d. 屋面排汽构造的排汽道应纵横贯通，不得堵塞；排汽管应安装牢固，位置应正确，封闭应严密。

检验方法：观察。

（2）涂膜防水层。

①主控项目。

a. 防水涂料和胎体增强材料的质量应符合设计要求。

检验方法：检查出厂合格证、质量检验报告和进场检验报告。

b. 涂膜防水层不得有渗漏和积水现象。

检验方法：雨后观察或淋水、蓄水试验。

c. 涂膜防水层在檐口、檐沟、天沟、水落口、泛水、变形缝和伸出屋面管道的防水构造，应符合设计要求。

检验方法：观察。

d. 涂膜防水层的平均厚度应符合设计要求，且最小厚度不得小于设计厚度的80％。

检验方法：针测法或取样量测。

②一般项目。

a. 涂膜防水层与基层应黏结牢固，表面应平整，涂布应均匀，不得有流淌、皱折、起泡和露胎体等缺陷。

检验方法：观察。

b. 涂膜防水层的收头应用防水涂料多遍涂刷。

检验方法：观察。

c. 铺贴胎体增强材料应平整、顺直，搭接尺寸应准确，应排除起泡，并应与涂料黏结牢固；胎体增强材料搭接宽度的允许偏差为－10mm。

检验方法：观察和尺量。

（3）复合防水层。

①主控项目。

a. 复合防水层所用防水材料及其配套材料的质量，应符合设计要求。

检验方法：检查出厂合格证、质量检验报告和进场检验报告。

b. 复合防水层不得有渗漏和积水现象。

检验方法：雨后观察或淋水、蓄水试验。

c. 复合防水层在天沟、檐沟、檐口、水落口、泛水、变形缝和伸出屋面管道的防水构造，应符合设计要求。

检验方法：观察。

②一般项目。

a. 卷材与涂膜应黏结牢固，不得有空鼓和分层现象。

检验方法:观察。

b.复合防水层的总厚度应符合设计要求。

检验方法:针测法或取样量测。

(4)接缝密封防水。

①主控项目。

a.密封材料及其配套材料的质量应符合设计要求。

检验方法:检查出厂合格证、质量检验报告和进场检验报告。

b.密封材料嵌填应密实、连续、饱满,黏结牢固,不得有气泡、开裂、脱落等缺陷。

检验方法:观察。

②一般项目。

a.接缝宽度和密封材料的接缝宽度应符合设计要求,接缝宽度的允许偏差为±10 mm。

检验方法:尺量。

b.嵌填的密封材料表面应平滑,缝边应顺直,应无明显不平和周边污染现象。

检验方法:观察。

5.瓦面和板面工程

(1)烧结瓦和混凝土瓦铺装。

①主控项目。

a.瓦材和防水垫层的质量应符合设计要求。

检验方法:观察出厂合格证、质量检验报告和进场检验报告。

b.烧结瓦、混凝土瓦屋面不得有渗漏现象。

检验方法:雨后观察或淋水试验。

c.瓦片必须铺置牢固。在大风及地震设防地区或屋面坡度大于100%时,应按设计要求采取固定加强措施。

检验方法:观察或手扳。

②一般项目。

a.挂瓦条应分档均匀,铺钉应平整、牢固;瓦面应平整,行列应整齐,搭接应紧密,檐口应平直。

检验方法:观察。

b.脊瓦应搭盖正确,间距应均匀,封固应严密;正脊和斜脊应顺直,应无起伏现象。

检验方法:观察。

c.泛水做法应符合设计要求,并应顺直、整齐,结合严密。

检验方法:观察。

d.烧结瓦和混凝土瓦铺装的有关尺寸,应符合设计要求。

检验方法:尺量。

(2)沥青瓦铺装。

①主控项目。

a. 沥青瓦及防水垫层的质量,应符合设计要求。

检验方法:观察出厂合格证、质量检验报告和进场检验报告。

b. 沥青瓦屋面不得有渗漏现象。

检验方法:雨后观察或淋水试验。

c. 沥青瓦铺设应搭接正确,瓦片外露部分不得超过切口长度。

检验方法:观察。

②一般项目。

a. 沥青瓦所用固定钉应垂直钉入持钉层,钉帽不得外露。

检验方法:观察。

b. 沥青瓦应与基层粘钉牢固,瓦面应平整,檐口应平直。

检验方法:观察。

c. 泛水做法应符合设计要求,并顺直整齐、结合严密。

检验方法:观察。

d. 沥青瓦铺装的有关尺寸,应符合设计要求。

检验方法:尺量。

(3)金属板铺装。

①主控项目。

a. 金属板材及其配套材料的质量,应符合设计要求。

检验方法:观察,并检查出厂合格证、质量检验报告和进场检验报告。

b. 金属板屋面不得有渗漏现象。

检验方法:雨后观察或淋水试验。

②一般项目。

a. 金属板铺装应平整、顺滑,排水坡度应符合设计要求。

检验方法:观察和坡度尺检查。

b. 压型金属板的咬口锁边连接应严密、连续、平整,不得扭曲和裂口。

检验方法:观察。

c. 金属板的屋脊、檐口、泛水,直线段应顺直,曲线段应顺畅。

检验方法:观察。

(4)玻璃采光顶铺装。

①主控项目。

a. 采光顶玻璃及其配套材料的质量,应符合设计要求。

检验方法:观察,并检查出厂合格证和质量检验报告。

b. 玻璃采光顶不得有渗漏现象。

检验方法:雨后观察或淋水试验。

c. 硅酮耐候密封胶的打注应密实、连续、饱满,黏结应牢固,不得有起泡、开裂、脱落等缺陷。

检验方法:观察。

②一般项目。

a.玻璃采光顶铺装应平整、顺滑;排水坡度应符合设计要求。

检验方法:观察和坡度尺检查。

b.玻璃采光顶的冷凝水收集和排除构造,应符合设计要求。

检验方法:观察。

c.采光顶玻璃的密封胶缝应横平竖直,深浅应一致,宽窄应均匀,应光滑、顺直。

检验方法:观察。

6. 细部构造

(1)檐口。

①主控项目。

a.檐口的防水构造应符合设计要求。

检验方法:观察。

b.檐口的排水坡度应符合设计要求,檐口部位不得有渗漏和积水现象。

检验方法:坡度尺检查和雨后观察或淋水试验。

②一般项目。

a.檐口 800 mm 范围内的卷材应满粘。

检验方法:观察。

b.卷材收头应在找平层的凹槽内用金属压条钉压固定,并应用密封材料封严。

检验方法:观察。

c.涂膜收头应用防水涂料多遍涂刷。

检验方法:观察。

d.檐口端部应抹聚合物水泥砂浆,其下端应做成鹰嘴和滴水槽。

检验方法:观察。

(2)檐沟和天沟。

①主控项目。

a.檐沟、天沟的防水构造应符合设计要求。

检验方法:观察。

b.檐沟、天沟的排水坡度应符合设计要求,沟内不得有渗漏和积水现象。

检验方法:坡度尺检查和雨后观察或淋水、蓄水试验。

②一般项目。

a.檐沟、天沟附加层铺设应符合设计要求。

检验方法:观察和尺量。

b.檐沟防水层应由沟底翻上至外侧顶部,卷材收头应用金属压条钉压固定,并应用密封材料封严;涂膜收头应用防水涂料多遍涂刷。

检验方法:观察。

c.檐沟外侧顶部及侧面均应抹聚合物水泥砂浆,其下端应做成鹰嘴或滴水槽。

检验方法:观察。

（3）女儿墙和山墙。

①主控项目。

a.女儿墙和山墙的防水构造应符合设计要求。

检验方法：观察。

b.女儿墙和山墙的压顶向内排水坡度不应小于5％，压顶内侧下端应做成鹰嘴或滴水槽。

检验方法：观察和用坡度尺检查。

c.女儿墙和山墙的根部不得有渗漏和积水现象。

检验方法：雨后观察或淋水试验。

②一般项目。

a.女儿墙和山墙的泛水高度及附加层铺设应符合设计要求。

检验方法：观察和尺量。

b.女儿墙和山墙的卷材应满粘，卷材收头应用金属压条钉压固定，并应用密封材料封严。

检验方法：观察。

c.女儿墙和山墙的涂膜应直接涂刷至压顶下，涂膜收头应用防水涂料多遍涂刷。

检验方法：观察。

（4）水落口。

①主控项目。

a.水落口的防水构造应符合设计要求。

检验方法：观察。

b.水落口杯上口应设在沟底的最低处，水落口处不得有渗漏和积水现象。

检验方法：雨后观察或淋水、蓄水试验。

②一般项目。

a.水落口的数量和位置应符合设计要求，水落口杯应安装牢固。

检验方法：观察和手扳。

b.水落口周围直径500 mm范围内坡度不应小于5％，水落口周围的附加层铺设应符合设计要求。

检验方法：观察和尺量。

c.防水层及附加层伸入水落口杯内不应小于50 mm，并应黏结牢固。

检验方法：观察和尺量。

（5）变形缝。

①主控项目。

a.变形缝的防水构造应符合设计要求。

检验方法：观察。

b.变形缝处不得有渗漏和积水现象。

检验方法：雨后观察或淋水试验。

②一般项目。

a.变形缝的泛水高度及附加层铺设应符合设计要求。

检验方法:观察和尺量。

b.防水层应铺贴或涂刷至泛水墙的顶部。

检验方法:观察。

(6)伸出屋面管道。

①主控项目。

a.伸出屋面管道的防水构造应符合设计要求。

检验方法:观察。

b.伸出屋面管道根部不得有渗漏和积水现象。

检验方法:雨后观察或淋水试验。

②一般项目。

a.伸出屋面管道的泛水高度及附加层铺设,应符合设计要求。

检验方法:观察和尺量。

b.伸出屋面管道周围的找平层应抹出高度不小于 30 mm 的排水坡。

检验方法:观察和尺量。

c.卷材防水层收头应用金属箍固定,并用密封材料封严;涂膜防水层收头应用防水涂料多遍涂刷。

检验方法:观察。

(7)屋面出入口。

①主控项目。

a.屋面出入口的防水构造应符合设计要求。

检验方法:观察。

b.屋面出入口处不得有渗漏和积水现象。

检验方法:雨后观察或淋水试验。

②一般项目。

a.屋面垂直出入口防水层收头应压在压顶圈下,附加层铺设应符合设计要求。

检验方法:观察。

b.屋面水平出入口防水层收头应压在混凝土踏步下,附加层铺设和护墙应符合设计要求。

检验方法:观察。

(8)反梁过水孔。

①主控项目。

a.反梁过水孔的防水构造应符合设计要求。

检验方法:观察。

b.反梁过水孔处不得有渗漏和积水现象。

检验方法:雨后观察或淋水试验。

②一般项目。

a.反梁过水孔的孔底标高、孔洞尺寸或预埋管管径,均应符合设计要求。

检验方法:观察。

b.反梁过水孔的孔洞四周应涂刷防水涂料;预埋管道两端周围与混凝土接触处应留凹槽,并应用密封材料封严。

检验方法:观察。

(9)设施基座。

①主控项目。

a.设施基座的防水构造应符合设计要求。

检验方法:观察。

b.设施基座处不得有渗漏和积水现象。

检验方法:雨后观察或淋水试验。

②一般项目。

a.设施基座与结构层相连时,防水层应包裹设施基座的上部,并在地脚螺栓周围做密封处理。

检验方法:观察。

b.设施基座直接放置在防水层上时,设施基座下部应增设附加层,必要时应在其上浇筑细石混凝土,其厚度不应小于 50 mm。

检验方法:观察。

c.需经常维护的设施基座周围和屋面出入口至设施之间的人行道,应铺设块体材料或细石混凝土保护层。

检验方法:观察。

(10)屋脊。

①主控项目。

a.屋脊的防水构造应符合设计要求。

检验方法:观察。

b.屋脊处不得有渗漏和积水现象。

检验方法:雨后观察或淋水试验。

②一般项目。

a.平脊和斜脊铺设应顺直,且无起伏现象。

检验方法:观察。

b.脊瓦应搭盖正确,间距应均匀,封固应严密。

检验方法:观察和手扳。

(11)屋顶窗。

①主控项目。

a.屋顶窗的防水构造应符合设计要求。

检验方法:观察。

b.屋顶窗及其周围不得有渗漏现象。

检验方法:雨后观察或淋水试验。

②一般项目。

a.屋顶窗用金属排水板、窗框固定铁脚应与屋面连接牢固。

检验方法:观察。

b.屋顶窗用窗口防水卷材应铺贴平整,黏结牢固。

检验方法:观察。

7.屋面工程验收

(1)屋面工程验收资料和记录应符合表 6-77 的规定。

表 6-77　　　　　　　　　　屋面工程验收资料和记录

序号	资料项目	验收资料
1	防水设计	设计图纸及会审记录、设计变更通知单和材料代用核定单
2	施工方案	施工方法、技术措施、质量保证措施
3	技术交底记录	施工操作要求及注意事项
4	材料质量证明文件	出厂合格证、型式检验报告、出厂检验报告、进场验收记录和进场检验报告
5	施工日志	逐日施工情况
6	工程检验记录	工序交接检验记录、检验批质量验收记录、隐蔽工程验收记录、淋水或蓄水试验记录、观感质量检查记录、安全与功能抽样检验(检测)记录
7	其他技术资料	事故处理报告、技术总结

(2)检查屋面有无渗漏、积水和排水系统是否畅通,应在雨后或持续淋水 2 h 后进行,并应填写淋水试验记录。具备蓄水条件的檐沟、天沟应进行蓄水试验,蓄水时间不得少于 24 h,且蓄水试验记录应认真填写。

(3)对安全与功能有特殊要求的建筑屋面,工程质量验收除应符合相关规范的规定外,尚应按合同约定和设计要求进行专项检验(检测)和专项验收。

(4)屋面工程验收后,应填写分部工程质量验收记录,并交建设单位和施工单位存档。

6.4.5　地下防水工程质量验收的具体实施

1.概述

(1)术语。

①地下防水工程。

地下防水工程是对房屋建筑、防护工程、市政隧道、地下铁道等地下工程进行防水设计、防水施工和维护管理等各项技术工作的工程实体。

②明挖法。

明挖法是指敞口开挖基坑,再在基坑中修建地下工程,最后用土石等回填的施工方法。

③暗挖法。

暗挖法是指不挖开地面,采用从施工通道在地下开挖、支护、衬砌的方法修建隧道等地下工程的施工方法。

④锚喷支护。

锚喷支护是锚杆和钢筋网喷射混凝土联合使用的一种围岩支护形式。

⑤地下连续墙。

地下连续墙是指采用机械施工方法开槽、浇灌钢筋混凝土,形成具有截水、防渗、挡土和承重作用的地下墙体。

⑥盾构隧道。

盾构隧道是指采用盾构掘进机全断面开挖,钢筋混凝土管片作为衬砌支护进行暗挖法施工的隧道。

⑦沉井。

沉井是指由刃脚、井壁及隔墙等部分组成井筒,在筒内挖土使其下沉,达到设计标高后进行混凝土封底的一种结构物。

⑧逆筑结构。

逆筑结构是指以地下连续墙兼作墙体及混凝土灌注柱等兼作承重立柱,自上而下进行顶板、中楼板和底板施工的主体结构。

(2)地下工程防水等级。

地下工程防水等级标准应符合表 6-78 的规定。

表 6-78　　　　　　　　　　　地下工程防水等级标准

防水等级	防水标准
1 级	不允许渗水,结构表面无湿渍
2 级	不允许漏水,结构表面可有少量湿渍。 　　房屋建筑地下工程:总湿渍面积不大于总防水面积(包括顶板、墙面、地面)的 1‰,任意 100 m² 防水面积上的湿渍不超过 2 处,单个湿渍的最大面积不大于 0.1 m²。 　　其他地下工程:湿渍总面积不应大于总防水面积的 2‰,任意 100 m² 防水面积上的湿渍不超过 3 处,单个湿渍的最大面积不大于 0.2 m²;其中,隧道工程平均渗水量不大于 0.05 L/(m²·d),任意 100 m² 防水面积上的渗水量不大于 0.15 L/(m²·d)
3 级	有少量漏水点,不得有线流和漏泥砂。 　　任意 100 m² 防水面积上的漏水或湿渍点数不超过 7 处,单个漏水点的最大漏水量不大于 2.5 L/(m²·d),单个湿渍的最大面积不大于 0.3 m²
4 级	有漏水点,不得有线流和漏泥砂。 　　整个工程平均漏水量不大于 2 L/(m²·d),任意 100 m² 防水面积上的平均漏水量不大于 4 L/(m²·d)

（3）地下防水工程是一个子分部工程，其分项工程的划分应符合表 6-79 的要求。

表 6-79　　　　　　　　　　　　　地下防水工程的分项工程

子分部工程		分项工程
地下防水工程	主体结构防水	防水混凝土、水泥砂浆防水层、卷材防水层、涂料防水层、塑料防水板防水层、金属板防水层、膨润土防水材料防水层
	细部构造防水	施工缝、变形缝、后浇带、穿墙管、埋设件、预留通道接头、桩头、孔口、坑、池
	特殊施工法结构防水	锚喷支护、地下连续墙、盾构隧道、沉井、逆筑结构
	排水	渗排水、盲沟排水、隧道排水、坑道排水、塑料排水板排水
	注浆	预注浆、后注浆、结构裂缝注浆

2. 主体结构防水工程

（1）防水混凝土。

①主控项目。

a.防水混凝土的原材料、配合比及坍落度必须符合设计要求。

检验方法：检查产品合格证、产品性能检测报告、计量措施和材料进场检验报告。

b.防水混凝土的抗压强度和抗渗性能必须符合设计要求。

检验方法：检查混凝土抗压强度、抗渗性能检验报告。

c.防水混凝土结构的变形缝、施工缝、后浇带、穿墙管、埋设件等设置和构造必须符合设计要求。

检验方法：观察和检查隐蔽工程验收记录。

②一般项目。

a.防水混凝土结构表面应坚实、平整，不得有露筋、蜂窝等缺陷；埋设件位置应准确。

检验方法：观察。

b.防水混凝土结构表面的裂缝宽度不应大于 0.2 mm，且不得贯通。

检验方法：用刻度放大镜检查。

c.防水混凝土结构厚度不应小于 250 mm，其允许偏差应为 +8 mm、-5 mm；主体结构迎水面钢筋保护层厚度不应小于 50 mm，其允许偏差为 ±5 mm。

检验方法：尺量和检查隐蔽工程验收记录。

（2）水泥砂浆防水层。

①一般规定。

水泥砂浆防水层所用的材料应符合下列规定：

a.水泥应使用普通硅酸盐水泥、硅酸盐水泥或特种水泥，不得使用过期或受潮结块的水泥；

b.砂宜采用中砂，含泥量不应大于 1%，硫化物和硫酸盐含量不得大于 1%；

c.用于拌制水泥砂浆的水应采用不含有害物质的洁净水；

d.聚合物乳液的外观为均匀液体，无杂质、无沉淀、不分层；

e.外加剂的技术性能应符合国家或行业有关标准的质量要求。

②主控项目。

a.防水砂浆的原材料及配合比必须符合设计要求。

检验方法:检查产品合格证、产品性能检测报告、计量措施和材料进场检验报告。

b.防水砂浆的黏结强度和抗渗性能必须符合设计规定。

检验方法:检查砂浆黏结强度、抗渗性能检测报告。

c.水泥砂浆防水层与基层之间应结合牢固,无空鼓现象。

检验方法:观察和用小锤轻击。

③一般项目。

a.水泥砂浆防水层表面应密实、平整,不得有裂纹、起砂、麻面等缺陷。

检验方法:观察。

b.水泥砂浆防水层施工缝留槎位置应正确,接槎应按层次顺序操作,层层搭接紧密。

检验方法:观察和检查隐蔽工程验收记录。

c.水泥砂浆防水层的平均厚度应符合设计要求,最小厚度不得小于设计值的85%。

检验方法:用针测法检查。

d.水泥砂浆防水层表面平整度的允许偏差应为 5 mm。

检验方法:用 2 m 靠尺和楔形塞尺检查。

(3)卷材防水层。

①主控项目。

a.卷材防水层所用卷材及其配套材料必须符合设计要求。

检验方法:检查产品合格证、产品性能检测报告和材料进场检验报告。

b.卷材防水层在转角处、变形缝、施工缝、穿墙管等部位做法必须符合设计要求。

检验方法:观察和检查隐蔽工程验收记录。

②一般项目。

c.卷材防水层的搭接缝应粘贴或焊接牢固,密封严密,不得有扭曲、皱折、翘边和起泡等缺陷。

检验方法:观察。

a.侧墙卷材防水层的保护层与防水层应结合紧密,保护层厚度应符合设计要求。

检验方法:观察和尺量。

b.卷材搭接宽度的允许偏差应为 −10 mm。

检验方法:观察和尺量。

(4)涂料防水层。

①主控项目。

a.涂料防水层所用的材料及配合比必须符合设计要求。

检验方法:检查产品合格证、产品性能检测报告、计量措施和材料进场检验报告。

b.涂料防水层在转角处、变形缝、施工缝、穿墙管等部位做法必须符合设计要求。

检验方法:观察和检查隐蔽工程验收记录。

②一般项目。

a.涂料防水层应与基层黏结牢固、涂刷均匀,不得流淌、鼓泡、露槎。

检验方法:观察。

b.侧墙涂料防水层的保护层与防水层应结合紧密,保护层厚度应符合设计要求。

检验方法:观察。

(5)塑料防水板防水层。

①主控项目。

a.塑料防水板及其配套材料必须符合设计要求。

检验方法:检查产品合格证、产品性能检测报告和材料进场检验报告。

b.塑料防水板的搭接缝必须采用双缝热熔焊接,每条焊缝的有效宽度不应小于10 mm。

检验方法:双焊缝间空腔内充气检查和尺量。

②一般项目。

a.塑料防水板的铺设应平顺,不得有下垂、绷紧和破损现象。

检验方法:观察。

b.塑料防水板搭接宽度的允许偏差为－10 mm。

检验方法:尺量。

(6)金属板防水层。

①主控项目。

a.金属板和焊接材料必须符合设计要求。

检验方法:检查产品合格证、产品性能检测报告和材料进场检验报告。

b.焊工应持有有效的执业资格证书。

检验方法:检查焊工执业资格证书和考核日期。

②一般项目。

a.金属板表面不得有明显凹面和损伤。

检验方法:观察。

b.焊缝不得有裂纹、未熔合、夹渣、焊瘤、咬边、烧穿、弧坑、针状气孔等缺陷。

检验方法:观察和使用放大镜、焊缝量规及钢尺检查,必要时采用渗透或磁粉探伤检查。

c.焊缝的焊波应均匀,焊渣和飞溅物应清除干净;保护涂层不得有漏涂、脱皮和反锈现象。

检验方法:观察。

(7)膨润土防水材料防水层。

①主控项目。

a.膨润土防水材料必须符合设计要求。

检验方法:检查产品合格证、产品性能检测报告、计量措施和材料进场检验报告。

b.膨润土防水材料防水层在转角处和变形缝、施工缝、后浇带、穿墙管等部位做法必须符合设计要求。

检验方法:观察和检查隐蔽工程验收记录。

②一般项目。

a.膨润土防水毯的织布面或防水板的膨润土面,应朝向工程主体结构的迎水面。

检验方法:观察。

b.立面或斜面铺设的膨润土防水材料应上层压住下层,防水层与基层、防水层与防水层之间应密贴,并应平整无折皱。

检验方法:观察。

c.膨润土防水材料搭接宽度的允许偏差应为-10 mm。

检验方法:观察和尺量。

3. 细部构造防水工程

(1)施工缝。

①主控项目。

a.施工缝用止水带、遇水膨胀止水条或止水胶、水泥基渗透结晶型防水涂料和预埋注浆管必须符合设计要求。

检验方法:检查产品合格证、产品性能检测报告和材料进场检验报告。

b.施工缝防水构造必须符合设计要求。

检验方法:观察和检查隐蔽工程验收记录。

②一般项目。

a.在施工缝处继续浇筑混凝土时,已浇筑的混凝土抗压强度不应小于1.2 MPa。

检验方法:观察和检查隐蔽工程验收记录。

b.中埋式止水带及外贴式止水带埋设位置应准确,固定应牢靠。

检验方法:观察和检查隐蔽工程验收记录。

(2)变形缝。

①主控项目。

a.变形缝用止水带、填缝材料和密封材料必须符合设计要求。

检验方法:检查产品合格证、产品性能检测报告和材料进场检验报告。

b.变形缝防水构造必须符合设计要求。

检验方法:观察和检查隐蔽工程验收记录。

②一般项目。

a.嵌填密封材料的缝内两侧基面应平整、洁净、干燥,并涂刷基层处理剂;嵌缝底部应设置背衬材料;密封材料嵌填应严密、连续、饱满,黏结牢固。

检验方法:观察和检查隐蔽工程验收记录。

b.变形缝处表面粘贴卷材或涂刷涂料前,应在缝上设置隔离层和加强层。

检验方法:观察和检查隐蔽工程验收记录。

(3)后浇带。

①主控项目。

a.后浇带用遇水膨胀止水条或止水胶、预埋注浆管、外贴式止水带符合设计要求。

检验方法:检查产品合格证、产品性能检测报告和材料进场检验报告。

b.后浇带防水构造必须符合设计要求。

检验方法:观察和检查隐蔽工程验收记录。

②一般项目。

a.后浇带两侧的接缝表面应先清理干净,再涂刷混凝土界面处理剂或水泥基渗透结晶型防水涂料;后浇混凝土的浇筑时间应符合设计要求。

检验方法:观察和检查隐蔽工程验收记录。

b.后浇带混凝土应一次浇筑,不得留施工缝;混凝土浇筑后应及时养护,养护时间不得少于 28 d。

检验方法:观察检查和检查隐蔽工程验收记录。

(4)穿墙管。

①主控项目。

a.穿墙管用遇水膨胀止水条和密封材料应符合设计要求。

检验方法:检查产品合格证、产品性能检测报告和材料进场检验报告。

b.穿墙管防水构造必须符合设计要求。

检验方法:观察和检查隐蔽工程验收记录。

②一般项目。

a.当主体结构迎水面有柔性防水层时,防水层与穿墙管连接处应增设加强层。

检验方法:观察和检查隐蔽工程验收记录。

b.密封材料嵌填应密实、连续、饱满,黏结牢固。

检验方法:观察和检查隐蔽工程验收记录。

(5)埋设件。

①主控项目。

a.埋设件用密封材料必须符合设计要求。

检验方法:检查产品合格证、产品性能检测报告和材料进场检验报告。

b.埋设件防水构造必须符合设计要求。

检验方法:观察和检查隐蔽工程验收记录。

②一般项目。

a.埋设件应位置准确,固定牢靠;埋设件应进行防腐处理。

检验方法:观察、尺量和手扳。

b.结构迎水面的埋设件周围应预留凹槽,凹槽内应用密封材料嵌填密实。

检验方法:观察和检查隐蔽工程验收记录。

c.预留孔、槽内的防水层应与主体防水层保持连续。

检验方法:观察和检查隐蔽工程验收记录。

d.密封材料嵌填应密实、连续、饱满,黏结牢固。

检验方法:观察和检查隐蔽工程验收记录。

（6）预留通道接头。

①主控项目。

a.预留通道接头用中埋式止水带、遇水膨胀止水条或止水胶、预埋注浆管、密封材料和可卸式止水带必须符合设计要求。

检验方法：检查产品合格证、产品性能检测报告和材料进场检验报告。

b.预留通道接头防水构造必须符合设计要求。

检验方法：观察和检查隐蔽工程验收记录。

②一般项目。

a.预留通道先浇筑混凝土结构、中埋式止水带和预埋件应及时保护，预埋件应进行防锈处理。

检验方法：观察。

b.密封材料嵌填应密实、连续、饱满，黏结牢固。

检验方法：观察和检查隐蔽工程验收记录。

c.预留通道接头外部应设保护墙。

检验方法：观察和检查隐蔽工程验收记录。

（7）桩头。

①主控项目。

a.桩头用聚合物水泥防水砂浆、水泥基渗透结晶型防水涂料、遇水膨胀止水条或止水胶和密封材料必须符合设计要求。

检验方法：检查产品合格证、产品性能检测报告和材料进场检验报告。

b.桩头防水构造必须符合设计要求。

检验方法：观察和检查隐蔽工程验收记录。

c.桩头混凝土应密实，如发现渗漏水，应及时采取封堵措施。

检验方法：观察和检查隐蔽工程验收记录。

②一般项目。

a.桩头的受力钢筋根部应采用遇水膨胀止水条或止水胶，并采取保护措施。

检验方法：观察和检查隐蔽工程验收记录。

b.密封材料嵌填应密实、连续、饱满，黏结牢固。

检验方法：观察和检查隐蔽工程验收记录。

（8）孔口。

①主控项目。

a.孔口用防水卷材、防水涂料和密封材料必须符合设计要求。

检验方法：检查产品合格证、产品性能检测报告和材料进场检验报告。

b.孔口防水构造必须符合设计要求。

检验方法：观察和检查隐蔽工程验收记录。

②一般项目。

a.人员出入口高出地面不应小于 500 mm；汽车出入口设置明排水沟时，其宜高出地面 150 mm,并应采取防雨措施。

检验方法:观察和尺量。

b.密封材料嵌填应密实、连续、饱满,黏结牢固。

检验方法:观察和检查隐蔽工程验收记录。

(9)坑、池。

①主控项目。

a.坑、池防水混凝土的原材料、配合比及坍落度必须符合设计要求。

检验方法:检查产品合格证、产品性能检测报告、计量措施和材料进场检验报告。

b.坑、池防水构造必须符合设计要求。

检验方法:观察和检查隐蔽工程验收记录。

c.坑、池、储水库内部防水层完成后,应进行蓄水试验。

检验方法:观察和检查蓄水试验记录。

②一般项目。

a.坑、池、储水库宜采用防水混凝土整体浇筑,混凝土表面应坚实、平整,不得有露筋、蜂窝和裂缝等缺陷。

检验方法:观察和检查隐蔽工程验收记录。

b.坑、池施工完后,应及时遮盖和防止杂物堵塞。

检验方法:观察。

4.特殊施工法结构防水工程

(1)锚喷支护。

①一般规定。

锚喷支护适用于暗挖法地下工程的支护结构以及复合式衬砌的初期支护。

喷射混凝土所用原材料应符合下列规定:

a.选用普通硅酸盐水泥或硅酸盐水泥。

b.中砂或粗砂的细度模数宜大于 2.5,含泥量不应大于 3%;干法喷射时,含水率宜为 5%～7%。

c.采用卵石或碎石,粒径不应大于 15 mm,含泥量不应大于 1%;使用碱性速凝剂时,不得使用含有活性二氧化硅的石料。

d.不含有害物质的洁净水。

e.速凝剂的初凝时间不应大于 5 min,终凝时间不应超过 10 min。

混合料必须计量准确、搅拌均匀,并符合下列规定:

a.水泥与砂石质量比宜为 1∶4.5～1∶4,砂率宜为 45%～55%,水灰比不得大于 0.45,外加剂和外掺料的掺量应通过试验确定。

b.水泥和速凝剂称量允许偏差均为±2%,砂石称量允许偏差均为±3%。

c.混合料在运输和存放过程中严防受潮,存放时间不应超过 20 min;当掺入速凝剂时,存放时间不应超过 20 min。

②主控项目。

a.喷射混凝土所用原材料、混合料配合比以及钢筋网、锚杆、钢拱架等必须符合设计要求。

检验方法:检查产品合格证、产品性能检测报告、计量措施和材料进场检验报告。

b.喷射混凝土抗压强度、抗渗性能和锚杆抗拔力必须符合设计要求。

检验方法:检查混凝土抗压强度、抗渗性能检验报告和锚杆抗拔力检验报告。

c.锚杆支护的渗漏水量必须符合设计要求。

检验方法:观察和检查渗漏水检测记录。

③一般项目。

a.喷层与围岩以及喷层之间应黏结紧密,不得有空鼓现象。

检验方法:用小锤轻击。

b.喷层厚度有 60%以上检查点不应小于设计厚度,最小厚度不得小于设计厚度的50%,且平均厚度不得小于设计厚度。

检验方法:用针探法或凿孔法检查。

c.喷射混凝土应密实、平整,无裂缝、脱落、漏喷、露筋等缺陷。

检验方法:观察。

d.喷射混凝土表面平整度不得大于 1/6。

检验方法:尺量。

(2)地下连续墙。

地下连续墙适用于地下工程的主体结构、支护结构以及复合式衬砌的初期支护。

①主控项目。

a.防水混凝土的原材料、配合比以及坍落度必须符合设计要求。

检验方法:检查产品合格证、产品性能检测报告、计量措施和材料进场检验报告。

b.防水混凝土的抗压强度和抗渗性能必须符合设计要求。

检验方法:检查混凝土抗压强度、抗渗性能检验报告。

②一般项目。

a.地下连续墙的槽段接缝构造应符合设计要求。

检验方法:观察和检查隐蔽工程验收记录。

b.地下连续墙墙面不得有露筋、露石和夹泥现象。

检验方法:观察。

c.地下连续墙墙体表面平整度,临时支护墙体允许偏差应为 50 mm,单一或复合墙体允许偏差应为 30 mm。

检验方法:尺量。

(3)盾构隧道。

①主控项目。

a.盾构隧道衬砌所用防水材料必须符合设计要求。

检验方法:检查产品合格证、产品性能检测报告、计量措施和材料进场检验报告。

b.钢筋混凝土管片的抗压强度和抗渗性能必须符合设计要求。

检验方法:检查混凝土抗压强度、抗渗性能检测报告和管片单块检漏测试报告。

c.盾构隧道衬砌的渗漏水量必须符合设计要求。

检验方法:观察和检查渗漏水检测记录。

②一般项目。

a.管片接缝密封垫及其沟槽的断面尺寸应符合设计要求。

检验方法:观察和检查隐蔽工程验收记录。

b.嵌缝材料嵌填应密实、连续、饱满,表面平整,密贴牢固。

检验方法:观察和检查隐蔽工程验收记录。

(4)沉井。

①主控项目。

a.沉井混凝土的原材料、配合比以及坍落度必须符合设计要求。

检验方法:检查产品合格证、产品性能检测报告、计量措施和材料进场检验报告。

b.沉井混凝土的抗压强度和抗渗性能必须符合设计要求。

检验方法:检查混凝土抗压强度、抗渗性能检测报告。

c.沉井的渗漏水量必须符合设计要求。

检验方法:观察和检查渗漏水检测记录。

②一般项目。

沉井底板与井壁接缝处的防水处理应符合设计要求。

检验方法:观察和检查隐蔽工程验收记录。

(5)逆筑结构。

主控项目如下。

a.补偿收缩混凝土的原材料、配合比以及坍落度必须符合设计要求。

检验方法:检查产品合格证、产品性能检测报告、计量措施和材料进场检验报告。

b.内衬墙接缝用遇水膨胀止水条或止水胶和预埋注浆管必须符合设计要求。

检验方法:检查产品合格证、产品性能检测报告和材料进场检验报告。

c.逆筑结构的渗漏水量必须符合设计要求。

检验方法:观察和检查渗漏水检测记录。

4.排水工程

(1)渗排水、盲沟排水。

渗排水适用于无自流排水条件、防水要求较高且有抗浮要求的地下工程。盲沟排水适用于地基为弱透水性土层、地下水量不大或排水面积较小,地下水位在结构底板以下或在丰水期地下水位高于结构底板的地下工程。

①主控项目。

a.盲沟反滤层的层次和粒径组成必须符合设计要求。

检验方法:检查砂、石试验报告和隐蔽工程验收记录。

b.集水管的埋设深度及坡度必须符合设计要求。

检验方法:观察和尺量。

②一般项目。

a.渗排水构造应符合设计要求。

检验方法:观察和检查隐蔽工程验收记录。

b.渗排水层的铺设应分层、铺平、拍实。

检验方法:观察和检查隐蔽工程验收记录。

c.盲沟排水构造应符合设计要求。

检验方法:观察和检查隐蔽工程验收记录。

(2)隧道排水、坑道排水。

①主控项目。

a.盲沟反滤层的层次和粒径必须符合设计要求。

检验方法:检查砂、石试验报告。

b.无砂混凝土管、硬质塑料管或软式透水管必须符合设计要求。

检验方法:检查产品合格证和产品性能检测报告。

c.隧道、坑道排水系统必须畅通。

检验方法:观察。

②一般项目。

a.盲沟、盲管及横向导水管的管径、间距、坡度均应符合设计要求。

检验方法:观察和尺量。

b.隧道或坑道内排水明沟及离壁式衬砌外排水沟,其断面尺寸及坡度应符合设计要求。

(3)塑料排水板排水。

①主控项目。

a.塑料排水板和土工布必须符合设计要求。

检验方法:检查产品合格证和产品性能检测报告。

b.塑料排水板排水层必须与排水系统连通,不得有堵塞现象。

检验方法:观察和尺量。

②一般项目。

土工布铺设应平整、无折皱。

检验方法:观察和尺量。

5.注浆工程

(1)预注浆、后注浆。

①注浆材料应符合下列规定:

a.具有较好的可注性;

b.固结收缩小,具有良好的黏结性、抗渗性、耐久性和化学稳定性;

c.低毒并对环境污染小;

d.注浆工艺简单,施工操作方便,安全可靠。

②注浆浆液应符合下列规定:

a.预注浆宜采用水泥浆液、黏土水泥浆液或化学浆液；

b.后注浆宜采用水泥浆液、水泥砂浆或掺有石灰、黏土膨润土、粉煤灰的水泥浆液；

c.注浆浆液配合比应经现场试验确定。

③主控项目。

a.注浆浆液的原材料及配合比必须符合设计要求。

检验方法:检查产品合格证、产品性能检测报告、计量措施和材料进场检验报告。

b.预注浆和后注浆的注浆效果必须符合设计要求。

检验方法:采用钻孔取芯法检查;必要时,采取压水或抽水试验方法检查。

④一般项目。

a.注浆孔的数量、布置间距、钻孔深度及角度应符合设计要求。

检验方法:尺量和检查隐蔽工程验收记录。

b.注浆各阶段的控制压力和注浆量应符合设计要求。

检验方法:观察和检查隐蔽工程验收记录。

c.注浆时,浆液不得溢出地面和超出有效注浆范围。

检验方法:观察。

d.注浆对地面产生的沉降量不得超过 30 mm,地面的隆起不得超过 20 mm。

检验方法:用水准仪测量。

(2)结构裂缝注浆。

①主控项目。

a.注浆材料及配合比必须符合设计要求。

检验方法:检查产品合格证、产品性能检测报告、计量措施和材料进场检验报告。

b.结构裂缝注浆的注浆效果必须符合设计要求。

检验方法:观察和检查压水或压气,必要时钻取芯样采取劈裂抗拉强度试验方法检查。

②一般项目。

a.注浆孔的数量、布置间距、钻孔深度及角度应符合设计要求。

检验方法:尺量和检查隐蔽工程验收记录。

b.注浆各阶段的控制压力和注浆量应符合设计要求。

检验方法:观察和检查隐蔽工程验收记录。

6. 子分部工程验收

(1)地下防水工程竣工和记录资料应符合表 6-80 的规定。

表 6-80　　　　　　　　　地下防水工程竣工和记录资料

序号	项目	竣工和记录资料
1	防水设计	设计图、设计交底记录、图纸会审记录、设计变更通知单和材料代用核定单
2	资质、资格证明	施工单位资质及施工人员上岗证复印证件

续表

序号	项目	竣工和记录资料
3	施工方案	施工方法、技术措施、质量保证措施
4	技术交底	施工操作要求及安全等注意事项
5	材料质量证明	产品合格证、产品性能检测报告、材料进场检验报告
6	混凝土、砂浆质量证明	试配及施工配合比、混凝土抗压强度、抗渗性能检验报告、砂浆黏结强度
7	中间检查记录	施工质量验收记录、隐蔽工程验收记录、施工检查记录
8	检验记录	渗漏水检测记录、观感质量检查记录
9	施工日志	逐日施工情况
10	其他资料	事故处理报告、技术总结

（2）地下防水工程应对下列部位做好隐蔽工程验收记录：

①防水层的基层；

②防水混凝土结构和防水层被掩盖的部位；

③变形缝、施工缝、后浇带等防水构造做法；

④管道穿过防水层的封固部位；

⑤渗排水层、盲沟和坑槽；

⑥结构裂缝注浆处理部位；

⑦衬砌前围岩渗漏水处理部位；

⑧基坑的超挖和回填。

（3）地下工程出现渗漏水时，应及时进行治理，符合设计的防水等级标准要求后方可验收。

（4）地下防水工程验收后，应填写子分部工程质量验收记录，随同工程验收验评资料分别由建设单位和施工单位存档。

6.5 建筑装饰装修工程的施工质量验收

建筑装饰装修工程的施工质量验收内容包括过程验收和竣工验收两个方面。

6.5.1 建筑装饰装修工程的施工质量的过程验收内容

1. 分部、分项工程的划分

建筑装饰装修工程是建筑工程的重要组成部分，按施工工艺和装修部位划分，主要包括地面、抹灰、门窗、吊顶、轻质隔墙、饰面板（砖）、幕墙、涂饰、裱糊与软包、细部工程等10个子分部工程，56个分项工程。

2. 检验批的验收

(1)检验批量。

建筑装饰装修工程的检验批可根据施工、质量控制和验收的需要,按楼层、施工段、变形缝等进行划分。一般按楼层划分检验批,对于工程量较少的分项工程可统一划分为一个检验批。

(2)合格条件。

①质量控制资料:具有完整的施工操作依据、质量检查记录。

②主控项目:抽样样本均应符合《建筑装饰装修工程质量验收规范》(GB 50210—2001)中主控项目的规定。

③一般项目:抽查样本的 80% 以上应符合《建筑装饰装修工程质量验收规范》(GB 50210—2001)中一般项目的规定,其余样本不存在影响使用功能或明显影响装饰效果的缺陷,其中,有允许偏差的检验项目,其最大偏差不得超过规范规定的允许偏差的1.5倍。

3. 分项工程、子分部工程、分部工程的验收

(1)分项工程验收。

所含各检验批部位、区段的质量均应达到《建筑装饰装修工程质量验收规范》(GB 50210—2001)的规定。

(2)子分部工程验收。

所含各分项工程的质量均应验收合格,并应符合下列规定:

①应具备《建筑装饰装修工程质量验收规范》(GB 50210—2001)各子分部工程规定检验的文件和记录。

②应具备有关安全和功能的检测项目的合格报告。

③观感质量应符合《建筑装饰装修工程质量验收规范》(GB 50210—2001)各分项工程中一般项目的要求。

(3)分部工程验收。

所含各子分部工程的质量均应验收合格,并应按上述有关子分部工程验收中第①～③条的规定逐一核查。

6.5.2　装饰装修工程的施工质量的竣工验收内容

1. 分部工程完工后验收

建筑装饰装修分部工程由总承包单位施工时,按分部工程验收;由分包单位施工时,装饰装修工程分包单位应按《建筑工程施工质量验收统一标准》(GB 50300—2013)规定的程序检查评定。建筑装饰装修工程分包单位对承建的项目检验时,总承包单位应参加,检验合格后,分包单位应将工程的有关资料移交给总包单位。

2. 单位(子单位)工程竣工验收

当建筑工程只有装饰装修分部工程时,该工程应作为单位工程验收。

若建筑装饰装修单位工程按施工段由几个施工单位负责施工,当其中某施工单位所负责的子单位工程已按设计完成,并经自行检验合格,也可按规定的程序组织正式验收,办理交工手续。在整个单位工程全部验收时,已验收的子单位工程验收资料应作为单位工程验收的附件。

6.5.3　建筑地面工程施工质量验收的具体实施

1. 概述

(1)术语。

①建筑地面。

建筑地面是建筑物底层地面(地面)和楼层地面(楼面)的总称。

②面层。

面层是直接承受各种物理和化学作用的建筑地面表面层。

③结合层。

结合层是面层与下一构造层相联结的中间层。

④基层。

基层是面层下的构造层,包括填充层、隔离层、找平层、垫层和基土等。

⑤填充层。

填充层是在建筑地面上起隔声、保温、找坡和暗敷管线等作用的构造层。

⑥隔离层。

隔离层是防止建筑地面上各种液体或地下水、潮气渗透地面等的构造层;仅防止地下潮气透过地面时,可称作防潮层。

⑦找平层。

找平层是在垫层、楼板上或填充层(轻质、松散材料)上起整平、找坡或加强作用的构造层。

⑧垫层。

垫层是承受并传递地面荷载于基土上的构造层。

⑨基土。

基土是底层地面的地基土层。

⑩缩缝。

缩缝是防止水泥混凝土垫层在气温降低时产生不规则裂缝而设置的收缩缝。

⑪伸缝。

伸缝是防止水泥混凝土垫层在气温升高时在缩缝边缘产生挤碎或拱起而设置的伸胀缝。

⑫纵向缩缝。

纵向缩缝是平行于混凝土施工流水作业方向的缩缝。

⑬横向缩缝。

横向缩缝是垂直于混凝土施工流水作业方向的缩缝。

（2）基本规定。

①建筑地面工程、子分部工程、分项工程的划分，按表 6-81 执行。

表 6-81　　　　　　　　　　　建筑地面子分部工程、分项工程划分表

分部工程	子分部工程		分项工程
建筑装饰装修工程	地面	整体面层	基层：基土、灰土垫层、砂垫层和砂石垫层、碎石垫层和碎砖垫层、三合土垫层、炉渣垫层、水泥混凝土垫层、找平层、隔离层、填充层
			面层：水泥混凝土面层、水泥砂浆面层、水磨石面层、水泥钢（铁）屑面层、防油渗面层、不发火（防爆的）面层
		板、块面层	基层：基土、灰土垫层、砂垫层和砂石垫层、碎石垫层和碎砖垫层、三合土垫层、炉渣垫层、水泥混凝土垫层、找平层、隔离层、填充层
			面层：砖面层（陶瓷锦砖、缸砖、陶瓷地砖和水泥花砖面层）、大理石面层和花岗石面层、预制板块面层（水泥混凝土板块、水磨石板块面层）、料石面层（条石、块石面层）、塑料板面层、活动地板面层、地毯面层
		木、竹面层	基层：基土、灰土垫层、砂垫层和砂石垫层、碎石垫层和碎砖垫层、三合土垫层、炉渣垫层、水泥混凝土垫层、找平层、隔离层、填充层
			面层：实木地板面层（条材、块材面层）、实木复合地板面层（条材、块材面层）、中密度（强化）复合地板面层（条材面层）、竹地板面层

②建筑地面工程施工质量的检验，应符合下列规定：

a. 基层（各构造层）和各类面层的分项工程的施工质量验收应按每一层次或每层施工段（或变形缝）作为检验批，高层建筑的标准层可按每 3 层（不足 3 层按 3 层计）作为检验批。

b. 每检验批应以各子分部工程的基层（各构造层）和各类面层所划分的分项工程按自然间（或标准间）检验，抽查数量应随机检验不应少于 3 间；不足 3 间，应全数检查；其中走廊（过道）应以 10 延长米为 1 间，工业厂房（按单跨计）、礼堂、门厅应以两个轴线为 1 间计算。

c. 有防水要求的建筑地面子分部工程的分项工程施工质量每检验批抽查数量应按其房间总数随机检验不应少于 4 间，不足 4 间，应全数检查。

③建筑地面工程完工后，施工质量验收应在建筑施工企业自检合格的基础上，由监理单位组织有关单位对分项工程、子分部工程进行检验。检验方法应符合下列规定：

a. 检查允许偏差应采用钢尺、2 m 靠尺、楔形塞尺、坡度尺和水准仪；

b. 检查空鼓应采用敲击的方法；

c. 检查有防水要求建筑地面的基层（各构造层）和面层，应采用泼水或蓄水方法，蓄水时间不得少于 24 h；

d. 检查各类面层（含不需铺设部分或局部面层）表面的裂纹、脱皮、麻面和起砂等缺陷，应采用观察的方法。

④建筑地面工程完工后，应对面层采取保护措施。

2. 基层铺设

（1）一般规定。

基层包括基土、垫层、找平层、隔离层和填充层等分项工程。

基层铺设前，其下一层表面应干净、无积水。

基层的标高、坡度、厚度等应符合设计要求。基层表面应平整，其允许偏差应符合表 6-82 的规定。

表 6-82　　　　　　　　　　　　基层表面的允许偏差和检验方法

项次	项目	允许偏差												检验方法
		基土	垫层					找平层			填充层		隔离层	
						毛地板								
		土	砂、砂石、碎石、碎砖	灰土、混凝土、三合土、炉渣、水泥	木搁栅	拼花实木地板、拼花实木复合地板面层	其他种类面层	用沥青玛琋脂做结合层，铺设拼花木板、板块面层	用水泥砂浆做结合层，铺设板块面层	用胶黏剂做结合层，铺设拼花木板、塑料板、强化复合地板、竹地板面层	松散材料	板、块材料	防水、防潮、防油渗	
1	表面平整度/mm	15	15	10	3	3	5	3	5	2	7	5	3	用 2 m 靠尺和楔形塞尺检查
2	标高	0 −50	±20	±10	±5	±5	±8	±5	±8	±4	±4	±4		用水准仪检查
3	坡度	不大于房间相应尺寸的 1/500，且不大于 30°												带坡度尺检查
4	厚度	在个别地方不大于设计厚度的 1/10												用钢尺检查

（2）基土。

① 主控项目。

a. 基土严禁用淤泥、腐殖土、冻土、耕植土、膨胀土和含有有机物质大于 8% 的土作为填土。

检验方法:观察和检查土质记录。

b.基土应均匀密实,压实系数应符合设计要求,设计无要求时,不应小于0.90。

检验方法:观察和检查试验记录。

②一般项目。

基土表面的允许偏差应符合表6-82的规定。

检验方法:应按表6-82中的检验方法检验。

(3)灰土垫层。

①主控项目。

灰土体积比应符合设计要求。

检验方法:观察和检查配合比通知单记录。

②一般项目。

a.熟化石灰颗粒粒径不得大于5 mm;黏土(或粉质黏土、粉土)内不得含有有机物质,颗粒粒径不得大于15 mm。

检验方法:观察和检查材质合格记录。

b.灰土垫层表面的允许偏差应符合表6-82的规定。

检验方法:应按表6-82中的检验方法检验。

(4)砂垫层和砂石垫层。

①主控项目。

a.砂和砂石不得含有草根等有机杂质。砂应采用中砂,石子最大粒径不得大于垫层厚度的2/3。

检验方法:观察和检查材质合格证明文件及检测报告。

b.砂垫层和砂石垫层的干密度(或贯入度)应符合设计要求。

检验方法:观察和检查试验记录。

②一般项目。

a.表面不应有砂窝、石堆等质量缺陷。

检验方法:观察。

b.砂垫层和砂石垫层表面的允许偏差应符合表6-82的规定。

检验方法:应按表6-82中的检验方法检验。

(5)碎石垫层和碎砖垫层。

①主控项目。

a.碎石的强度应均匀,最大粒径不应大于垫层厚度的2/3;碎砖不应采用风化、酥松、夹有有机杂质的砖料,颗粒粒径不应大于60 mm。

检验方法:观察和检查材质合格证明文件及检测报告。

b.碎石、碎砖垫层的密实度应符合设计要求。

检验方法:观察和检查试验记录。

②一般项目。

碎石、碎砖垫层的表面允许偏差应符合表6-82的规定。

检验方法:应按表 6-82 中的检验方法检验。

(6)三合土垫层。

①主控项目。

a.熟化石灰颗粒粒径不得大于 5 mm;砂应用中砂,并不得含有草根等有机物质;碎砖不应采用风化、酥松和有机杂质的砖料,颗粒粒径不应大于 60 mm。

检验方法:观察和检查材质合格证明文件及检测报告。

b.三合土的体积比应符合设计要求。

检验方法:观察和检查配合比通知单记录。

②一般项目。

三合土垫层表面的允许偏差应符合表 6-82 的规定。

检验方法:应按表 6-82 中的检验方法检验。

(7)炉渣垫层。

①主控项目。

a.炉渣内不应含有有机杂质和未燃尽的煤块,颗粒粒径不宜大于 40 mm,且颗粒粒径在 5 mm 及 5 mm 以下的颗粒,不得超过总体积的 40%;熟化石灰颗粒粒径不得大于 5 mm。

检验方法:观察和检查材质合格证明文件及检测报告。

b.炉渣垫层的体积比应符合设计要求。

检验方法:观察和检查配合比通知单。

②一般项目。

a.炉渣垫层与其下一层结合牢固,不得有空鼓和松散炉渣颗粒。

检验方法:观察和用小锤轻击。

b.炉渣垫层表面的允许偏差应符合表 6-82 的规定。

检验方法:应按表 6-82 中的检验方法检验。

(8)水泥混凝土垫层。

①主控项目。

a.水泥混凝土垫层采用的粗骨料,其最大粒径不应大于垫层厚度的 2/3,含泥量不应大于 2%;砂为中粗砂,其含泥量不应大于 3%。

检验方法:观察和检查材质合格证明文件及检测报告。

b.混凝土的强度等级应符合设计要求,且不应小于 C10。

检验方法:观察和检查配合比通知单及检测报告。

②一般项目。

水泥混凝土垫层表面的允许偏差应符合表 6-82 的规定。

检验方法:应按表 6-82 中的检验方法检验。

(9)找平层。

①主控项目。

a.找平层采用碎石或卵石的粒径不应大于其厚度的 2/3,含泥量不应大于 2%;砂为中粗砂,其含泥量不应大于3%。

检验方法:观察和检查材质合格证明文件及检测报告。

b.水泥砂浆体积比或水泥混凝土强度等级应符合设计要求,且水泥砂浆体积比不应小于1:3(或相应的强度等级);水泥混凝土强度等级不应小于C15。

检验方法:观察和检查配合比通知单及检测报告。

c.有防水要求的建筑地面工程的立管、套管、地漏处严禁渗漏,坡向应正确、无积水。

检验方法:观察和蓄水、泼水检验及用坡度尺检查。

②一般项目。

a.找平层与其下一层结合牢固,不得有空鼓。

检验方法:用小锤轻击。

b.找平层表面应密实,不得有起砂、蜂窝和裂缝等缺陷。

检验方法:观察。

c.找平层的表面允许偏差应符合表6-82的规定。

检验方法:应按表6-82中的检验方法检验。

(10)隔离层。

①主控项目。

a.隔离层材质必须符合设计要求和国家产品标准的规定。

检验方法:观察和检查材质合格证明文件、检测报告。

b.厕浴间和有防水要求的建筑地面必须设置防水隔离层。楼层结构必须采用现浇混凝土或整块预制混凝土板,混凝土强度等级不应小于C20;楼板四周除门洞外,应做混凝土翻边,其高度不应小于120 mm。施工时结构层标高和预留孔洞位置应准确,严禁乱凿洞。

检验方法:观察和用钢尺检查。

c.水泥类防水隔离层的防水性能和强度等级必须符合设计要求。

检验方法:观察和检查检测报告。

d.防水隔离层严禁渗漏,坡向应正确、排水通畅。

检验方法:观察,蓄水、泼水检验,用坡度尺检查并检查检验记录。

②一般项目。

a.隔离层厚度应符合设计要求。

检验方法:观察检查和用钢尺检查。

b.隔离层与其下一层黏结牢固,不得有空鼓;防水涂层应平整、均匀,无脱皮、起壳、裂缝、鼓泡等缺陷。

检验方法:用小锤轻击和观察。

c.隔离层表面的允许偏差应符合表6-82的规定。

检验方法:应按表6-82中的检验方法检验。

(11)填充层。

①主控项目。

a.填充层的材料质量必须符合设计要求和国家产品标准的规定。

检验方法:观察和检查材质合格证明文件、检测报告。

b.填充层的配合比必须符合设计要求。

检验方法:观察和检查配合比通知单。

②一般项目。

a.松散材料填充层铺设应密实;板块状材料填充层应压实、无翘曲。

检验方法:观察。

b.填充层表面的允许偏差应符合表6-82的规定。

检验方法:应按表6-82中的检验方法检验。

3. 整体面层铺设

(1)一般规定。

整体面层包括水泥混凝土(含细石混凝土)面层、水泥砂浆面层、水磨石面层、水泥钢(铁)屑面层、防油渗面层和不发火(防爆的)面层等。

整体面层的允许偏差和检验方法应符合表6-83的规定。

表 6-83　　　　　　　　　　　　整体面层的允许偏差和检验方法

项次	项目	允许偏差/mm						检验方法
		水泥混凝土面层	水泥砂浆面层	普通水磨石面层	高级水磨石面层	水泥钢(铁)屑面层	防油渗混凝土和不发火(防爆的)面层	
1	表面平整度	5	4	3	2	4	5	用2 m靠尺和楔形塞尺检查
2	踢脚线上口平直	4	4	3	3	4	4	拉5 m线和用钢尺检查
3	缝格平直	3	3	3	2	3	3	

(2)水泥混凝土面层。

①主控项目。

a.水泥混凝土采用的粗骨料,其最大粒径不应大于面层厚度的2/3,细石混凝土面层采用的石子粒径不应大于15 mm。

检验方法:观察和检查材质合格证明文件及检测报告。

b.面层的强度等级应符合设计要求,且水泥混凝土面层强度等级不应小于C20;水泥混凝土垫层兼面层强度等级不应小于C15。

检验方法:检查配合比通知单及检测报告。

c. 面层与下一层应结合牢固,无空鼓、裂纹。

检验方法:用小锤轻击。

注:空鼓面积不应大于 400 cm²,且每自然间(标准间)不多于 2 处可不计。

②一般项目。

a. 面层表面不应有裂纹、脱皮、麻面、起砂等缺陷。

检验方法:观察。

b. 面层表面的坡度应符合设计要求,不得有倒泛水和积水现象。

检验方法:观察,采用泼水或坡度尺检查。

c. 水泥砂浆踢脚线与墙面应紧密结合,高度一致,出墙厚度均匀。

检验方法:用小锤轻击、用钢尺检查和观察。

注:局部空鼓长度不应大于 300 mm,且每自然间(标准间)不多于 2 处可不计。

d. 楼梯踏步的宽度、高度应符合设计要求。楼层梯段相邻踏步高度差不应大于 10 mm,每踏步两端宽度差不应大于 10 mm;旋转楼梯梯段的每踏步两端宽度的允许偏差为 5 mm。楼梯踏步的齿角应整齐,防滑条应顺直。

检验方法:观察和用钢尺检查。

e. 水泥混凝土面层的允许偏差应符合表 6-83 的规定。

检验方法:应按表 6-83 中的检验方法检验。

(3)水泥砂浆面层。

①主控项目。

a. 水泥采用硅酸盐水泥、普通硅酸盐水泥,其强度等级不应小于 32.5,不同品种、不同强度等级的水泥严禁混用;砂应为中粗砂,当采用石屑时,其粒径应为 1~5 mm,且含泥量不应大于 3%。

检验方法:观察和检查材质合格证明文件及检测报告。

b. 水泥砂浆面层的体积比(强度等级)必须符合设计要求,且体积比应为 1:2,强度等级不应小于 M15。

检验方法:检查配合比通知单和检测报告。

c. 面层与下一层应结合牢固,无空鼓、裂纹缺陷。

检验方法:用小锤轻击。

注:空鼓面积不应大于 400 cm²,且每自然间(标准间)不多于 2 处可不计。

②一般项目。

a. 面层表面的坡度应符合设计要求,不得有倒泛水和积水现象。

检验方法:观察和采用泼水或坡度尺检查。

b. 面层表面应洁净,无裂纹、脱皮、麻面、起砂等缺陷。

检验方法:观察。

c. 踢脚线与墙面应紧密结合、高度一致,出墙厚度应均匀。

检验方法:用小锤轻击,用钢尺检查和观察。

注:局部空鼓长度不应大于 300 mm,且每自然间(标准间)不多于 2 处可不计。

d.楼梯踏步的宽度、高度应符合设计要求。楼层梯段相邻踏步高度差不应大于 10 m,每踏步两端宽度差不应大于 10 mm;旋转楼梯梯段的每踏步两端宽度的允许偏差为 5 mm。楼梯踏步的齿角应整齐,防滑条应顺直。

检验方法:观察和用钢尺检查。

e.水泥砂浆面层的允许偏差应符合表 6-83 的规定。

检验方法:应按表 6-83 中的检验方法检验。

(4)水磨石面层。

①主控项目。

a.水磨石面层的石粒,应采用坚硬可磨白云石、大理石等岩石加工而成,石粒应洁净无杂物,其粒径除特殊要求外应为 6~15 mm;水泥强度等级不应小于 32.5;颜料应采用耐光、耐碱的矿物原料,不得使用酸性颜料。

检验方法:观察和检查材质合格证明文件。

b.水磨石面层拌合料的体积比应符合设计要求,且为 1∶2.5~1∶1.5(水泥∶石粒)。

检验方法:检查配合比通知单和检测报告。

c.面层与下一层结合应牢固,无空鼓、裂纹缺陷。

检验方法:用小锤轻击。

注:空鼓面积不应大于 400 cm²,且每自然间(标准间)不多于 2 处可不计。

②一般项目。

a.面层表面应光滑;无明显裂纹、砂眼和磨纹;石粒密实,显露均匀;颜色图案一致,不混色;分格条牢固、顺直和清晰。

检验方法:观察。

b.踢脚线与墙面应紧密结合,高度一致,出墙厚度均匀。

检验方法:用小锤轻击、用钢尺检查和观察。

注:局部空鼓长度不大于 300 mm,且每自然间(标准间)不多于 2 处可不计。

c.楼梯踏步的宽度、高度应符合设计要求。楼层梯段相邻踏步高度差不应大于 10 mm,每踏步两端宽度差不应大于 10 mm,旋转楼梯梯段的每踏步两端宽度的允许偏差为 5 mm。楼梯踏步的齿角应整齐,防滑条应顺直。

检验方法:观察和用钢尺检查。

d.水磨石面层的允许偏差应符合表 6-83 的规定。

检验方法:应按表 6-83 中的检验方法检验。

(5)水泥钢(铁)屑面层。

①主控项目。

a.水泥强度等级不应小于 32.5;钢(铁)屑的粒径应为 1~5 mm;钢(铁)屑中不应有

其他杂质,使用前应去油除锈,冲洗干净并干燥。

检验方法:观察和检查材质合格证明文件及检测报告。

b.面层和结合层的强度等级必须符合设计要求,且面层抗压强度不应小于 40 MPa;结合层体积比为 1:2(相应的强度等级不应小于 M15)。

检验方法:检查配合比通知单和检测报告。

c.面层与下一层结合必须牢固,无空鼓现象。

检验方法:用小锤轻击。

②一般项目。

a.面层表面坡度应符合设计要求。

检验方法:用坡度尺检查。

b.面层表面不应有裂纹、脱皮、麻面等缺陷。

检验方法:观察。

c.踢脚线与墙面应结合牢固、高度一致,出墙厚度应均匀。

检验方法:用小锤轻击、用钢尺检查和观察。

d.水泥钢(铁)屑面层的允许偏差应符合表 6-83 的规定。

检验方法:应按表 6-83 中的检验方法检验。

(6)防油渗面层。

①主控项目。

a.防油渗混凝土所用的水泥应采用普通硅酸盐水泥,其强度等级应不小于 32.5;碎石应采用花岗石或石英石,严禁使用松散多孔和吸水率大的石子,粒径为 5～15 mm,其最大粒径不应大于 20 mm,含泥量不应大于 1%;砂应为中砂,洁净、无杂物,其细度模数应为 2.3～2.6;掺入的外加剂和防油渗剂应符合产品质量标准。防油渗涂料应具有耐油、耐磨、耐火和黏结性能。

检验方法:观察和检查材质合格证明文件及检测报告。

b.防油渗混凝土的强度等级和抗渗性能必须符合设计要求,且强度等级不应小于 C30;防油渗涂料抗拉黏结强度不应小于 0.3 MPa。

检验方法:检查配合比通知单和检测报告。

c.防油渗混凝土面层与下一层应结合牢固,无空鼓现象。

检验方法:用小锤轻击。

d.防油渗涂料面层与基层应黏结牢固,严禁有起皮、开裂、漏涂等缺陷。

检验方法:观察。

②一般项目。

a.防油渗面层表面坡度应符合设计要求,不得有倒泛水和积水现象。

检验方法:观察和泼水或用坡度尺检查。

b.防油渗混凝土面层表面不应有裂纹、脱皮、麻面和起砂现象。

检验方法:观察。

c. 踢脚线与墙面应紧密结合,高度一致,出墙厚度均匀。

检验方法:用小锤轻击、用钢尺检查和观察。

d. 防油渗面层的允许偏差应符合表 6-83 的规定。

检验方法:应按表 6-83 中的检验方法检验。

(7)不发火(防爆的)面层。

①主控项目。

a. 不发火(防爆的)面层采用的碎石应选用大理石、白云石或其他石料加工而成,并以金属或石料撞击时不发生火花为合格;砂应质地坚硬、表面粗糙,其粒径宜为 0.15~5 mm,含泥量不应大于 3%,有机物含量不应大于 0.5%;水泥应采用普通硅酸盐水泥,其强度等级不应小于 32.5;面层分格的嵌条应采用不发生火花的材料配制。配制时应随时检查,不得混入金属或其他易发生火花的杂质。

检验方法:观察和检查材质合格证明文件及检测报告。

b. 不发火(防爆的)面层的强度等级应符合设计要求。

检验方法:检查配合比通知单和检测报告。

c. 面层与下一层应结合牢固,无空鼓、裂纹缺陷。

检验方法:用小锤轻击。

注:空鼓面积不应大于 400 cm² ,且每自然间(标准间)不多于 2 处可不计。

d. 不发火(防爆的)面层的试件,必须检验合格。

检验方法:检查检测报告。

②一般项目。

a. 面层表面应密实,无裂缝、蜂窝、麻面等缺陷。

检验方法:观察。

b. 踢脚线与墙面应紧密结合、高度一致,出墙厚度应均匀。

检验方法:用小锤轻击、用钢尺检查和观察。

c. 不发火(防爆的)面层的允许偏差应符合表 6-83 的规定。

检验方法:应按表 6-83 中的检验方法检验。

4. 板、块面层铺设

(1)一般规定。

板、块面层包括砖面层、大理石面层和花岗石面层、预制板块面层、料石面层、塑料板面层、活动地板面层和地毯面层。

板、块面层的允许偏差和检验方法应符合表 6-84 的规定。

表6-84　　　　　　　　　　　　　板、块面层的允许偏差和检验方法

项次	项目	陶瓷锦砖面层、高级水磨石板、陶瓷地砖面层	缸砖面层	水泥花砖面层	水磨石板块面层	大理石面层和花岗石面层	塑料板面层	水泥混凝土板块面层	碎拼大理石、碎拼花岗岩石面层	活动地板面层	条石面层	块石面层	检验方法
		允许偏差/mm											
1	表面平整度	2.0	4.0	3.0	3.0	1.0	2.0	4.0	3.0	2.0	10.0	10.0	用2m靠尺和楔形塞尺检查
2	缝格平直	3.0	3.0	3.0	3.0	2.0	3.0	3.0	—	2.5	8.0	8.0	拉5m线和用钢尺检查
3	接缝高低差	0.5	1.5	0.5	1.0	0.5	0.5	1.5	—	0.4	2.0	—	用钢尺和楔形塞尺检查
4	踢脚线上口平直	3.0	4.0	—	4.0	1.0	2.0	4.0	1.0	—	—	—	拉5m线和用钢尺检查
5	板块间隙宽度	2.0	2.0	2.0	2.0	1.0	—	6.0	—	0.3	5.0	—	用钢尺检查

(2)砖面层。

①主控项目。

a.面层所用的板块的品种、质量必须符合设计要求。

检验方法:观察和检查材质合格证明文件及检测报告。

b.面层与下一层的结合(黏结)应牢固,无空鼓现象。

检验方法:用小锤轻击。

注:凡单块砖边角有局部空鼓,且每自然间(标准间)不超过总数的5%可不计。

②一般项目。

a.砖面层的表面应洁净、图案清晰,色泽一致,接缝平整,深浅一致,周边顺直。板块无裂纹、掉角和缺楞等缺陷。

检验方法：观察。

b.面层邻接处的镶边用料及尺寸应符合设计要求，边角整齐、光滑。

检验方法：观察和用钢尺检查。

c.踢脚线表面应洁净，高度一致，结合牢固，且出墙厚度一致。

检验方法：观察和用小锤轻击及用钢尺检查。

d.楼梯踏步和台阶板块的缝隙宽度应一致，齿角整齐；楼层梯段相邻踏步高度差不应大于 10 mm；防滑条应顺直。

检验方法：观察和用钢尺检查。

e.面层表面的坡度应符合设计要求，不倒泛水、无积水；与地漏、管道结合处应严密牢固，无渗漏。

检验方法：观察，采用泼水或坡度尺及蓄水检查。

f.砖面层的允许偏差应符合表 6-84 的规定。

检验方法：应按表 6-84 中的检验方法检验。

（3）大理石面层和花岗石面层。

①主控项目。

a.大理石、花岗石面层所用板块的品种、质量应符合设计要求。

检验方法：观察和检查材质合格记录。

b.面层与下一层应结合牢固，无空鼓现象。

检验方法：用小锤轻击。

注：凡单块板块边角有局部空鼓，且每自然间（标准间）不超过总数的 5% 可不计。

②一般项目。

a.大理石、花岗石面层的表面应洁净、平整、无磨痕，且应图案清晰，色泽一致，接缝均匀，周边顺直，镶嵌正确，板块无裂纹、掉角、缺棱等缺陷。

检验方法：观察。

b.踢脚线表面应洁净，高度一致，结合牢固，且出墙厚度一致。

检验方法：观察和用小锤轻击及用钢尺检查。

c.楼梯踏步和台阶板块的缝隙宽度应一致，齿角整齐，楼层梯段相邻踏步高度差不应大于 10 mm，防滑条应顺直、牢固。

检验方法：观察和用钢尺检查。

d.面层表面的坡度应符合设计要求，不倒泛水、无积水；与地漏、管道结合处应严密牢固，无渗漏。

检验方法：观察，采用泼水或坡度尺及蓄水检查。

e.大理石和花岗石面层（或碎拼大理石、碎拼花岗石）的允许偏差应符合表 6-84 的规定。

检验方法：应按表 6-84 中的检验方法检验。

（4）预制板块面层。

①主控项目。

a.预制板块的强度等级、规格、质量应符合设计要求；水磨石板块尚应符合《建筑装饰用水磨石制品》(JC 507—2012)的规定。

检验方法:观察和检查材质合格证明文件及检测报告。

b.面层与下一层应结合牢固,无空鼓现象。

检验方法:用小锤轻击。

注:凡单块板块料边角有局部空鼓,且每自然间(标准间)不超过总数的5%可不计。

②一般项目。

a.预制板块表面应无裂缝、掉角、翘曲等明显缺陷。

检验方法:观察。

b.预制板块面层应平整洁净、图案清晰、色泽一致、接缝均匀、周边顺直、镶嵌正确。

检验方法:观察。

c.面层邻接处的镶边用料尺寸应符合设计要求,边角整齐、光滑。

检验方法:观察和用钢尺检查。

d.踢脚线表面应洁净,高度一致,结合牢固,出墙厚度一致。

检验方法:观察和用小锤轻击及用钢尺检查。

e.楼梯踏步和台阶板块的缝隙宽度一致,齿角整齐;楼层梯段相邻踏步高度差不应大于10 mm;防滑条应顺直。

检验方法:观察和用钢尺检查。

f.水泥混凝土板块和水磨石板块面层的允许偏差应符合表6-84的规定。

检验方法:应按表6-84中的检验方法检验。

(5)料石面层。

料石面层采用天然条石和块石在结合层上铺设。

①主控项目。

a.面层材质应符合设计要求,条石的强度等级应大于MU60,块石的强度等级应大于MU30。

检验方法:观察和检查材质合格证明文件及检测报告。

b.面层与下一层应结合牢固,无松动。

检验方法:观察和用小锤轻击。

②一般项目。

a.条石面层应组砌合理,无十字缝,铺砌方向和坡度应符合设计要求;块石面层石料缝隙应相互错开,通缝不超过两块石料。

检验方法:观察和用坡度尺检查。

b.条石面层和块石面层的允许偏差应符合表6-84的规定。

检验方法:应按表6-84中的检验方法检验。

(6)塑料板面层。

①主控项目。

a.塑料板面层所用的塑料板块和卷材的品种、规格、颜色、等级应符合设计要求和现行国家标准的规定。

检验方法:观察和检查材质合格证明文件及检测报告。

b.面层与下一层的黏结应牢固,无翘边、脱胶、溢胶。

检验方法:观察和用小锤敲击及用钢尺检查。

注:卷材局部脱胶处面积不应大于 20 cm²,且相隔间距不小于 50 cm 可不计,凡单块板块料边角局部脱胶处且每自然间(标准间)不超过总数的 5% 者可不计。

②一般项目。

a.塑料板面层应表面洁净,图案清晰,色泽一致,接缝严密、美观。拼缝处的图案、花纹吻合,无胶痕;与墙边交接严密,阴阳角收边方正。

检验方法:观察。

b.板块的焊接,焊缝应平整、光洁,无焦化变色、斑点、焊瘤和起鳞等缺陷,其凹凸允许偏差为 ±0.6 mm。焊缝的抗拉强度不得小于塑料板强度的 75%。

检验方法:观察和检查检测报告。

c.镶边用料应尺寸准确、边角整齐、拼缝严密、接缝顺直。

检验方法:用钢尺检查和观察。

d.塑料板面层的允许偏差应符合表 6-84 的规定。

检验方法:应按表 6-84 中的检验方法检验。

(7)活动地板面层。

①主控项目。

a.面层材质必须符合设计要求,且应具有耐磨、防潮、阻燃、耐污染、耐老化和导静电等特点。

检验方法:观察和检查材质合格证明文件及检测报告。

b.活动地板面层应无裂纹、掉角和缺楞等缺陷。行走无声响、无摆动。

检验方法:观察和脚踩。

②一般项目。

a.活动地板面层应排列整齐、表面洁净、色泽一致、接缝均匀、周边顺直。

检验方法:观察。

b.活动地板面层的允许偏差应符合表 6-84 的规定。

检验方法:应按表 6-84 中的检验方法检验。

(8)地毯面层。

①主控项目。

a.地毯的品种、规格、颜色、花色、胶料和辅料及其材质必须符合设计要求和国家现行地毯产品标准的规定。

检验方法:观察和检查材质合格记录。

b.地毯表面应平服,拼缝处粘贴牢固、严密平整、图案吻合。

检验方法:观察。

②一般项目。

a.地毯表面不应起鼓、起皱、翘边、卷边、显拼缝、露线,无毛边,绒面毛顺光一致,毯面干净,无污染和损伤。

检验方法:观察。

b. 地毯同其他面层连接处、收口处和墙边、柱子周围应顺直、压紧。

检验方法:观察。

5. 木、竹面层铺设

(1)一般规定。

木、竹面层包括实木地板面层、实木复合地板面层、中密度(强化)复合地板面层、竹地板面层等(包括免刨免漆类)。

木、竹面层的允许偏差,应符合表 6-85 的规定。

表 6-85 　　　　　　　　　　　木、竹面层的允许偏差和检验方法

项次	项目	允许偏差/mm				检验方法
		实木地板面层			实木复合地板、中密度(强化)复合地板面层、竹地板面层	
		松木地板	硬木地板	拼花地板		
1	板面缝隙宽度	1.0	0.5	0.2	0.5	用钢尺检查
2	表面平整度	3.0	2.0	2.0	2.0	用 2 m 靠尺和楔形塞尺检查
3	踢脚线上口平齐	3.0	3.0	3.0	3.0	拉 5 m 通线,不足 5 m 拉通线和用钢尺检查
4	板面拼缝平直	3.0	3.0	3.0	3.0	
5	相邻板材高差	0.5	0.5	0.5	0.5	用钢尺和楔形塞尺检查
6	踢脚线与面层的接缝	1.0				用楔形塞尺检查

(2)实木地板面层。

①主控项目。

a. 实木地板面层所采用的材质和铺设时的木材含水率必须符合设计要求。木搁栅、垫木和毛地板等必须做防腐、防蛀处理。

检验方法:观察和检查材质合格证明文件及检测报告。

b. 木搁栅安装应牢固、平直。

检验方法:观察,脚踩。

c. 面层铺设应牢固,黏结无空鼓。

检验方法:观察、脚踩或用小锤轻击。

②一般项目。

a. 实木地板面层应刨平、磨光,无明显刨痕和毛刺等现象;图案清晰,颜色均匀一致。

检验方法:观察,手摸和脚踩。

b. 面层缝隙应严密;接头位置应错开、表面洁净。

检验方法:观察。

c. 拼花地板接缝应对齐,粘钉严密;缝隙宽度均匀一致;表面洁净,无溢胶。

检验方法:观察。

d. 踢脚线表面应光滑,接缝严密,高度一致。

检验方法:观察和钢尺。

e.实木地板面层的允许偏差应符合表 6-85 的规定。

检验方法:应按表 6-85 中的检验方法检验。

(3)实木复合地板面层。

①主控项目。

a.实木复合地板面层所采用的条材和块材,其技术等级及质量要求应符合设计要求。木搁栅、垫木和毛地板等必须做防腐、防蛀处理。

检验方法:观察和检查材质合格证明文件及检测报告。

b.木搁栅安装应牢固、平直。

检验方法:观察,脚踩。

c.面层铺设应牢固,粘贴无空鼓。

检验方法:观察,脚踩或用小锤轻击。

②一般项目。

a.实木复合地板面层图案和颜色应符合设计要求,且图案清晰、颜色一致、板面无翘曲。

检验方法:观察,用 2 m 靠尺和楔形塞尺检查。

b.面层的接头应错开、缝隙严密、表面洁净。

检验方法:观察。

c.踢脚线表面光滑,接缝严密,高度一致。

检验方法:观察和用钢尺检查。

d.实木复合地板面层的允许偏差应符合表 6-85 的规定。

检验方法:应按表 6-85 中的检验方法检验。

(4)中密度(强化)复合地板面层。

①主控项目。

a.中密度(强化)复合地板面层所采用的材料,其技术等级及质量要求应符合设计要求。木搁栅、垫木和毛地板等应做防腐、防蛀处理。

检验方法:观察和检查材质合格证明文件及检测报告。

b.木搁栅安装应牢固、平直。

检验方法:观察,脚踩。

c.面层铺设应牢固。

检验方法:观察,脚踩。

②一般项目。

a.中密度(强化)复合地板面层图案和颜色应符合设计要求,且图案清晰、颜色一致、板面无翘曲。

检验方法:观察,用 2 m 靠尺和楔形塞尺检查。

b.面层的接头应错开、缝隙严密、表面洁净。

检验方法:观察。

c.踢脚线表面应光滑、接缝严密、高度一致。

检验方法:观察和用钢尺检查。

d.中密度(强化)复合木地板面层的允许偏差应符合表 6-85 的规定。

检验方法:应按表 6-85 中的检验方法检验。

(5)竹地板面层。

①主控项目。

a.竹地板面层所采用的材料,其技术等级和质量要求应符合设计要求。木搁栅、毛地板和垫木等应做防腐、防蛀处理。

检验方法:观察和检查材质合格证明文件及检测报告。

b.木搁栅安装应牢固、平直。

检验方法:观察,脚踩。

c.面层铺设应牢固,粘贴无空鼓。

检验方法:观察,脚踩或用小锤轻击。

②一般项目。

a.竹地板面层品种与规格应符合设计要求,板面无翘曲。

检验方法:观察,用 2 m 靠尺和楔形塞尺检查。

b.面层缝隙应均匀,接头位置错开,表面洁净。

检验方法:观察。

c.踢脚线表面应光滑、接缝均匀、高度一致。

检验方法:观察和用钢尺检查。

d.竹地板面层的允许偏差应符合表 6-85 的规定。

检验方法:应按表 6-85 中的检验方法检验。

6. 分部(子分部)工程验收

(1)建筑地面工程子分部工程质量验收应检查下列工程质量文件和记录:

①建筑地面工程设计图纸和变更文件等;

②原材料的出厂检验报告和质量合格保证文件、材料进场检(试)验报告(含抽样报告);

③各层的强度等级、密实度等试验报告和测定记录;

④各类建筑地面工程施工质量控制文件;

⑤各构造层的隐蔽验收及其他有关验收文件。

(2)建筑地面工程子分部工程质量验收应检查下列安全和功能项目:

①有防水要求的建筑地面子分部工程的分项工程施工质量的蓄水检验记录,并抽查复验认定;

②建筑地面板、块面层铺设子分部工程和木、竹面层铺设子分部工程采用的天然石材、胶黏剂、沥青胶结料和涂料等材料证明资料。

(3)建筑地面工程子分部工程观感质量综合评价应检查下列项目:

①变形缝的位置和宽度以及填缝质量应符合规定;

②室内建筑地面工程按各子分部工程经抽查分别作出评价；

③楼梯、踏步等工程项目经抽查分别作出评价。

6.5.4 建筑装饰装修工程质量验收的具体实施

1. 术语

(1)建筑装饰装修。

建筑装饰装修是为保护建筑物的主体结构、完善建筑物的使用功能和美化建筑物，采用装饰装修材料或饰物，对建筑物的内外表面及空间进行的各种处理过程。

(2)基体。

基体是建筑物的主体结构或围护结构。

(3)基层。

基层是直接承受装饰装修施工的面层。

(4)细部。

细部是建筑装饰装修工程中局部采用的部件或饰物。

2. 抹灰工程

(1)一般规定。

①抹灰工程验收时应检查下列文件和记录：

a.抹灰工程的施工图、设计说明及其他设计文件。

b.材料的产品合格证书、性能检测报告、进场验收记录和复验报告。

c.隐蔽工程验收记录。

d.施工记录。

②各分项工程的检验批应按下列规定划分：

a.相同材料、工艺和施工条件的室外抹灰工程每 500～1000 m² 应划分为一个检验批，不足 500 m² 也应划分为一个检验批。

b.相同材料、工艺和施工条件的室内抹灰工程每 50 个自然间(大面积房间和走廊按抹灰面积 30 m² 为一间)应划分为一个检验批，不足 50 间也应划分为一个检验批。

③检查数量应符合下列规定：

a.室内每个检验批应至少抽查 10%，并不得少于 3 间；不足 3 间时应全数检查。

b.室外每个检验批每 100 m² 应至少抽查 1 处，每处不得小于 10 m²。

(2)一般抹灰工程。

一般抹灰工程分为普通抹灰和高级抹灰。

①主控项目。

a.抹灰前基层表面的尘土、污垢、油渍等应清除干净，并应洒水润湿。

检验方法：检查施工记录。

b.一般抹灰所用材料的品种和性能应符合设计要求。水泥的凝结时间和安定性复验应合格。砂浆的配合比应符合设计要求。

检验方法:检查产品合格证书、进场验收记录、复验报告和施工记录。

c.抹灰工程应分层进行。当抹灰总厚度大于或等于 35 mm 时,应采取加强措施。不同材料基体交接处表面的抹灰,应采取防止开裂的加强措施,当采用加强网时,加强网与各基体的搭接宽度不应小于 100 mm。

检验方法:检查隐蔽工程验收记录和施工记录。

d.抹灰层与基层之间及各抹灰层之间必须黏结牢固,抹灰层应无脱层、空鼓,面层应无爆灰和裂缝。

检验方法:观察,用小锤轻击及检查施工记录。

②一般项目。

a.一般抹灰工程的表面质量应符合下列规定:

(a)普通抹灰表面应光滑、洁净、接槎平整,分格缝应清晰。

(b)高级抹灰表面应光滑、洁净、颜色均匀、无抹纹,分格缝和灰线应清晰、美观。

检验方法:观察,手摸。

b.护角、孔洞、槽、盒周围的抹灰表面应整齐、光滑;管道后面的抹灰表面应平整。

检验方法:观察。

c.抹灰层的总厚度应符合设计要求,水泥砂浆不得抹在石灰砂浆层上,罩面石膏灰不得抹在水泥砂浆层上。

检验方法:检查施工记录。

d.抹灰分格缝的设置应符合设计要求,宽度和深度应均匀,表面应光滑,棱角应整齐。

检验方法:观察,尺量检查。

e.有排水要求的部位应做滴水线(槽)。滴水线(槽)应整齐、顺直,滴水线应内高外低,滴水槽的宽度和深度均不应小于 10 mm。

检验方法:观察,尺量检查。

f.一般抹灰工程质量的允许偏差和检验方法应符合表 6-86 的规定。

表 6-86 　　　　　　　　　　　**一般抹灰工程质量的允许偏差和检验方法**

项次	项目	允许偏差/mm		检验方法
		普通抹灰	高级抹灰	
1	立面垂直度	4	3	用 2 m 垂直检测尺检查
2	表面平整度	4	3	用 2 m 靠尺和塞尺检查
3	阴阳角方正	4	3	用直角检测尺检查
4	分格条(缝)直线度	4	3	拉 5 m 线,不足 5 m 拉通线,用钢直尺检查
5	墙裙、勒脚上口直线度	4	3	拉 5 m 线,不足 5 m 拉通线,用钢直尺检查

注:1.普通抹灰,本表第 3 项阴角方正可不检查;

　　2.顶棚抹灰,本表第 2 项表面平整度可不检查,但应平顺。

（3）装饰抹灰工程。

①主控项目。

a. 抹灰前基层表面的尘土、污垢、油渍等应清除干净，并洒水润湿。

检验方法：检查施工记录。

b. 装饰抹灰工程所用材料的品种和性能应符合设计要求；水泥的凝结时间和安定性复验应合格；砂浆的配合比应符合设计要求。

检验方法：检查产品合格证书、进场验收记录、复验报告和施工记录。

c. 抹灰工程应分层进行。当抹灰总厚度大于或等于 35 mm 时，应采取加强措施。不同材料基体交接处表面的抹灰，应采取防止开裂的加强措施；当采用加强网时，加强网与各基体的搭接宽度不应小于 100 mm。

检验方法：检查隐蔽工程验收记录和施工记录。

d. 各抹灰层之间及抹灰层与基体之间必须黏结牢固，抹灰层应无脱层、空鼓和裂缝。

检验方法：观察，用小锤轻击及检查施工记录。

②一般项目。

a. 装饰抹灰工程的表面质量应符合下列规定：

（a）水刷石表面应石粒清晰、分布均匀、紧密平整、色泽一致，并无掉粒和接槎痕迹。

（b）斩假石表面剁纹应均匀顺直、深浅一致，应无漏剁处；阳角处应横剁并留出宽窄一致的不剁边条，棱角应无损坏。

（c）干粘石表面应色泽一致、不露浆、不漏粘，石粒应黏结牢固、分布均匀，阳角处应无明显黑边。

（d）假面砖表面应平整、沟纹清晰、留缝整齐、色泽一致，应无掉角、脱皮、起砂等缺陷。

检验方法：观察，手摸。

b. 装饰抹灰分格条（缝）的设置应符合设计要求，宽度和深度应均匀，表面应平整、光滑，棱角应整齐。

检验方法：观察。

c. 有排水要求的部位应做滴水线（槽）。滴水线（槽）应整齐、顺直，滴水线应内高外低，滴水槽的宽度和深度均不应小于 10 mm。

检验方法：观察，尺量。

d. 装饰抹灰工程质量的允许偏差和检验方法应符合表 6-87 的规定。

表 6-87　　　　　　　装饰抹灰工程质量的允许偏差和检验方法

项次	项目	允许偏差/mm				检验方法
		水刷石	斩假石	干粘石	假面砖	
1	立面垂直度	5	4	5	5	用 2 m 垂直检测尺检查
2	表面平整度	3	3	5	4	用 2 m 靠尺和塞尺检查
3	阳角方正	3	3	4	4	用直角检测尺检查

续表

项次	项目	允许偏差/mm				检验方法
		水刷石	斩假石	干粘石	假面砖	
4	分格条(缝)直线度	3	3	3	3	拉 5 m 线,不足 5 m 拉通线,用钢直尺检查
5	墙裙、勒脚上口直线度	3	3	—	—	拉 5 m 线,不足 5 m 拉通线,用钢直尺检查

(4)清水砌体勾缝工程。

①主控项目。

a.清水砌体勾缝所用水泥的凝结时间和安定性复验应合格。砂浆的配合比应符合设计要求。

检验方法:检查复验报告和施工记录。

b.清水砌体勾缝应无漏勾。勾缝材料应黏结牢固、无开裂。

检验方法:观察。

②一般项目。

a.清水砌体勾缝应横平竖直,交接处应平顺,宽度和深度应均匀,表面应压实抹平。

检验方法:观察,尺量。

b.灰缝应颜色一致,砌体表面应洁净。

检验方法:观察。

3.门窗工程

(1)门窗产品。

平开铝合金门有 50、55、70 系列,推拉铝合金门有 70、90 系列,铝合金地弹门有 70、100 系列,平开铝合金窗有 40、50、70 系列,推拉铝合金窗有 55、60、70、90、90-1 系列。

塑钢门有平开门、推拉门、固定门。平开门有 50、58 系列,推拉门有 80、85、85A、95 系列,固定门有 50、58 系列。

塑钢窗有固定窗、平开窗、中悬窗、推拉窗。固定窗有 45、50、58 系列,平开窗有 45、45A、50、58 系列,中悬窗有 50、58 系列,推拉窗有 75、80、85、85A、95、95A 系列。

(2)一般规定。

①门窗工程验收时应检查下列文件和记录:

a.门窗工程的施工图、设计说明及其他设计文件。

b.材料的产品合格证书、性能检测报告、进场验收记录和复验报告。

c.特种门及其附件的生产许可文件。

d.隐蔽工程验收记录。

e.施工记录。

②各分项工程的检验批应按下列规定划分:

a.同一品种、类型和规格的木门窗、金属门窗、塑料门窗及门窗玻璃每 100 樘应划分为一个检验批,不足 100 樘也应划分为一个检验批。

b.同一品种、类型和规格的特种门每 50 樘应划分为一个检验批,不足 50 樘也应划分为一个检验批。

③检查数量应符合下列规定:

a.木门窗、金属门窗、塑料门窗及门窗玻璃,每个检验批应至少抽查 5%,并不得少于 3 樘,不足 3 樘时应全数检查;高层建筑的外窗,每个检验批应至少抽查 10%,并不得少于 6 樘,不足 6 樘时应全数检查。

b.特种门每个检验批应至少抽查 50%,并不得少于 10 樘,不足 10 樘时应全数检查。

(3)木门窗制作与安装工程。

①主控项目。

a.木门窗的木材品种、材质等级、规格、尺寸、框扇的线型及人造木板的甲醛含量应符合设计要求。

检验方法:观察,检查材料进场验收记录和复验报告。

b.木门窗应采用烘干的木材,含水率应符合《木门窗》(GB/T 29498—2013)的规定。

检验方法:检查材料进场验收记录。

c.木门窗的防火、防腐、防虫处理应符合设计要求。

检验方法:观察,检查材料进场验收记录。

d.木门窗的结合处和安装配件处不得有木节或已填补的木节。木门窗如有允许限值以内的死节及直径较大的虫眼,应用同一材质的木塞加胶填补。对于清漆制品,木塞的木纹和色泽应与制品一致。

检验方法:观察。

e.门窗框和厚度大于 50 mm 的门窗扇应用双榫连接。榫槽应采用胶料严密嵌合,并应用胶楔加紧。

检验方法:观察,手扳检查。

f.胶合板门、纤维板门和模压门不得脱胶。胶合板不得刨透表层单板,不得有戗槎。制作胶合板门、纤维板门时,边框和横楞应在同一平面上,面层、边框及横楞应加压胶结。横楞和上、下冒头应各钻两个以上的透气孔,透气孔应通畅。

检验方法:观察。

g.木门窗的品种、类型、规格、开启方向、安装位置及连接方式应符合设计要求。

检验方法:观察,尺量,检查成品门的产品合格证书。

h.木门窗框的安装必须牢固。预埋木砖的防腐处理、木门窗框固定点的数量、位置及固定方法应符合设计要求。

检验方法:观察,手扳,检查隐蔽工程验收记录和施工记录。

i.木门窗扇必须安装牢固,并应开关灵活,关闭严密,无倒翘。

检验方法:观察,开启和关闭检查,手扳检查。

j.木门窗配件的型号、规格、数量应符合设计要求,安装应牢固,位置应正确,功能应满足使用要求。

检验方法:观察,开启和关闭检查,手扳检查。

②一般项目。

a.木门窗表面应洁净,不得有刨痕、锤印。

检验方法:观察。

b.木门窗的割角、拼缝应严密、平整。门窗框、扇裁口应顺直,刨面应平整。

检验方法:观察。

c.木门窗上的槽、孔应边缘整齐,无毛刺。

检验方法:观察。

d.木门窗与墙体间缝隙的填嵌材料应符合设计要求,填嵌应饱满。寒冷地区外门窗(或门窗框)与砌体间的空隙应填充保温材料。

检验方法:轻敲门窗框,检查隐蔽工程验收记录和施工记录。

e.木门窗批水、盖口条、压缝条、密封条的安装应顺直,与门窗结合应牢固、严密。

检验方法:观察,手扳检查。

f.木门窗制作的允许偏差和检验方法应符合表6-88的规定。

表 6-88　　　　　　　　　**木门窗制作的允许偏差和检验方法**

项次	项目	构件名称	允许偏差/mm		检验方法
			普通	高级	
1	翘曲	框	3	2	将框、扇平放在检查平台上,用塞尺检查
		扇	2	2	
2	对角线长度差	框、扇	3	2	用钢尺检查,框量裁口里角,扇量外角
3	表面平整度	扇	2	2	用1 m靠尺和塞尺检查
4	高度、宽度	框	0,−2	0,−1	用钢尺检查,框量裁口里角,扇量外角
		扇	+2,0	+1,0	
5	裁口、线条结合处高低差	框、扇	1	0.5	用钢直尺和塞尺检查
6	相邻棂子两端间距	扇	2	1	用钢直尺检查

g.木门窗安装的留缝限值、允许偏差和检验方法应符合表6-89的规定。

表 6-89　　　　　　　**木门窗安装的留缝限值、允许偏差和检验方法**

项次	项目	留缝限值/mm		允许偏差/mm		检验方法
		普通	高级	普通	高级	
1	门窗槽口对角线长度差	—	—	3	2	用钢尺检查
2	门窗框的正、侧面垂直度	—	—	2	1	用1 m垂直检测尺检查
3	框与扇、扇与扇接缝高低差	—	—	2	1	用钢直尺和塞尺检查

项次	项目		留缝限值/mm		允许偏差/mm		检验方法
			普通	高级	普通	高级	
4	门窗扇对口缝		1～2.5	1.5～2	—	—	用塞尺检查
5	工业厂房双扇大门对口缝		2～5	—	—	—	用塞尺检查
6	门窗扇与上框间留缝		1～2	1～1.5	—	—	
7	门窗扇与侧框间留缝		1～2.5	1～1.5	—	—	
8	窗扇与下框间留缝		2～3	2～2.5	—	—	
9	门扇与下框间留缝		3～5	3～4	—	—	
10	双层门窗内外框间距		—	—	4	3	用钢尺检查
11	无下框时门扇与地面间留缝	外门	4～7	5～6	—	—	用塞尺检查
		内门	5～8	6～7	—	—	
		卫生间门	8～12	8～10	—	—	
		厂房大门	10～20	—	—	—	

（4）金属门窗安装工程。

①主控项目。

a.金属门窗的品种、类型、规格、尺寸、性能、开启方向、安装位置、连接方式及铝合金门窗的型材壁厚应符合设计要求。金属门窗的防腐处理及填嵌、密封处理应符合设计要求。

检验方法：观察，尺量，检查产品合格证书、性能检测报告、进场验收记录和复验报告，检查隐蔽工程验收记录。

b.金属门窗框和副框的安装必须牢固。预埋件的数量、位置、埋设方式、与框的连接方式必须符合设计要求。

检验方法：手扳，检查隐蔽工程验收记录。

c.金属门窗扇必须安装牢固，并应开关灵活、关闭严密，无倒翘。推拉门窗扇必须有防脱落措施。

检验方法：观察，开启和关闭检查，手扳检查。

d.金属门窗配件的型号、规格、数量应符合设计要求，安装应牢固，位置应正确，功能应满足使用要求。

检验方法：观察，开启和关闭检查，手扳检查。

②一般项目。

a.金属门窗表面应洁净、平整、光滑、色泽一致，无锈蚀。大面应无划痕、碰伤。漆膜或保护层应连续。

检验方法：观察。

b.铝合金门窗推拉门窗扇开关力应不大于 100 N。

检验方法:用弹簧秤检查。

c.金属门窗框与墙体之间的缝隙应填嵌饱满,并采用密封胶密封。密封胶表面应光滑、顺直,无裂纹。

检验方法:观察,轻敲门窗框,检查隐蔽工程验收记录。

d.金属门窗扇的橡胶密封条或毛毡密封条应安装完好,不得脱槽。

检验方法:观察,开启和关闭检查。

e.有排水孔的金属门窗,排水孔应畅通,位置和数量应符合设计要求。

检验方法:观察。

f.钢门窗安装的留缝限值、允许偏差和检验方法应符合表6-90的规定。

表6-90 钢门窗安装的留缝限值、允许偏差和检验方法

项次	项目		留缝限值/mm	允许偏差/mm	检验方法
1	门窗槽口宽度、高度	≤1500 mm	—	2.5	用钢尺检查
		>1500 mm	—	3.5	
2	门窗槽口对角线长度差	≤2000 mm	—	5	用钢尺检查
		>2000 mm	—	6	
3	门窗框的正、侧面垂直度		—	3	用1 m垂直检测尺检查
4	门窗横框的水平度		—	3	用1 m水平尺和塞尺检查
5	门窗横框标高		—	5	用钢尺检查
6	门窗竖向偏离中心		—	4	用钢尺检查
7	双层门窗内外框间距		—	5	用钢尺检查
8	门窗框、扇配合间隙		≤2	—	用塞尺检查
9	无下框时门扇与地面间留缝		4~8	—	用塞尺检查

g.铝合金门窗安装的允许偏差和检验方法应符合表6-91的规定。

表6-91 铝合金门窗安装的允许偏差和检验方法

项次	项目		允许偏差/mm	检验方法
1	门窗槽口宽度、高度	≤1500 mm	1.5	用钢尺检查
		>1500 mm	2	
2	门窗槽口对角线长度差	≤2000 mm	3	用钢尺检查
		>2000 mm	4	
3	门窗框的正、侧面垂直度		2.5	用垂直检测尺检查
4	门窗横框的水平度		2	用1 m水平尺和塞尺检查
5	门窗横框标高		5	用钢尺检查
6	门窗竖向偏离中心		5	用钢尺检查

项次	项目	允许偏差/mm	检验方法
7	双层门窗内外框间距	4	用钢尺检查
8	推拉门窗扇与框搭接量	1.5	用钢直尺检查

h.涂色镀锌钢板门窗安装的允许偏差和检验方法应符合表 6-92 的规定。

表 6-92　　　　　　　涂色镀锌钢板门窗安装的允许偏差和检验方法

项次	项目		允许偏差/mm	检验方法
1	门窗槽口宽度、高度	≤1500 mm	2	用钢尺检查
		>1500 mm	3	
2	门窗槽口对角线长度差	≤2000 mm	4	用钢尺检查
		>2000 mm	5	
3	门窗框的正、侧面垂直度		3	用垂直检测尺检查
4	门窗横框的水平度		3	用 1 m 水平尺和塞尺检查
5	门窗横框标高		5	用钢尺检查
6	门窗竖向偏离中心		5	用钢尺检查
7	双层门窗内外框间距		4	用钢尺检查
8	推拉门窗扇与框搭接量		2	用钢直尺检查

(5)塑料门窗安装工程。

①主控项目。

a.塑料门窗的品种、类型、规格、尺寸、开启方向、安装位置、连接方式及填嵌密封处理应符合设计要求,内衬增强型钢的壁厚及设置应符合国家现行产品标准的质量要求。

检验方法:观察,尺量,检查产品合格证书、性能检测报告、进场验收记录和复验报告,检查隐蔽工程验收记录。

b.塑料门窗框、副框和扇的安装必须牢固。固定片或膨胀螺栓的数量与位置应正确,连接方式应符合设计要求。固定点应距窗角、中横框、中竖框 150～200 mm,固定点间距应不大于 600 mm。

检验方法:观察,手扳,检查隐蔽工程验收记录。

c.塑料门窗拼樘料内衬增强型钢的规格、壁厚必须符合设计要求,型钢应与型材内腔紧密吻合,其两端必须与洞口固定牢固。窗框必须与拼樘料连接紧密,固定点间距应不大于 600 mm。

检验方法:观察,手扳,尺量,检查进场验收记录。

d.塑料门窗扇应开关灵活、关闭严密,无倒翘。推拉门窗扇必须有防脱落措施。

检验方法:观察,开启和关闭检查,手扳检查。

e.塑料门窗配件的型号、规格、数量应符合设计要求,安装应牢固,位置应正确,功能应满足使用要求。

检验方法:观察、手扳和尺量。

f.塑料门窗框与墙体间缝隙应采用闭孔弹性材料填嵌饱满,表面应采用密封胶密封。密封胶应黏结牢固,表面应光滑、顺直、无裂纹。

检验方法:观察,检查隐蔽工程验收记录。

②一般项目。

a.塑料门窗表面应洁净、平整、光滑,大面应无划痕、碰伤。

检验方法:观察。

b.塑料门窗扇的密封条不得脱槽;旋转窗间隙应基本均匀。

c.塑料门窗扇的开关力应符合下列规定:

(a)平开门窗扇平铰链的开关力应不大于 80 N;滑撑铰链的开关力应不大于 80 N,并不小于 30 N。

(b)推拉门窗扇的开关力应不大于 100 N。

检验方法:观察和用弹簧秤检查。

d.玻璃密封条与玻璃及玻璃槽口的接缝应平整,不得卷边、脱槽。

检验方法:观察。

e.排水孔应畅通,位置和数量应符合设计要求。

检验方法:观察。

f.塑料门窗安装的允许偏差和检验方法应符合表 6-93 的规定。

表 6-93　　　　　　　　　　塑料门窗安装的允许偏差和检验方法

项次	项目		允许偏差/mm	检验方法
1	门窗槽口宽度、高度	≤1500 mm	2	用钢尺检查
		>1500 mm	3	
2	门窗槽口对角线长度差	≤2000 mm	3	用钢尺检查
		>2000 mm	5	
3	门窗框的正、侧面垂直度		3	用 1 m 垂直检测尺检查
4	门窗横框的水平度		3	用 1 m 水平尺和塞尺检查
5	门窗横框标高		5	用钢尺检查
6	门窗竖向偏离中心		5	用钢直尺检查
7	双层门窗内外框间距		4	用钢尺检查
8	同樘平开门窗相邻扇高度差		2	用钢直尺检查
9	平开门窗铰链部位配合间隙		+2,−1	用塞尺检查
10	推拉门窗扇与框搭接量		+1.5,−2.5	用钢直尺检查
11	推拉门窗扇与竖框平行度		2	用 1 m 水平尺和塞尺检查

(6)特种门安装工程。

①主控项目。

a.特种门的质量和各项性能应符合设计要求。

检验方法:检查生产许可证、产品合格证书和性能检测报告。

b.特种门的品种、类型、规格、尺寸、开启方向、安装位置及防腐处理应符合设计要求。

检验方法:观察,尺量,检查进场验收记录、隐蔽工程验收记录。

c.带有机械装置、自动装置或智能化装置的特种门,其机械装置、自动装置或智能化装置的功能应符合设计要求和有关标准的规定。

检验方法:启动机械装置、自动装置或智能化装置,观察。

d.特种门的安装必须牢固。预埋件的数量、位置、埋设方式、与框的连接方式必须符合设计要求。

检验方法:观察、手扳、检查隐蔽工程验收记录。

e.特种门的配件应齐全,位置应正确,安装应牢固,功能应满足使用要求和特种门的各项性能要求。

检验方法:观察,手扳,检查产品合格证书、性能检测报告和进场验收记录。

②一般项目。

a.特种门的表面装饰应符合设计要求。

检验方法:观察。

b.特种门的表面应洁净,无划痕、碰伤。

检验方法:观察。

c.推拉自动门安装的留缝限值、允许偏差和检验方法应符合表 6-94 的规定。

表 6-94 推拉自动门安装的留缝限值、允许偏差和检验方法

项次	项目		留缝限值/ mm	允许偏差/ mm	检验方法
1	门槽口宽度、高度	≤1500 mm	—	1.5	用钢尺检查
		>1500 mm	—	2	
2	门槽口对角线长度差	≤2000 mm	—	2	用钢尺检查
		>2000 mm	—	2.5	
3	门框的正、侧面垂直度		—	L	用 1 m 垂直检测尺检查
4	门构件装配间隙		—	0.3	用塞尺检查
5	门梁导轨水平度		—	1	用 1 m 水平尺和塞尺检查
6	下导轨与门梁导轨平行度		—	1.5	用钢尺检查
7	门扇与侧框间留缝		1.2~1.8	—	用塞尺检查
8	门扇对口缝		1.2~1.8	—	用塞尺检查

d.推拉自动门的感应时间限值和检验方法应符合表 6-95 的规定。

表 6-95　　　　　　　　　　　　推拉自动门的感应时间限值和检验方法

项次	项目	感应时间限值/s	检验方法
1	开门响应时间	≤0.5	用秒表检查
2	堵门保护延时	16～20	用秒表检查
3	门扇全开启后保持时间	13～17	用秒表检查

e.旋转门安装的允许偏差和检验方法应符合表 6-96 的规定。

表 6-96　　　　　　　　　　　　旋转门安装的允许偏差和检验方法

项次	项目	允许偏差/mm		检验方法
		金属框架玻璃旋转门	木质旋转门	
1	门扇正、侧面垂直度	1.5	1.5	用 1 m 垂直检测尺检查
2	门扇对角线长度差	1.5	1.5	用钢尺检查
3	相邻扇高度差	1	1	用钢尺检查
4	扇与圆弧边留缝	1.5	2	用塞尺检查
5	扇与上顶间留缝	2	2.5	用塞尺检查
6	扇与地面间留缝	2	2.5	用塞尺检查

(7)门窗玻璃安装工程。

门窗玻璃安装工程包括平板、吸热、反射、中空、夹层、夹丝、磨砂、钢化、压花玻璃等玻璃安装工程。

①主控项目。

a.玻璃的品种、规格、尺寸、色彩、图案和涂膜朝向应符合设计要求。单块玻璃大于 1.5 mm² 时应使用安全玻璃。

检验方法:观察,检查产品合格证书、性能检测报告和进场验收记录。

b.门窗玻璃裁割尺寸应正确。安装后的玻璃应牢固,不得有裂纹、损伤和松动。

检验方法:观察和用小锤轻敲。

c.玻璃的安装方法应符合设计要求。固定玻璃的钉子或钢丝卡的数量、规格应保证玻璃安装牢固。

检验方法:观察和检查施工记录。

d.镶钉木压条接触玻璃处,应与裁口边缘平齐。木压条应互相紧密连接,并与裁口边缘紧贴,割角应整齐。

检验方法:观察。

e.密封条与玻璃、玻璃槽口的接触应紧密、平整。密封胶与玻璃、玻璃槽口的边缘应黏结牢固、接缝平齐。

检验方法:观察。

f.带密封条的玻璃压条,其密封条必须与玻璃全部贴紧,压条与型材之间应无明显缝隙,压条接缝应不大于 0.5 mm。

检验方法:观察和尺量。

②一般项目。

a. 玻璃表面应洁净,不得有腻子、密封胶、涂料等污渍。中空玻璃内外表面均应洁净,玻璃中空层内不得有灰尘和水蒸气。

检验方法:观察。

b. 门窗玻璃不应直接接触型材。单面镀膜玻璃的镀膜层及磨砂玻璃的磨砂面应朝向室内。中空玻璃的单面镀膜玻璃应在最外层,镀膜层应朝向室内。

检验方法:观察。

c. 腻子应填抹饱满、黏结牢固;腻子边缘与裁口应平齐。固定玻璃的卡子不应在腻子表面显露。

检验方法:观察。

4. 吊顶工程

(1)一般规定。

①吊顶工程验收时应检查下列文件和记录:

a. 吊顶工程的施工图、设计说明及其他设计文件。

b. 材料的产品合格证书、性能检测报告、进场验收记录和复验报告。

c. 隐蔽工程验收记录。

d. 施工记录。

②各分项工程的检验批应按下列规定划分:同一品种的吊顶工程每 50 间(大面积房间和走廊按吊顶面积 30 m² 为一间)应划分为一个检验批,不足 50 间也应划分为一个检验批。

③检查数量应符合下列规定:每个检验批应至少抽查 10%,并不得少于 3 间;不足 3 间时应全数检查。

(2)暗龙骨吊顶工程。

暗龙骨吊顶工程包括以轻钢龙骨、铝合金龙骨、木龙骨等为骨架,以石膏板、金属板、矿棉板、木板、塑料板或格栅等为饰面材料的暗龙骨吊顶。

①主控项目。

a. 吊顶标高、尺寸、起拱和造型应符合设计要求。

检验方法:观察和尺量。

b. 饰面材料的材质、品种、规格、图案和颜色应符合设计要求。

检验方法:观察,检查产品合格证书、性能检测报告、进场验收记录和复验报告。

c. 暗龙骨吊顶工程的吊杆、龙骨和饰面材料的安装必须牢固。

检验方法:观察,手扳,检查隐蔽工程验收记录和施工记录。

d. 吊杆、龙骨的材质、规格、安装间距及连接方式应符合设计要求。金属吊杆、龙骨应经过表面防腐处理;木吊杆、龙骨应进行防腐、防火处理。

检验方法:观察,尺量,检查产品合格证书、性能检测报告、进场验收记录和隐蔽工程验收记录。

e.石膏板的接缝应按其施工工艺标准进行板缝防裂处理。安装双层石膏板时,面层板与基层板的接缝应错开,并不得在同一根龙骨上接缝。

检验方法:观察。

②一般项目。

a.饰面材料表面应洁净、色泽一致,不得有翘曲、裂缝及缺损。压条应平直、宽窄一致。

检验方法:观察和尺量。

b.饰面板上的灯具、烟感器、喷淋头、风口箅子等设备的位置应合理、美观,与饰面板的交接应吻合、严密。

检验方法:观察。

c.金属吊杆、龙骨的接缝应均匀一致,角缝应吻合,表面应平整,无翘曲、锤印。木质吊杆、龙骨应顺直,无劈裂、变形。

检验方法:检查隐蔽工程验收记录和施工记录。

d.吊顶内填充吸声材料的品种和铺设厚度应符合设计要求,并应有防散落措施。

检验方法:检查隐蔽工程验收记录和施工记录。

e.暗龙骨吊顶工程安装的允许偏差和检验方法应符合表6-97的规定。

表 6-97　　　　　　　暗龙骨吊顶工程安装的允许偏差和检验方法

项次	项目	允许偏差/mm				检验方法
		纸面石膏板	金属板	矿棉板	木板、塑料板、格栅	
1	表面平整度	3	2	2	2	用 2 m 靠尺和塞尺检查
2	接缝直线度	3	1.5	3	3	拉 5 m 线,不足 5 m 拉通线,用钢直尺检查
3	接缝高低差	1	1	1.5	1	用钢直尺和塞尺检查

(3)明龙骨吊顶工程。

明龙骨吊顶工程包括以轻钢龙骨、铝合金龙骨、木龙骨等为骨架,以石膏板、金属板、矿棉板、塑料板、玻璃板或格栅等为饰面材料的明龙骨吊顶。

①主控项目。

a.吊顶标高、尺寸、起拱和造型应符合设计要求。

检验方法:观察和尺量。

b.饰面材料的材质、品种、规格、图案和颜色应符合设计要求。当饰面材料为玻璃板时,应使用安全玻璃或采取可靠的安全措施。

检验方法:观察,检查产品合格证书、性能检测报告和进场验收记录。

c.饰面材料的安装应稳固严密。饰面材料与龙骨的搭接宽度应大于龙骨受力面宽度的2/3。

检验方法:观察,手扳和尺量。

d. 吊杆、龙骨的材质、规格、安装间距及连接方式应符合设计要求。金属吊杆、龙骨应进行表面防腐处理;木龙骨应进行防腐、防火处理。

检验方法:观察,尺量,检查产品合格证书、进场验收记录和隐蔽工程验收记录。

e. 明龙骨吊顶工程的吊杆和龙骨安装必须牢固。

检验方法:手扳,检查隐蔽工程验收记录和施工记录。

②一般项目。

a. 饰面材料表面应洁净、色泽一致,不得有翘曲、裂缝及缺损。饰面板与明龙骨的搭接应平整、吻合,压条应平直、宽窄一致。

检验方法:观察和尺量。

b. 饰面板上的灯具、烟感器、喷淋头、风口算子等设备的位置应合理、美观,与饰面板的交接应吻合、严密。

检验方法:观察。

c. 金属龙骨的接缝应平整、吻合、颜色一致,不得有划伤、擦伤等表面缺陷。木质龙骨应平整、顺直,无劈裂。

检验方法:观察。

d. 吊顶内填充吸声材料的品种和铺设厚度应符合设计要求,并应有防散落措施。

检验方法:检查隐蔽工程验收记录和施工记录。

e. 明龙骨吊顶工程安装的允许偏差和检验方法应符合表 6-98 的规定。

表 6-98　　　　　　　　　明龙骨吊顶工程安装的允许偏差和检验方法

项次	项目	允许偏差/mm				检验方法
		石膏板	金属板	矿棉板	塑料板、玻璃板	
1	表面平整度	3	2	3	2	用 2 m 靠尺和塞尺检查
2	接缝直线度	3	2	3	3	拉 5 m 线,不足 5 m 通线,用钢直尺检查
3	接缝高低差	1	1	2	1	用钢直尺和塞尺检查

5. 轻质隔墙工程

(1)一般规定。

轻质隔墙包括板材隔墙、骨架隔墙、活动隔墙、玻璃隔墙等。

①轻质隔墙工程验收时应检查下列文件和记录:

a. 轻质隔墙工程的施工图、设计说明及其他设计文件。

b. 材料的产品合格证书、性能检测报告、进场验收记录和复验报告。

c. 隐蔽工程验收记录。

d. 施工记录。

②各分项工程的检验批应按下列规定划分:同一品种的轻质隔墙工程每 50 间(大面积房间和走廊按轻质隔墙的墙面 30 m² 为一间)应划分为一个检验批,不足 50 间也应划分为一个检验批。

（2）板材隔墙工程。

板材隔墙包括复合轻质墙板、石膏空心板、预制或现制的钢丝网水泥板等。

①主控项目。

a.隔墙板材的品种、规格、性能、颜色应符合设计要求。有隔声、隔热、阻燃、防潮等特殊要求的工程，板材应有相应性能等级的检测报告。

检验方法：观察，检查产品合格证书、进场验收记录和性能检测报告。

b.安装隔墙板材所需预埋件、连接件的位置、数量及连接方法应符合设计要求。

检验方法：观察，尺量，检查隐蔽工程验收记录。

c.隔墙板材安装必须牢固。现制钢丝网水泥隔墙与周边墙体的连接方法应符合设计要求，并应连接牢固。

检验方法：观察和手扳。

d.隔墙板材所用接缝材料的品种及接缝方法应符合设计要求。

检验方法：观察，检查产品合格证书和施工记录。

②一般项目。

a.隔墙板材安装应垂直、平整、位置正确，板材不应有裂缝或缺损。

检验方法：观察和尺量。

b.板材隔墙表面应平整、光滑、色泽一致、洁净，接缝应均匀、顺直。

检验方法：观察和手摸。

c.隔墙上的孔洞、槽、盒应位置正确，套割方正，边缘整齐。

检验方法：观察。

d.板材隔墙安装的允许偏差和检验方法应符合表6-99的规定。

表6-99　　　　　　　　　　板材隔墙安装的允许偏差和检验方法

项次	项目	允许偏差/mm				检验方法
		复合轻质墙板		石膏空心板	钢丝网水泥板	
		金属夹芯板	其他复合板			
1	立面垂直度	2	3	3	3	用2m垂直检测尺检查
2	表面平整度	2	3	3	3	用2m靠尺和塞尺检查
3	阴阳角方正	3	3	3	4	用直角检测尺检查
4	接缝高低差	1	2	2	3	用钢直尺和塞尺检查

（3）骨架隔墙工程。

骨架隔墙包括以轻钢龙骨、木龙骨等为骨架，以纸面石膏板、人造木板、水泥纤维板等为墙面板的隔墙。

①主控项目。

a.骨架隔墙所用龙骨、配件、墙面板、填充材料及嵌缝材料的品种、规格、性能和木材的含水率应符合设计要求。有隔声、隔热、阻燃、防潮等特殊要求的工程，材料应有相应性能等级的检测报告。

检验方法:观察,检查产品合格证书、进场验收记录、性能检测报告和复验报告。

b.骨架隔墙工程边框龙骨必须与基体结构连接牢固,并应平整、垂直、位置正确。

检验方法:手扳,尺量,检查隐蔽工程验收记录。

c.骨架隔墙中龙骨间距和构造连接方法应符合设计要求。骨架内设备管线的安装、门窗洞口等部位加强龙骨应安装牢固、位置正确,填充材料的设置应符合设计要求。

检验方法:检查隐蔽工程验收记录。

d.木龙骨及木墙面板的防火和防腐处理必须符合设计要求。

检验方法:检查隐蔽工程验收记录。

e.骨架隔墙的墙面板应安装牢固,无脱层、翘曲、折裂及缺损。

检验方法:观察和手扳。

f.墙面板所用接缝材料的接缝方法应符合设计要求。

检验方法:观察。

②一般项目。

a.骨架隔墙表面应平整、光滑、色泽一致、洁净、无裂缝,接缝应均匀、顺直。

检验方法:观察和手摸。

b.骨架隔墙上的孔洞、槽、盒应位置正确,套割吻合,边缘整齐。

检验方法:观察。

c.骨架隔墙内的填充材料应干燥,填充应密实、均匀、无下坠现象。

检验方法:用小锤轻敲和检查隐蔽工程验收记录。

d.骨架隔墙安装的允许偏差和检验方法应符合表 6-100 的规定。

表 6-100　　骨架隔墙安装的允许偏差和检验方法

项次	项目	允许偏差/mm		检验方法
		纸面石膏板	人造木板、水泥纤维板	
1	立面垂直度	3	4	用 2 m 垂直检测尺检查
2	表面平整度	3	3	用 2 m 靠尺和塞尺检查
3	阴阳角方正	3	3	用直角检测尺检查
4	接缝直线度	—	3	拉 5 m 线,不足 5 m 拉通线,用钢直尺检查
5	压条直线度	—	3	拉 5 m 线,不足 5 m 拉通线,用钢直尺检查
6	接缝高低差	1	1	用钢直尺和塞尺检查

(4)活动隔墙工程。

①主控项目。

a.活动隔墙所用墙板、配件等材料的品种、规格、性能和木材的含水率应符合设计要求。有阻燃、防潮等特性要求的工程,材料应有相应性能等级的检测报告。

检验方法:观察,检查产品合格证书、进场验收记录、性能检测报告和复验报告。

b.活动隔墙轨道必须与基体结构连接牢固,且位置应正确。

检验方法:尺量、手扳。

c.活动隔墙用于组装、推拉和制动的构配件必须安装牢固、位置正确,推拉必须安全、平稳、灵活。

检验方法:尺量,手扳,推拉。

d.活动隔墙制作方法、组合方式应符合设计要求。

检验方法:观察。

②一般项目。

a.活动隔墙表面应色泽一致、平整、光滑、洁净,线条应顺直、清晰。

检验方法:观察和手摸。

b.活动隔墙上的孔洞、槽、盒应位置正确,套割吻合,边缘整齐。

检验方法:观察和尺量。

c.活动隔墙推拉应无噪声。

检验方法:推拉。

d.活动隔墙安装的允许偏差和检验方法应符合表6-101的规定。

表6-101　　　　　　　　**活动隔墙安装的允许偏差和检验方法**

项次	项目	允许偏差/mm	检验方法
1	立面垂直度	3	用2m垂直检测尺检查
2	表面平整度	2	用2m靠尺和塞尺检查
3	接缝直线度	3	拉5m线,不足5m拉通线,用钢直尺检查
4	接缝高低差	2	用钢直尺和塞尺检查
5	接缝宽度	2	用钢直尺检查

(5)玻璃隔墙工程。

①主控项目。

a.玻璃隔墙工程所用材料的品种、规格、性能、图案和颜色应符合设计要求。玻璃板隔墙应使用安全玻璃。

检验方法:观察,检查产品合格证书、进场验收记录和性能检测报告。

b.玻璃砖隔墙的砌筑或玻璃板隔墙的安装方法应符合设计要求。

检验方法:观察。

c.玻璃砖隔墙砌筑中埋设的拉结筋必须与基体结构连接牢固,且位置应正确。

检验方法:手扳,尺量,检查隐蔽工程验收记录。

d.玻璃板隔墙的安装必须牢固。玻璃板隔墙胶垫的安装应正确。

检验方法:观察,手推,检查施工记录。

②一般项目。

a.玻璃隔墙表面应色泽一致、平整、洁净、清晰、美观。

检验方法:观察。

b.玻璃隔墙接缝应横平竖直,玻璃应无裂痕、缺损和划痕。

检验方法:观察。

c.玻璃板隔墙嵌缝及玻璃砖隔墙勾缝应密实、平整、均匀、顺直、深浅一致。

检验方法:观察。

d.玻璃隔墙安装的允许偏差和检验方法应符合表 6-102 的规定。

表 6-102　　　　　玻璃隔墙安装的允许偏差和检验方法

项次	项目	允许偏差/mm		检验方法
		玻璃砖	玻璃板	
1	立面垂直度	3	2	用 2 m 垂直检测尺检查
2	表面平整度	3	—	用 2 m 靠尺和塞尺检查
3	阴阳角方正	—	2	用直角检测尺检查
4	接缝直线度	—	2	拉 5 m 线,不足 5 m 拉通线,用钢直尺检查
5	接缝高低差	3	2	用钢直尺和塞尺检查
6	接缝宽度	—	1	用钢直尺检查

6.饰面板(砖)工程

(1)一般规定。

①饰面板(砖)工程验收时应检查下列文件和记录:

a.饰面板(砖)工程的施工图、设计说明及其他设计文件。

b.材料的产品合格证书、性能检测报告、进场验收记录和复验报告。

c.后置埋件的现场拉拔检测报告。

d.外墙饰面砖样板件的黏结强度检测报告。

e.隐蔽工程验收记录。

f.施工记录。

②各分项工程的检验批应按下列规定划分:

a.相同材料、工艺和施工条件的室内饰面板(砖)工程每 50 间(大面积房间和走廊按施工面积 30 m² 为一间)应划分为一个检验批,不足 50 间也应划分为一个检验批。

b.相同材料、工艺和施工条件的室外饰面板(砖)工程每 500～1000 m² 应划分为一个检验批,不足 500 m² 也应划分为一个检验批。

③检查数量应符合下列规定:

a.室内每个检验批应至少抽查 10%,并不得少于 3 间;不足 3 间时应全数检查。

b.室外每个检验批每 100 m² 应至少抽查一处,每处不得小于 10 m²。

(2)饰面板安装工程。

①主控项目。

a.饰面板的品种、规格、颜色和性能应符合设计要求,木龙骨、木饰面板和塑料饰面板的燃烧性能等级应符合设计要求。

检验方法:观察,检查产品合格证书、进场验收记录和性能检测报告。

b.饰面板孔、槽的数量、位置和尺寸应符合设计要求。

检验方法:检查进场验收记录和施工记录。

c.饰面板安装工程的预埋件(或后置埋件)、连接件的数量、规格、位置、连接方法和防腐处理必须符合设计要求。后置埋件的现场拉拔强度必须符合设计要求。饰面板安装必须牢固。

检验方法:手扳,检查进场验收记录、现场拉拔检测报告、隐蔽工程验收记录和施工记录。

②一般项目。

a.饰面板表面应平整、洁净、色泽一致,无裂痕和缺损。石材表面应无泛碱等污染。

检验方法:观察。

b.饰面板嵌缝应密实、平直,宽度和深度应符合设计要求,嵌填材料色泽应一致。

检验方法:观察和尺量。

c.采用湿作业法施工的饰面板工程,石材应进行防碱背涂处理。饰面板与基体之间的灌注材料应饱满、密实。

检验方法:用小锤轻击,检查施工记录。

d.饰面板上的孔洞应套割吻合,边缘应整齐。

检验方法:观察。

e.饰面板安装的允许偏差和检验方法应符合表6-103的规定。

表6-103　　　　　　　　饰面板安装的允许偏差和检验方法

项次	项目	允许偏差/mm							检验方法
		石材			瓷板	木材	塑料	金属	
		光面	剁斧石	蘑菇石					
1	立面垂直度	2	3	3	2	1.5	2	2	用2m垂直检测尺检查
2	表面平整度	2	3	—	1.5	1	3	3	用2m靠尺和塞尺检查
3	阴阳角方正	2	4	4	2	1.5	3	3	用直角检测尺检查
4	接缝直线度	2	4	4	2	1	1	1	拉5m线,不足5m拉通线,用钢直尺检查
5	墙裙、勒脚上口直线度	2	3	3	2	2	2	2	拉5m线,不足5m拉通线,用钢直尺检查
6	接缝高低差	0.5	3	—	0.5	0.5	1	1	用钢直尺和塞尺检查
7	接缝宽度	1	2	2	1	1	1	1	用钢直尺检查

(3)饰面板粘贴工程。

①主控项目。

a.饰面砖的品种、规格、图案、颜色和性能应符合设计要求。

检验方法:观察,检查产品合格证书、进场验收记录、性能检测报告和复验报告。

b.饰面砖粘贴工程的找平、防水、黏结和勾缝材料及施工方法应符合设计要求及国家现行产品标准和工程技术标准的规定。

检验方法:检查产品合格证书、复验报告和隐蔽工程验收记录。

c.饰面砖粘贴必须牢固。

检验方法:检查样板件黏结强度检测报告和施工记录。

d.满粘法施工的饰面砖工程应无空鼓、裂缝。

检验方法:观察和用小锤轻击。

②一般项目。

a.饰面砖表面应平整、洁净、色泽一致,无裂痕和缺损。

检验方法:观察。

b.阴阳角处搭接方式、非整砖使用部位应符合设计要求。

检验方法:观察。

c.墙面突出物周围的饰面砖应整砖套割吻合,边缘应整齐。墙裙、贴脸突出墙面的厚度应一致。

检验方法:观察和尺量。

d.饰面砖接缝应平直、光滑,填嵌应连续、密实;宽度和深度应符合设计要求。

检验方法:观察和尺量。

e.有排水要求的部位应做滴水线(槽)。滴水线(槽)应顺直,流水坡向应正确,坡度应符合设计要求。

检验方法:观察和用水平尺检查。

f.饰面砖粘贴的允许偏差和检验方法应符合表 6-104 规定。

表 6-104　　　　　　　　饰面砖粘贴的允许偏差和检验方法

项次	项目	允许偏差/mm		检验方法
		外墙面砖	内墙面砖	
1	立面垂直度	3	2	用 2 m 垂直检测尺检查
2	表面平整度	4	3	用 2 m 靠尺和塞尺检查
3	阴阳角方正	3	3	用直角检测尺检查
4	接缝直线度	3	2	拉 5 m 线,不足 5 m 拉通线,用钢直尺检查
5	接缝高低差	1	0.5	用钢直尺和塞尺检查
6	接缝宽度	1	1	用钢直尺检查

7. 幕墙工程

(1)一般规定。

①幕墙工程验收时应检查下列文件和记录:

a.幕墙工程的施工图、结构计算书、设计说明及其他设计文件。

b.建筑设计单位对幕墙工程设计的确认文件。

c.幕墙工程所用各种材料、五金配件、构件及组件的产品合格证书、性能检测报告、进场验收记录和复验报告。

d.幕墙工程所用硅酮结构胶的认定证书和抽查合格证明,进口硅酮结构胶的商检证,国家指定检测机构出具的硅酮结构胶相容性和剥离黏结性试验报告,石材用密封胶的耐污染性试验报告。

e. 后置埋件的现场拉拔强度检测报告。

f. 幕墙的抗风压性能、空气渗透性能、雨水渗透性能及平面变形性能检测报告。

g. 打胶、养护环境的温度、湿度记录,双组分硅酮结构胶的混匀性试验记录及拉断试验记录。

h. 防雷装置测试记录。

i. 隐蔽工程验收记录。

j. 幕墙构件和组件的加工制作记录,幕墙安装施工记录。

②各分项工程的检验批应按下列规定划分:

a. 相同设计、材料、工艺和施工条件的幕墙工程每 500～1000 m² 应划分为一个检验批,不足 500 m² 也应划分为一个检验批。

b. 同一单位工程的不连续的幕墙工程应单独划分检验批。

c. 对于异型或有特殊要求的幕墙,检验批的划分应根据幕墙的结构、工艺特点及幕墙工程规模,由监理单位(或建设单位)和施工单位协商确定。

③检查数量应符合下列规定:

a. 每个检验批每 100 m² 应至少抽查一处,每处不得小于 10 m²。

b. 对于异型或有特殊要求的幕墙工程,应根据幕墙的结构和工艺特点,由监理单位(或建设单位)和施工单位协商确定。

(2)玻璃幕墙工程。

①主控项目。

a. 玻璃幕墙工程所使用的各种材料、构件和组件的质量,应符合设计要求及国家现行产品标准和工程技术规范的规定。

检验方法:检查材料、构件、组件的产品合格证书、进场验收记录、性能检测报告和材料的复验报告。

b. 玻璃幕墙的造型和立面分格应符合设计要求。

检验方法:观察和尺量。

c. 玻璃幕墙使用的玻璃应符合下列规定:

(a)幕墙应使用安全玻璃,玻璃的品种、规格、颜色、光学性能及安装方向应符合设计要求。

(b)幕墙玻璃的厚度不应小于 6.0 mm,全玻幕墙肋玻璃的厚度不应小于 12 mm。

(c)幕墙的中空玻璃应采用双道密封。明框幕墙的中空玻璃应采用聚硫密封胶及丁基密封胶;隐框和半隐框幕墙的中空玻璃应采用硅酮结构密封胶及丁基密封胶;镀膜面应在中空玻璃的第 2 面或第 3 面上。

(d)幕墙的夹层玻璃应采用聚乙烯醇缩丁醛(PVB)胶片干法加工合成的夹层玻璃。点支承玻璃幕墙夹层玻璃的夹层胶片(PVB)厚度不应小于 0.76 mm。

(e)钢化玻璃表面不得有损伤,8.0 mm 以下的钢化玻璃应进行引爆处理。

(f)所有幕墙玻璃均应进行边缘处理。

检验方法:观察,尺量,检查施工记录。

d. 玻璃幕墙与主体结构连接的各种预埋件、连接件、紧固件必须安装牢固,其数量、规格、位置、连接方法和防腐处理应符合设计要求。

检验方法:观察,检查隐蔽工程验收记录和施工记录。

e.各种连接件、紧固件的螺栓应有防松动措施;焊接连接应符合设计要求和焊接规范的规定。

检验方法:观察,检查隐蔽工程验收记录和施工记录。

f.隐框或半隐框玻璃幕墙,每块玻璃下端应设置两个铝合金或不锈钢托条,其长度不应小于 100 mm,厚度不应小于 2 mm,托条外端应低于玻璃外表面 2 mm。

检验方法:观察,检查施工记录。

g.明框玻璃幕墙的玻璃安装应符合下列规定:

(a)玻璃槽口与玻璃的配合尺寸应符合设计要求和技术标准的规定。

(b)玻璃与构件不得直接接触,玻璃四周与构件凹槽底部应保持一定的空隙,每块玻璃下部应至少放置两块宽度与槽口宽度相同、长度不小于 100 mm 的弹性定位垫块;玻璃两边嵌入量及空隙应符合设计要求。

(c)玻璃四周橡胶条的材质、型号应符合设计要求,镶嵌应平整,橡胶条长度应比边框内槽长 1.5%~2.0%,橡胶条在转角处应斜面断开,并应用黏结剂黏结牢固后嵌入槽内。

检验方法:观察和检查施工记录。

h.高度超过 4 m 的全玻幕墙应吊挂在主体结构上,吊(夹)具应符合设计要求,玻璃与玻璃、玻璃与玻璃肋之间的缝隙,应采用硅酮结构密封胶填嵌严密。

检验方法:观察,检查隐蔽工程验收记录和施工记录。

i.点支承玻璃幕墙应采用带万向头的活动不锈钢爪,其钢爪间的中心距离应大于 250 mm。

检验方法:观察和尺量。

j.玻璃幕墙四周、玻璃幕墙内表面与主体结构之间的连接节点、各种变形缝、墙角的连接节点应符合设计要求和技术标准的规定。

检验方法:观察,检查隐蔽工程验收记录和施工记录。

k.玻璃幕墙应无渗漏。

检验方法:在易渗漏部位进行淋水检查。

l.玻璃幕墙结构胶和密封胶的打注应饱满、密实、连续、均匀、无气泡,宽度和厚度应符合设计要求和技术标准的规定。

检验方法:观察,尺量,检查施工记录。

m.玻璃幕墙开启窗的配件应齐全,安装应牢固,安装位置和开启方向、角度应正确;开启应灵活,关闭应严密。

检验方法:观察,手扳检查,开启和关闭检查。

n.玻璃幕墙的防雷装置必须与主体结构的防雷装置可靠连接。

检验方法:观察,检查隐蔽工程验收记录和施工记录。

②一般项目。

a.玻璃幕墙表面应平整、洁净,整幅玻璃的色泽应均匀一致,不得有污染和镀膜损坏。

检验方法：观察。

b.每平方米玻璃的表面质量和检验方法应符合表 6-105 的规定。

表 6-105　　　　　　每平方米玻璃的表面质量和检验方法

项次	项目	质量要求	检验方法
1	明显划伤和长度大于 100 mm 的轻微划伤	不允许	观察
2	长度不大于 100 mm 的轻微划伤	≤8 条	用钢尺检查
3	擦伤总面积	≤500 mm²	用钢尺检查

c.一个分格铝合金型材的表面质量和检验方法应符合表 6-106 的规定。

表 6-106　　　　一个分格铝合金型材的表面质量和检验方法

项次	项目	质量要求	植验方法
1	明显划伤和长度大于 100 mm 的轻微划伤	不允许	观察
2	长度不大于 100 mm 的轻微划伤	≤2 条	用钢尺检查
3	擦伤总面积	≤500 mm²	用钢尺检查

d.明框玻璃幕墙的外露框或压条应横平竖直,颜色、规格应符合设计要求,压条安装应牢固。单元玻璃幕墙的单元拼缝或隐框玻璃幕墙的分格玻璃拼缝应横平竖直、均匀一致。

检验方法：观察,手扳,检查进场验收记录。

e.玻璃幕墙的密封胶缝应横平竖直、深浅一致、宽窄均匀、光滑顺直。

检验方法：观察和手摸。

f.防火、保温材料填充应饱满、均匀,表面应密实、平整。

检验方法：检查隐蔽工程验收记录。

g.玻璃幕墙隐蔽节点的遮封装修应牢固、整齐、美观。

检验方法：观察和手扳。

h.明框玻璃幕墙安装的允许偏差和检验方法应符合表 6-107 的规定。

表 6-107　　　　明框玻璃幕墙安装的允许偏差和检验方法

项次	项目		允许偏差/mm	检验方法
1	幕墙垂直度	幕墙高度小于或等于 30 m	10	用经纬仪检查
		幕墙高度大于 30 m 且小于或等于 60 m	15	
		幕墙高度大于 60 m 且小于或等于 90 m	20	
		幕墙高度大于 90 m	25	
2	幕墙水平度	幕墙幅宽小于或等于 35 m	5	用水平仪检查
		幕墙幅宽大于 35 m	7	
3		构件直线度	2	用 2 m 靠尺和塞尺检查
4	构件水平度	构件长度小于或等于 2 m	2	用水平仪检查
		构件长度大于 2 m	3	

项次	项目		允许偏差/mm	检验方法
5	相邻构件错位		1	用钢直尺检查
6	分格框对角线长度差	对角线长度小于或等于 2 m	3	用钢尺检查
		对角线长度大于 2 m	4	

i.隐框、半隐框玻璃幕墙安装的允许偏差和检验方法应符合表 6-108 的规定。

表 6-108　　隐框、半隐框玻璃幕墙安装的允许偏差和检验方法

项次	项目		允许偏差/mm	检验方法
1	幕墙垂直度	幕墙高度小于或等于 30 m	10	用经纬仪检查
		幕墙高度大于 30 m 且小于或等于 60 m	15	
		幕墙高度大于 60 m 且小于或等于 90 m	20	
		幕墙高度大于 90 m	25	
2	幕墙水平度	层高小于或等于 3 m	3	用水平仪检查
		层高大于 3 m	5	
3	幕墙表面平整度		2	用 2 m 靠尺和塞尺检查
4	板材立面垂直度		2	用垂直检测尺检查
5	板材上沿水平度		2	用 1 m 水平尺和钢直尺检查
6	相邻板材板角错位		1	用钢直尺检查
7	阳角方正		2	用直角检测尺检查
8	接缝直线度		3	拉 5 m 线,不足 5 m 拉通线,用钢直尺检查
9	接缝高低差		1	用钢直尺和塞尺检查
10	接缝宽度		1	用钢直尺检查

（3）金属幕墙工程。

①主控项目。

a.金属幕墙工程所使用的各种材料和配件,应符合设计要求及国家现行产品标准和工程技术规范的规定。

检验方法:检查产品合格证书、性能检测报告、材料进场验收记录和复验报告。

b.金属幕墙的造型和立面分格应符合设计要求。

检验方法:观察和尺量。

c.金属面板的品种、规格、颜色、光泽及安装方向应符合设计要求。

检验方法:观察和检查进场验收记录。

d.金属幕墙主体结构上的预埋件、后置埋件的数量、位置及后置埋件的拉拔力必须符合设计要求。

检验方法:检查拉拔力检测报告和隐蔽工程验收记录。

e.金属幕墙的金属框架立柱与主体结构预埋件的连接、立柱与横梁的连接、金属面板的安装必须符合设计要求,安装必须牢固。

检验方法:手扳,检查隐蔽工程验收记录。

f.金属幕墙的防火、保温、防潮材料的设置应符合设计要求,并应密实、均匀、厚度一致。

检验方法:检查隐蔽工程验收记录。

g.金属框架及连接件的防腐处理应符合设计要求。

检验方法:检查隐蔽工程验收记录和施工记录。

h.金属幕墙的防雷装置必须与主体结构的防雷装置可靠连接。

检验方法:检查隐蔽工程验收记录。

i.各种变形缝、墙角的连接节点应符合设计要求和技术标准的规定。

检验方法:观察,检查隐蔽工程验收记录。

j.金属幕墙的板缝注胶应饱满、密实、连续、均匀、无气泡,宽度和厚度应符合设计要求和技术标准的规定。

检验方法:观察,尺量,检查施工记录。

k.金属幕墙应无渗漏。

检验方法:在易渗漏部位进行淋水检查。

②一般项目。

a.金属板表面应平整、洁净、色泽一致。

检验方法:观察。

b.金属幕墙的压条应平直、洁净、接口严密、安装牢固。

检验方法:观察和手扳。

c.金属幕墙的密封胶缝应横平竖直、深浅一致、宽窄均匀、光滑顺直。

检验方法:观察。

d.金属幕墙上的滴水线、流水坡向应正确、顺直。

检验方法;观察和用水平尺检查。

e.每平方米金属板的表面质量和检验方法应符合表6-109的规定。

表 6-109　　　　　　　　　**每平方米金属板的表面质量和检验方法**

项次	项目	质量要求	检验方法
1	明显划伤和长度大于 100 mm 的轻微划伤	不允许	观察
2	长度小于或等于 100 mm 的轻微划伤	≤8 条	用钢尺检查
3	擦伤总面积	≤500 mm²	用钢尺检查

f.金属幕墙安装的允许偏差和检验方法应符合表6-110的规定。

表 6-110　　　　　　　　　　　金属幕墙安装的允许偏差和检验方法

项次	项目		允许偏差/mm	检验方法
1	幕墙垂直度	幕墙高度小于 30 m	10	用经纬仪检查
		幕墙高度大于 30 m 且不大于 60 m	15	
		幕墙高度大于 60 m 且不大于 90 m	20	
		幕墙高度大于 90 m	25	
2	幕墙水平度	层高不大于 3 m	3	用水平仪检查
		层高大于 3 m	5	
3	幕墙表面平整度		2	用 2 m 靠尺和塞尺检查
4	板材立面垂直度		3	用垂直检测尺检查
5	板材上沿水平度		2	用 1 m 水平尺和钢直尺检查
6	相邻板材板角错位		1	用钢直尺检查
7	阳角方正		2	用直角检测尺检查
8	接缝直线度		3	拉 5 m 线,不足 5 m 拉通线,用钢直尺检查
9	接缝高低差		1	用钢直尺和塞尺检查
10	接缝宽度		1	用钢直尺检查

(4)石材幕墙工程。

①主控项目。

a.石材幕墙工程所用材料的品种、规格、性能和等级,应符合设计要求及国家现行产品标准和工程技术规范的规定。石材的弯曲强度不应小于 8.0 MPa;吸水率应小于 0.8%。石材幕墙的铝合金挂件厚度不应小于 4.0 mm,不锈钢挂件厚度不应小于 3.0 mm。

检验方法:观察,尺量,检查产品合格证书、性能检测报告、材料进场验收记录和复验报告。

b.石材幕墙的造型、立面分格、颜色、光泽、花纹和图案应符合设计要求。

检验方法:观察。

c.石材孔、槽的数量、深度、位置、尺寸应符合设计要求。

检验方法:检查进场验收记录或施工记录。

d.石材幕墙主体结构上的预埋件和后置埋件的位置、数量及后置埋件的拉拔力必须符合设计要求。

检验方法:检查拉拔力检测报告和隐蔽工程验收记录。

e.石材幕墙的金属框架立柱与主体结构预埋件的连接、立柱与横梁的连接、连接件与金属框架的连接、连接件与石材面板的连接必须符合设计要求,安装必须牢固。

检验方法:手扳和检查隐蔽工程验收记录。

f.金属框架和连接件的防腐处理应符合设计要求。

检验方法:检查隐蔽工程验收记录。

g.石材幕墙的防雷装置必须与主体结构防雷装置可靠连接。

检验方法:观察,检查隐蔽工程验收记录和施工记录。

h.石材幕墙的防火、保温、防潮材料的设置应符合设计要求,填充应密实、均匀、厚度一致。

检验方法:检查隐蔽工程验收记录。

i.各种结构变形缝、墙角的连接节点应符合设计要求和技术标准的规定。

检验方法:检查隐蔽工程验收记录和施工记录。

j.石材表面和板缝的处理应符合设计要求。

检验方法:观察。

k.石材幕墙的板缝注胶应饱满、密实、连续、均匀、无气泡,板缝宽度和厚度应符合设计要求和技术标准的规定。

检验方法:观察,尺量,检查施工记录。

l.石材幕墙应无渗漏。

检验方法:在易渗漏部位进行淋水检查。

②一般项目。

a.石材幕墙表面应平整、洁净,无污染、缺损和裂痕;颜色和花纹应协调一致,无明显色差和修痕。

检验方法:观察。

b.石材幕墙的压条应平直、洁净、接口严密、安装牢固。

检验方法:观察和手扳。

c.石材接缝应横平竖直、宽窄均匀;阴阳角石板压向应正确,板边合缝应顺直;凸凹线出墙厚度应一致,上、下口应平直;石材面板上洞口、槽边应套割吻合,边缘应整齐。

检验方法:观察和尺量。

d.石材幕墙的密封胶缝应横平竖直、深浅一致、宽窄均匀、光滑顺直。

检验方法:观察。

e.石材幕墙上的滴水线、流水坡向应正确、顺直。

检验方法:观察和用水平尺检查。

f.每平方米石材的表面质量和检验方法应符合表6-111的规定。

表6-111　　　　　　　　**每平方米石材的表面质量和检验方法**

项次	项目	质量要求	检验方法
1	裂痕、明显划伤和长度大于100 mm的轻微划伤	不允许	观察
2	长度不大于100 mm的轻微划伤	≤8条	用钢尺检查
3	擦伤总面积	≤500 mm²	用钢尺检查

g.石材幕墙安装的允许偏差和检验方法应符合表6-112的规定。

表 6-112　　　　　　　　　　石材幕墙安装的允许偏差和检验方法

项次	项目		允许偏差/mm		检验方法
			光面	麻面	
1	幕墙垂直度	幕墙高度不大于 30 m	10		用经纬仪检查
		幕墙高度大于 30 m 且不大于 60 m	15		
		幕墙高度大于 60 m 且不大于 90 m	20		
		幕墙高度大于 90 m	25		
2	幕墙水平度		3		用水平仪检查
3	板材立面垂直度		3		用水平仪检查
4	板材上沿水平度		2		用 1 m 水平尺和钢直尺检查
5	相邻板材板角错位		1		用钢直尺检查
6	幕墙表面平整度		2	3	用垂直检测尺检查
7	阳角方正		2	4	用直角检测尺检查
8	接缝直线度		3	4	拉 5 m 线,不足 5 m 拉通线,用钢直尺检查
9	接缝高低差		1	—	用钢直尺和塞尺检查
10	接缝宽度		1	2	用钢直尺检查

8. 涂饰工程

(1)一般规定。

①涂饰工程验收时应检查下列文件和记录:

a.涂饰工程的施工图、设计说明及其他设计文件。

b.材料的产品合格证书、性能检测报告和进场验收记录。

c.施工记录。

②各分项工程的检验批应按下列规定划分:

a.室外涂饰工程每一栋楼的同类涂料涂饰的墙面每 500～1000 m² 应划分为一个检验批,不足 500 m² 也应划分为一个检验批。

b.室内涂饰工程同类涂料涂饰的墙面每 50 间(大面积房间和走廊按涂饰面积 30 m² 为一间)应划分为一个检验批,不足 50 间也应划分为一个检验批。

③检查数量应符合下列规定:

a.室外涂饰工程每 100 m² 应至少检查一处,每处不得小于 10 m²。

b.室内涂饰工程每个检验批应至少抽查 10%,并不得少于 3 间;不足 3 间时应全数检查。

(2)水性涂料涂饰工程。

水性涂料包括乳液型涂料、无机涂料、水溶性涂料等。

①主控项目。

a.水性涂料涂饰工程所用涂料的品种、型号和性能应符合设计要求。

检验方法:检查产品合格证书、性能检测报告和进场验收记录。

b.水性涂料涂饰工程的颜色、图案应符合设计要求。

检验方法:观察。

c.水性涂料涂饰工程应涂饰均匀、黏结牢固,不得漏涂、透底、起皮和掉粉。

检验方法:观察和手摸。

②一般项目。

a.薄涂料的涂饰质量和检验方法应符合表 6-113 的规定。

表 6-113　　　　　　　　　　薄涂料的涂饰质量和检验方法

项次	项目	普通涂饰	高级涂饰	检验方法
1	颜色	均匀一致	均匀一致	观察
2	泛碱、咬色	允许少量	不允许	
3	流坠、疙瘩	允许少量	不允许	
4	砂眼、刷纹	允许少量砂眼,刷纹通顺	无砂眼,无刷纹	
5	装饰线、分色线直线度允许偏差/mm	2	1	拉 5 m 线,不足 5 m 拉通线,用钢直尺检查

b.厚涂料的涂饰质量和检验方法应符合表 6-114 的规定。

表 6-114　　　　　　　　　　厚涂料的涂饰质量和检验方法

项次	项目	普通涂饰	高级涂饰	检验方法
1	颜色	均匀一致	均匀一致	观察
2	泛碱、咬色	允许少量	不允许	
3	点状分布	—	疏密均匀	

c.复层涂料的涂饰质量和检验方法应符合表 6-115 的规定。

表 6-115　　　　　　　　　　复层涂料的涂饰质量和检验方法

项次	项目	质量要求	检验方法
1	颜色	均匀一致	观察
2	泛碱、咬色	不允许	
3	喷点疏密程度	均匀,不允许连片	

d.涂层与其他装修材料和设备衔接处应吻合,界面应清晰。

检验方法:观察。

(3)溶剂型涂料涂饰工程。

溶剂型涂料包括丙烯酸酯涂料、聚氨酯丙烯酸涂料、有机硅丙烯酸涂料等溶剂型涂料。

①主控项目。

a.溶剂型涂料涂饰工程所选用涂料的品种、型号和性能应符合设计要求。

检验方法:检查产品合格证书、性能检测报告和进场验收记录。

b.溶剂型涂料涂饰工程的颜色、光泽、图案应符合设计要求。

检验方法:观察。

c.溶剂型涂料涂饰工程应涂饰均匀、黏结牢固,不得漏涂、透底、起皮和反锈。

检验方法:观察和手摸。

②一般项目。

a.色漆的涂饰质量和检验方法应符合表6-116的规定。

表6-116 色漆的涂饰质量和检验方法

项次	项目	普通涂饰	高级涂饰	检验方法
1	颜色	均匀一致	均匀一致	观察
2	光泽、光滑	光泽基本均匀 光滑无挡手感	光泽均匀一致 光滑	观察、手摸
3	刷纹	刷纹通顺	无刷纹	观察
4	裹棱、流坠、皱皮	明显处不允许	不允许	观察
5	装饰线、分色线直线度允许偏差/mm	2	1	拉5 m线,不足5 m拉通线,用钢直尺检查

注:无光色漆不检查光泽。

b.清漆的涂饰质量和检验方法应符合表6-117的规定。

表6-117 清漆的涂饰质量和检验方法

项目	普通涂饰	高级涂饰	检验方法
颜色	基本一致	均匀一致	观察
木纹	棕眼刮平、木纹清楚	棕眼刮平、木纹清楚	观察
光泽、光滑	光泽基本均匀 光滑无挡手感	光泽均匀一致 光滑	观察、手摸
刷纹	无刷纹	无刷纹	观察
裹棱、流坠、皱皮	明显处不允许	不允许	观察

c.涂层与其他装修材料和设备衔接处应吻合,界面应清晰。

检验方法:观察。

(4)美术涂饰工程。

美术涂饰包括套色涂饰、滚花涂饰、仿花纹涂饰等室内外美术涂饰。

①主控项目。

a.美术涂饰所用材料的品种、型号和性能应符合设计要求。

检验方法:观察,检查产品合格证书、性能检测报告和进场验收记录。

b.美术涂饰工程应涂饰均匀、黏结牢固,不得漏涂、透底、起皮、掉粉和反锈。

检验方法:观察和手摸。

c.美术涂饰的套色、花纹和图案应符合设计要求。

检验方法:观察。

②一般项目。

a.美术涂饰表面应洁净,不得有流坠现象。

检验方法:观察。

b.仿花纹涂饰的饰面应具有被模仿材料的纹理。

检验方法:观察。

c.套色涂饰的图案不得移位,纹理和轮廓应清晰。

检验方法:观察。

➡ 课后习题

6-1　什么是工程施工质量验收?

6-2　建筑工程施工质量验收包括哪两个方面?

6-3　什么是检验批、分项工程、分部工程、单位工程?

6-4　竣工质量验收的依据有哪些?

6-5　地基与基础工程包含哪些子分部工程?

6-6　建设工程主体结构工程验收的程序有哪些?

➡ 实训内容

针对某一实际工程项目,完成该项目的施工质量验收工作。

7 建筑工程质量问题与处理

【教学目标】
　　掌握建筑工程质量问题的分类,地基与基础工程的施工质量要求及质量问题的处理,主体结构工程的施工质量问题的处理,防水工程的施工质量要求及质量问题的处理;熟悉建筑工程质量问题的处理程序,建筑装饰装修工程的施工质量要求及质量问题的处理,建筑节能工程的施工质量要求及质量问题的处理;了解建筑施工质量事故预防的具体措施。

【能力要求】

目标	内容	权重
知识点	建筑工程质量问题的分类,建筑工程质量问题的处理程序,建筑施工质量事故预防的具体措施	40%
技能	地基与基础工程的施工质量要求及质量问题的处理,主体结构工程的施工质量问题的处理,防水工程的施工质量要求及质量问题的处理,建筑装饰装修工程的施工质量要求及质量问题的处理,建筑节能工程的施工质量要求及质量问题的处理	60%

【案例导入】

　　某教学楼为3层混凝土现浇框架结构,预制楼板。施工单位在浇完第1层框架梁柱、吊装完楼面板后,继续施工第2层,在开始吊装第2层楼板时,为加快施工进度,将第1层大梁下的模板立柱拆除,以便在第1层同时进行室内抹灰装修。在第2层楼板即将吊装完成后,发生倒塌事故,造成多人死亡的严重事故。

　　分析:

　　经现场调查分析,倒塌的主要原因是底层框架大梁模板及立柱拆除过早。混凝土浇筑完后养护只有3天即拆模,梁的强度还很低,远未达到设计强度值,不能承担上部(2层)结构重量、本身重量及施工荷载。

　　结构构件的拆模时间应严格按照设计要求进行,当设计无具体要求时,应严格按照施工规程的要求进行,切不可盲目地为赶工期而酿成重大工程事故。

7.1 建筑工程质量问题概述

7.1.1 建筑工程质量问题的分类

1. 工程质量缺陷

工程质量缺陷是指建筑工程中施工质量不符合规定要求的检验项或检验点,按其程度可分为严重缺陷和一般缺陷。

严重缺陷是指对结构构件的受力性能或安装使用性能有决定性影响的缺陷;一般缺陷是指对结构构件的受力性能或安装使用性能无决定性影响的缺陷。

2. 工程质量通病

工程质量通病是指各类影响工程结构、使用功能和外观观感的常见性质量损伤。犹如"多发病"一样,故称质量通病。

3. 工程质量事故

工程质量事故是指由于建设、勘察、设计、施工、监理等单位违反工程质量有关法律法规和工程质量标准,使工程产生了结构安全、重要使用功能等方面的质量缺陷,造成人身伤亡或者重大经济损失的事故。

工程质量事故具有成因复杂、后果严重、种类繁多,往往与安全事故共生的特点,建设工程质量事故的分类有多种方法,不同专业工程类别对工程质量事故的等级划分也不尽相同。

依据中华人民共和国住房和城乡建设部《关于做好房屋建筑和市政基础设施工程质量事故报告和调查处理工作的通知》(建质〔2010〕111号),根据工程质量事故造成的人员伤亡或直接经济损失,将工程质量事故分为四个等级:一般事故、较大事故、重大事故、特别重大事故,具体如下("以上"包括本数,"以下"不包括本数)。

(1)一般事故,指造成3人以下死亡,或者10人以下重伤,或者100万元以上1000万元以下直接经济损失的事故。

(2)较大事故,指造成3人以上10人以下死亡,或者10人以上50人以下重伤,或者1000万元以上5000万元以下直接经济损失的事故。

(3)重大事故,指造成10人以上30人以下死亡,或者50人以上100人以下重伤,或者5000万元以上1亿元以下直接经济损失的事故。

(4)特别重大事故,指造成30人以上死亡,或者100人以上重伤,或者1亿元以上直接经济损失的事故。

按事故责任,其又可分为指导责任事故、操作责任事故、自然灾害事故三类。

(1)指导责任事故:由于工程实际指导或领导失误而造成的质量事故。例如,由于工程负责人片面追求施工进度,放松或不按质量标准进行控制和检验,降低施工质量标准等。

(2)操作责任事故:在施工过程中,由于实施操作者不按规程和标准实施操作,而造成的质量事故。例如,浇筑混凝土时随意加水,或振捣疏漏造成混凝土质量事故等。

(3)自然灾害事故:由于突发的严重自然灾害等不可抗力造成的质量事故。例如,地震、台风、暴雨、雷电、洪水等对工程造成破坏甚至倒塌。这类事故虽然不是人为责任直接造成,但灾害事故造成的损失程度也往往与人们是否在事前采取了有效的预防措施有关,相关责任人员也可能负有一定责任。

7.1.2　建筑工程质量问题的常见原因

建筑工程质量问题发生的原因大致有如下四类。

①技术原因:引发质量事故的原因是在工程项目设计、施工过程中产生技术上的失误。例如,结构设计计算错误,对水文地质情况判断错误,以及采用了不适合的施工方法或施工工艺等。

②管理原因:引发的质量事故的原因是管理上的不完善或失误。例如,施工单位或监理单位的质量管理体系不完善,检验制度不严密,质量控制不严格,质量管理措施落实不力,检测仪器设备因管理不善而失准,以及材料检验不严等原因引起质量事故。

③社会、经济原因:引发的质量事故的原因是经济因素及社会上存在的弊端和不正之风,造成建设中的错误行为。例如,某些施工企业盲目追求利润而不顾工程质量;在投标报价中随意压低标价,中标后则依靠违法的手段或修改方案追加工程款,甚至偷工减料等,这些因素往往会导致出现重大工程质量事故,必须予以重视。

④人为事故和自然灾害原因:造成质量事故是由于人为的设备事故、安全事故,导致连带发生质量事故,以及严重的自然灾害等不可抗力造成质量事故。

(2)建筑工程施工过程中会有如下常见的质量问题。

①倾倒事故。

a.因地基不均匀沉降或受到较大的外力而造成的建筑物或构筑物倾斜或倒塌。

b.在砌筑过程中没有按图纸或规范要求的施工工艺操作而造成的墙体失稳、倾倒的情形。

c.施工荷载超重,造成楼盖或墙体局部倒塌的情形。

②开裂事故。

a.由于施工措施、工艺不到位,造成混凝土构件表面或钢结构焊缝出现超过相关规范允许的裂缝。

b.施工荷载过重、混凝土养护不到位、模板拆除过早,造成混凝土构件表面出现超过相关规范允许的裂缝。

c.在订购商品混凝土时,对混凝土原材料和配合比的审核不严,即由混凝土自身缺陷原因形成的裂缝。

③错位事故。

a.由于自身工作疏忽,造成建筑物定位放线不准确。

b.设备基础的预埋件、预留洞的位置不准确,严重偏位造成设备无法安装。

c.钢结构的制作工艺不良,运输、堆放、安装方法不当,焊接定位不准确。

d.预留洞、预埋件的位置错位。

④边坡支护事故。

a.设计方案不合理、基坑降水措施不到位、土方开挖程序不合理等。

b.由于边坡顶部承载力过重,边坡锚杆深度不够或预应力张力不到位,孔内水泥灌浆不饱满、边坡检测不到位等造成的边坡塌陷。

⑤沉降事故。

a.基坑的回填材料或施工质量不合格,未按相关规范规定来分层夯实、检测,导致回填部位出现下沉。

b.不均匀沉降造成的损害。

⑥功能事故。

a.防水工程。

(a)防水材料的质量未达到设计、规范的要求,在使用中出现严重渗漏。

(b)防水施工时成品保护不到位,材料等未按要求堆放,导致防水层被破坏。

(c)防水工程未按施工方案、工序、工艺要求进行施工,造成严重渗漏。

b.装饰工程。

(a)保温、隔热、装饰等材料质量不合格或不符合节能环保的要求,从而影响使用功能。

(b)工程所使用的防火材料的质量未达到设计、规范的防火等级标准。

(c)施工中未按施工方案、工序、工艺标准进行操作。

⑦安装事故。

a.大型设备、管道在运输、吊装过程中方案不正确或未按方案执行,导致滑脱、坠落。

b.大型设备、管道的支、托、吊架等安装不牢固,所使用型钢、铆栓的规格、型号不符合要求,导致设备管道脱落变形,影响正常使用或形成安全隐患。

c.阀类、压力容器等安装质量及承压能力不符合设计要求及规范验收要求。

d.由于安装的原因,系统运转不正常或者不能满足设计的要求。

⑧管理事故。

a.分部、分项工程施工顺序不当,造成质量问题和严重经济损失。

b.施工人员不熟悉图纸,盲目施工,致使建筑物或预埋件的定位错误。

c.在施工过程中未严格按施工组织设计、方案和工序、工艺的标准要求等进行施工,造成经济损失。

d.对进场的材料、成品、半成品等不按规定检查验收、存放、复试等,造成经济损失。

e.总包单位未尽到总包责任,导致现场出现管理混乱,进而造成一定的经济损失。

7.2 建筑工程质量问题的处理

7.2.1 建筑工程质量问题的处理依据

1. 质量问题的实况资料

质量问题的实况资料包括质量事故发生的时间、地点,质量事故状况的描述,质量事故发展变化的情况,有关质量事故的观测记录、事故现场状态的照片或录像,事故调查组调查研究所获得的第一手资料。

2. 有关合同及合同文件

其是指具有法律效力的、得到有关当事各方共同认可的工程承包合同、设计委托合同、材料或设备购销合同以及监理合同、分包合同等合同文件。

3. 有关的技术文件、档案

主要是有关的设计文件(如施工图纸和技术说明)、与施工有关的技术文件、档案和资料(如施工方案、施工计划、施工记录、施工日志、有关建筑材料的质量证明资料、现场制备材料的质量证明资料、质量事故发生后对事故状况的观测记录、试验记录或试验报告等)。

4. 相关的建设法规

主要包括《建筑法》和与工程质量及质量事故处理有关的法规,以及勘察、设计、施工、监理等单位资质管理方面的法规,从业者资格管理方面的法规,建筑市场方面的法规,建筑施工方面的法规,有关标准化管理方面的法规等。

7.2.2 建筑工程质量问题的处理程序

1. 建筑工程质量问题的报告

(1)建筑工程质量问题发生后,事故现场的有关人员应当立即向工程建设单位的负责人报告;工程建设单位负责人接到报告后,应于1h内向事故发生地的县级以上人民政府的住房和城乡建设主管部门及有关部门报告。情况紧急时,事故现场的有关人员可直接向事故发生地的县级以上人民政府的住房和城乡建设主管部门报告。

(2)住房和城乡建设主管部门接到事故报告后,应当依照下列规定上报事故情况,并同时通知公安、监察机关等有关部门:

①较大、重大及特别重大事故逐级上报至国务院的住房和城乡建设主管部门,一般事故逐级上报至省级人民政府的住房和城乡建设主管部门,必要时可以越级上报事故情况。

②住房和城乡建设主管部门上报事故情况的同时,应当报告本级人民政府。住房和

城乡建设主管部门在接到重大和特别重大事故的报告后,应当立即报告国务院。

③住房和城乡建设主管部门逐级上报事故情况时,每级上报时间不得超过2小时。

④事故报告后出现新情况,以及事故发生之日起30天内伤亡人数发生变化的,应当及时补报。

(3)事故报告的内容包括以下几点:

①事故发生的时间、地点、工程项目名称、工程各参建单位名称。

②事故发生的简要经过、伤亡人数(包括下落不明的人数)和初步估计的直接经济损失。

③事故的初步原因。

④事故发生后采取的措施及事故控制情况。

⑤事故报告单位、联系人和联系方式。

⑥其他应当报告的情况。

2. 建筑工程质量问题的调查

住房和城乡建设主管部门应当按照有关人民政府的授权或委托,组织或参与事故调查组对事故进行调查,并履行下列职责。

(1)核实事故的基本情况,包括事故发生的经过、人员伤亡情况及直接经济损失。

(2)核实发生事故的工程项目的基本情况,包括项目履行法定建设程序情况、工程各参建单位履行职责的情况。

(3)依据国家有关法律法规和工程建设标准,分析事故的直接原因和间接原因,必要时要组织人员对事故项目进行检测鉴定和专家技术论证。

(4)认定事故的性质和事故责任。

(5)依据国家有关法律法规,提出对事故责任单位和责任人员的处理建议。

(6)总结事故教训,提出防范和整改措施。

(7)提交事故调查报告。事故调查报告应当包括下列内容:

①事故项目及各参建单位的概况;

②事故发生经过和事故救援情况;

③事故造成的人员伤亡和直接经济损失;

④事故项目的有关质量检测报告和技术分析报告;

⑤事故发生的原因和事故性质;

⑥事故责任的认定和事故责任者的处理建议;

⑦事故的防范和整改措施。

事故调查报告应当附具有关证据材料。事故调查组的全体成员应当在事故调查报告上签名。

3. 建筑工程质量问题的处理方法

(1)住房和城乡建设主管部门应当依据有关人民政府对事故调查报告的批复和有关

法律法规的规定,对事故相关责任者实施行政处罚。处罚权限不属本级住房和城乡建设主管部门的,应当在收到事故调查报告的批复后 15 个工作日内,将事故调查报告(附具有关证据材料)、结案批复、本级住房和城乡建设主管部门对有关责任者的处理建议等,转送有权限的住房和城乡建设主管部门。

(2)住房和城乡建设主管部门应当依据有关法律法规的规定,对负有事故责任的建设、勘察、设计、施工、监理等单位和施工图审查、质量检测等有关单位分别给予罚款、停业整顿、降低资质等级、吊销资质证书等其中一项或多项的处罚。对负有事故责任的注册执业人员分别给予罚款、停止执业、吊销执业资格证书、终身不予注册等其中一项或多项处罚。

7.2.3 建筑工程质量事故处理的基本要求

(1)质量事故的处理应达到安全可靠、不留隐患、满足生产和使用要求、施工方便、经济合理的目的;

(2)重视消除造成事故的原因,注意综合治理;

(3)正确确定处理的范围和正确选择处理的时间和方法;

(4)加强事故处理的检查验收工作,认真复查事故处理的实际情况;

(5)确保事故处理期间的安全。

7.2.4 施工质量事故处理的基本方法

1. 修补处理

当工程的某些部分的质量虽未达到规定的规范、标准或设计的要求,存在一定的缺陷,但经过修补后可以达到要求的质量标准,又不影响使用功能或外观的要求时,可采取修补处理的方法。例如,某些混凝土结构表面出现蜂窝、麻面,经调查分析,该部位经修补处理后,不会影响其使用及外观;对于混凝土结构局部出现的损伤,如结构受撞击、局部未振实、冻害、火灾、酸类腐蚀、碱-骨料反应等,当这些损伤仅仅在结构的表面或局部,不影响其使用和外观,可进行修补处理。再比如对混凝土结构出现的裂缝,经分析研究后如果不影响结构的安全和使用时,也可采取修补处理。例如,当裂缝宽度不大于 0.2 mm时,可采用表面密封法;当裂缝宽度为 0.2～0.3 mm 时,采用低压注浆法;当裂缝宽度大于 0.3 mm 时,采用嵌缝密封法;当裂缝较深时,则应采取灌浆修补的方法。

2. 加固处理

主要是针对危及承载力的质量缺陷的处理。通过对缺陷的加固处理,使建筑结构恢复或提高承载力,重新满足结构安全性与可靠性的要求,使结构能继续使用或改作其他用途。例如,对混凝土结构常用的加固方法主要有增大截面加固法、外包角钢加固法、粘钢加固法、增设支点加固法、增设剪力墙加固法、预应力加固法等。

3. 返工处理

当工程质量缺陷经过修补处理后仍不能满足规定的质量标准要求,或不具备补救可能性,则必须采取返工处理。例如,某防洪堤坝填筑压实后,其压实土的干密度未达到规定值,经核算将影响土体的稳定且不满足抗渗能力的要求,须挖除不合格土,重新填筑,进行返工处理;某公路桥梁工程预应力按规定张拉系数为 1.3,而实际仅为 0.8,属严重的质量缺陷,无法修补,只能返工处理。再比如,某工厂设备基础的混凝土浇筑时掺入木质素磺酸钙减水剂,因施工管理不善,掺量多于规定的 7 倍,导致混凝土坍落度大于180 mm,石子下沉,混凝土结构不均匀,浇筑后 5 天仍然不凝固硬化,28 天的混凝土实际强度达不到规定强度的 32%,不得不返工重浇。

4. 限制使用

当工程质量缺陷按修补方法处理后无法保证达到规定的使用要求和安全要求,而又无法返工处理的情况下,不得已时可作出诸如结构卸载或减载以及限制使用的决定。

5. 不作处理

某些工程质量问题虽然达不到规定的要求或标准,但其情况不严重,对工程或结构的使用及安全影响很小,经过分析、论证、法定检测单位鉴定和设计单位等认可后可不作专门处理。一般可不作专门处理的情况有以下几种。

(1)不影响结构安全、生产工艺和使用要求的。例如,有的工业建筑物出现放线定位的偏差,且严重超过相关规范、标准的规定,若要纠正,则会造成重大经济损失,但经过分析、论证,其偏差不影响生产工艺和正常使用,在外观上也无明显影响,可不作处理。又如,某些部位的混凝土表面的裂缝,经检查分析,属于表面养护不够的干缩微裂,不影响使用和外观,也可不作处理。

(2)后道工序可以弥补的质量缺陷。例如,混凝土结构表面的轻微麻面,可通过后续的抹灰、刮涂、喷涂等弥补,也可不作处理。又如,混凝土现浇楼面的平整度偏差达到10 mm,但因为后续垫层和面层的施工可以弥补,所以可不作处理。

(3)法定检测单位鉴定合格的。例如,某检验批混凝土试块强度值不满足相关规范要求,强度不足,但经法定检测单位对混凝土实体强度进行实际检测后,其实际强度达到相关规范允许和设计要求值时,可不作处理。对经检测未达到要求值,但相差不多,经分析论证,只要使用前经再次检测达到设计强度,也可不作处理,但应严格控制施工荷载。

(4)出现的质量缺陷,经检测鉴定达不到设计要求,但经原设计单位核算,仍能满足结构安全和使用功能的。例如,某一结构构件截面尺寸不足,或材料强度不足,影响结构承载力,但按实际情况进行复核验算后仍能满足设计要求的承载力时,可不进行专门处理。这种做法实际上是挖掘设计潜力或降低设计的安全系数,应谨慎处理。

6. 报废处理

出现质量事故的工程,通过分析或实践,采取上述处理方法后仍不能满足规定的质量要求或标准,必须予以报废处理。

7.3 施工质量事故预防的具体措施

建立健全施工质量管理体系,加强施工质量控制,就是为了预防施工质量问题和质量事故,在保证工程质量合格的基础上,不断提高工程质量。因此,所有施工质量控制的措施和方法,都是预防施工质量问题和质量事故的手段。具体来说,施工质量事故的预防,要从寻找和分析可能导致施工质量事故发生的原因入手,抓住影响施工质量的各种因素和施工质量形成过程的各个环节,采取有针对性的有效预防措施。

(1)严格按照基本建设程序办事。

要做好可行性论证,不可未经深入的调查分析和严格论证就盲目拍板定案;要彻底厘清工程地质水文条件方可开工;杜绝无证设计、无图施工;禁止任意修改设计和不按图纸施工;工程竣工不进行试车运转、不经验收不得交付使用。

(2)认真做好工程地质勘察。

地质勘察时要适当布置钻孔位置和设定钻孔深度。钻孔间距过大,不能全面反映地基实际情况;钻孔深度不够,难以查清地下软土层、滑坡、墓穴、孔洞等有害地质构造。地质勘察报告必须详细、准确,防止因根据不符合实际情况的地质资料而采用错误的基础方案,导致地基不均匀沉降、失稳,使上部结构及墙体开裂、破坏、倒塌。

(3)对软弱土、冲填土、杂填土、湿陷性黄土、膨胀土、岩层出露、岩溶、土洞等不均匀地基要进行科学的加固处理。要根据不同地基的工程特性,按照地基处理与上部结构相结合使其共同工作的原则,从地基处理与设计措施、结构措施、防水措施、施工措施等方面综合考虑治理。

(4)进行必要的设计审查复核。

要请具有合格专业资质的审图机构对施工图进行审查复核,防止设计考虑不周、结构构造不合理、设计计算错误、沉降缝及伸缩缝设置不当、悬挑结构未通过抗倾覆验算等,导致质量事故的发生。

(5)严格把好建筑材料及制品的质量关。

要从采购订货、进场验收、质量复验、存储和使用等环节,严格控制建筑材料及制品的质量,防止不合格或是变质、损坏的材料和制品用到工程上。

(6)对施工人员进行必要的技术培训。

要通过技术培训使施工人员掌握基本的建筑结构和建筑材料知识,懂得遵守施工验收规范对保证工程质量的重要性,从而在施工中自觉遵守操作规程,不蛮干,不违章操作,不偷工减料。

(7)加强施工过程的管理。

施工人员首先要熟悉图纸,对工程的难点和关键工序、关键部位应编制专项施工方案并严格执行;施工中必须按照图纸和施工验收规范、操作规程进行;技术组织措施要正确,施工顺序不可弄错,脚手架和楼面不可超载堆放构件和材料;要严格按照制度进行质量检查和验收。

(8)做好应对不利施工条件和各种灾害的预案。

要根据当地气象资料的分析和预测,事先针对可能出现的风、雨、高温、严寒、雷电等不利施工条件,制订相应的施工技术措施;还要对不可预见的人为事故和严重自然灾害做好应急预案,并有相应的人力、物力储备。

(9)加强施工安全与环境管理。

许多施工安全和环境事故都会连带发生质量事故,加强施工安全与环境管理,也是预防施工质量事故的重要措施。

7.4 地基与基础工程的施工质量要求及质量问题的处理

7.4.1 地基与基础工程的施工质量要求

地基与基础工程的施工质量应符合《建筑地基基础工程施工质量验收规范》(GB 50202—2002)的有关规定。

7.4.2 地基与基础工程的质量问题及防治

1.边坡塌方

(1)现象。

在挖方过程中或挖方后,边坡局部或大面积塌方,使地基土受到扰动,承载力降低,严重的会影响建筑物的安全。

(2)原因。

①基坑(槽)开挖坡度不够,或通过不同土层时,没有根据土的特性分别放成不同的坡度,致使边坡失稳而塌方。

②在有地表水、地下水作用的土层开挖时,未采取有效的降排水措施,造成涌砂、涌泥、涌水,内聚力降低,从而引起塌方。

③边坡顶部堆载过大,或受外力振动影响,使边坡内剪切应力增大,边坡土体承载力不足,土体失稳,从而引起塌方。

④土质松软,开挖次序、方法不当,从而造成塌方。

(3)防治措施。

对于基坑(槽)塌方,清除塌方后应采取临时性支护措施;对于永久性边坡局部塌方,应清除塌方后用块石填砌或用2∶8(3∶7)灰土回填嵌补,与土接触部位做成台阶搭接,防止滑动,或将坡度改缓。同时,应做好地面排水和降低地下水位的工作。

2. 回填土的密实度达不到要求

（1）现象。

回填土经夯实或碾压后，其密实度达不到设计要求，在荷载作用下变形增大，强度和稳定性下降。

（2）原因。

①土的含水率过大或过小，因而达不到最优含水率下的密实度要求。

②填方土料不符合要求。

③碾压或夯实机具能量不够，达不到影响深度要求，使土的密实度降低。

（3）防治措施。

①将不合要求的土料挖出换土，或掺入石灰、碎石等夯实加固。

②因含水量过大而达不到密实度的土层，可采用翻松晾晒、风干，或均匀掺入干土等吸水材料，重新夯实。

③当含水量小或碾压机具能量过小时，可采用增加夯实遍数，或使用大功率压实机具碾压等措施。

3. 基坑（槽）泡水

（1）现象。

基坑（槽）开挖后，地基土被水浸泡。

（2）防治措施。

①被水浸泡的基坑，应采取措施，将水引走排净。

②设置截水沟，防止水刷边坡。

③已被水浸泡扰动的土，采取排水晾晒后夯实，或抛填碎石、小块石夯实，或换土夯实（3∶7 灰土）。

4. 预制桩的桩身断裂

（1）现象。

桩在沉入过程中，桩身突然倾斜错位，桩尖处土质条件没有特殊变化，但贯入度逐渐增加或突然增大；同时，当桩锤跳起后，桩身随之出现回弹现象。

（2）原因。

①制作桩时，桩身弯曲超过规定，桩尖偏离桩的纵轴线较大，沉入过程中桩身发生倾斜或弯曲。

②桩入土后，遇到大块坚硬的障碍物，把桩尖挤向一侧。

③稳桩不垂直，压入地下一定深度后，再用走架方法校正，使桩产生弯曲。

④两节桩或多节桩施工时，相接的两节桩不在同一轴线上，产生了弯曲。

⑤制作桩的混凝土强度不够，桩在堆放、吊运过程中产生裂纹或断裂未被发现。

（3）防治措施。

①施工前应将桩位下的障碍物清除干净,必要时对每个桩位用钎探了解清楚。对桩构件进行检查,发现桩身弯曲超标或桩尖不在纵轴线上的,不宜使用。

②在稳桩过程中及时纠正不垂直,接桩时要保证上、下桩在同一纵轴线上,接头处要严格按照操作规程施工。

③桩在堆放、吊运过程中,严格按照有关规定执行,发现裂缝超过规定,坚决不能使用。

④应会同设计人员共同研究处理方法。根据工程地质条件,上部荷载及桩所处的结构部位,可以采取补桩的方法处理。可在轴线两侧分别补一根或两根桩。

5. 干作业成孔灌注桩孔底的虚土多

(1)现象。

灌注桩成孔后,孔底的虚土过多,超过了标准规定的不大于 100 mm 的规定。

(2)防治措施。

①在孔内做二次或多次投钻,即用钻先一次投到设计标高,在原位旋转片刻,停止旋转后静拔钻杆;

②用勺钻清理孔底的虚土;

③如果虚土是砂或砂卵石,可先采用孔底浆拌和,再灌混凝土;

④采用孔底压力灌浆法、压力灌混凝土法及孔底夯实法来解决。

6. 泥浆护壁灌注桩坍孔

(1)现象。

在成孔过程中或成孔后,孔壁坍落。

(2)原因。

①泥浆比重不够,起不到可靠的护壁作用;

②孔内水头高度不够或孔内出现承压水,降低了静水压力;

③护筒埋置太浅,下端孔坍塌;

④在松散的砂层中钻孔时,进尺速度太快或停在一处的空转时间太长,转速太快;

⑤冲击(抓)锥或掏渣筒在倾倒时,撞击孔壁;

⑥用爆破来处理孔内的孤石、探头石的时候,炸药量过大,造成很大的震动。

(3)防治措施。

①在松散砂土或流砂中钻进时,应控制进尺,选用较大相对密度、黏度、胶体率的优质泥浆(或投入黏土膏、片石或卵石,低锤冲击,使黏土膏、片石、卵石挤入孔壁)。

②如地下水位变化过大,应采取升高护筒,增大水头,或用虹吸管连接等措施。

③严格控制冲程高度和炸药用量。

④孔口坍塌时,应先探明位置,将砂和黏土(或砂砾和黄土)混合物等回填到坍孔位置以上 1~2 m;如坍孔严重,应全部回填,等回填物沉积密实后再进行钻孔。

7.5 主体结构工程的施工质量问题的处理

主体结构工程主要有钢筋混凝土结构、钢结构和砌体结构等。

7.5.1 钢筋混凝土结构工程中主要质量问题及防治

1. 钢筋错位

(1)现象。

柱、梁、板、墙的主筋位置或保护层偏差过大。

(2)原因。

①钢筋未按照设计或翻样尺寸进行加工和安装;

②钢筋现场翻样后,未合理考虑主筋的相互位置及避让关系;

③混凝土浇筑过程中,钢筋被碰撞移位后,在混凝土初凝前,未能及时被校正;

④保护层垫块尺寸或安装位置不准确。

(3)防治措施。

①钢筋现场翻样时,应根据结构特点,合理考虑钢筋之间的避让关系,现场钢筋加工应严格按照设计和现场翻样的尺寸进行加工和安装;

②钢筋绑扎或焊接必须牢固,固定钢筋的措施可靠、有效;

③为使保护层厚度准确,垫块要沿主筋方向摆放,位置、数量准确;

④混凝土浇筑过程中应采取措施,尽量不碰撞钢筋,严禁砸、压、踩踏和直接顶撬钢筋,同时浇筑过程中要有专人随时检查钢筋位置,并及时校正。

2. 混凝土强度等级偏低

(1)现象。

混凝土标准养护试块或现场检测的强度,按规范标准评定达不到设计要求的强度等级。

(2)原因。

①配置混凝土所用的原材料的材质不符合国家标准的规定;

②拌制混凝土时,没有法定检测单位提供的混凝土配合比试验报告,或操作中未能严格按混凝土配合比进行规范操作;

③拌制混凝土时投料计量有误;

④混凝土搅拌、运输、浇筑、养护不符合规范要求。

(3)防治措施。

①拌制混凝土所用水泥、粗(细)骨料和外加剂等均必须符合有关标准规定;

②必须按法定检测单位发出的混凝土配合比试验报告进行配制;

③配制混凝土必须按质量比计量投料,且计量要准确;

④混凝土拌和必须采用机械搅拌,加料顺序为粗骨料→水泥→细骨料→水,并严格

控制搅拌时间;

⑤混凝土的运输和搅拌必须在混凝土初凝前进行;

⑥控制好混凝土的浇筑和振捣质量;

⑦控制好混凝土的养护。

3. 混凝土表面缺陷

(1)现象。

拆模后,混凝土表面出现麻面、露筋、蜂窝、孔洞等。

(2)原因。

①模板表面不光滑、安装质量差,接缝不严、漏浆,模板表面污染未清除;

②木模板在混凝土入模之前没有充分湿润,钢模板脱模剂涂刷不均匀;

③钢筋保护层垫块的厚度或放置间距、位置等不当;

④局部配筋、铁件等过密,妨碍混凝土下料或无法正常振捣;

⑤混凝土坍落度、和易性不好;

⑥混凝土浇筑方法不当,不分层或分层过厚,布料顺序不合理等;

⑦混凝土浇筑高度超过规定要求,且未采取措施,导致混凝土离析;

⑧漏浆或振捣不实;

⑨混凝土拆模过早。

(3)防治措施。

①模板使用前应进行表面清理,保持表面清洁、光滑。钢模应保证边框平直,组合后应使接缝严密,必要时可用胶带加强。浇筑混凝土前应充分湿润或均匀涂刷脱模剂。

②按规定或方案要求合理布料,分层振捣,防止漏振。

③对局部配筋或铁件过密处,应事先制订处理措施,保证混凝土能够顺利通过,浇筑密实。

4. 混凝土柱、墙、梁等构件的外形尺寸、轴线位置等偏差大

(1)现象。

混凝土柱、墙、梁等外形尺寸偏差、表面平整度、轴线位置等超过规范允许的偏差值。

(2)原因。

①没有按施工图进行施工放线或误差过大;

②模板的强度和刚度不足;

③模板支撑基座不实,受力变形大。

(3)防治措施。

①施工前必须按施工图放线,并确保构件断面几何尺寸和轴线定位线准确无误;

②模板及其支撑(架)必须具有足够的承载力、刚度和稳定性,确保模具在浇筑混凝土及养护过程中不变形、不失稳、不跑模;

③要确保模板支撑基座坚实;

④在浇筑混凝土前后及过程中,要认真检查,及时发现问题,及时纠正。

5. 混凝土收缩裂缝

(1)现象。

裂缝多出现在新浇筑并暴露于空气中的结构构件表面,有塑态收缩、沉陷收缩、干燥收缩、碳化收缩、凝结收缩等收缩裂缝。

(2)原因。

①混凝土原材料质量不合格,如骨料含泥量大等;

②水泥或掺合料用量超出规范规定;

③混凝土水灰比、坍落度偏大,和易性差;

④混凝土浇筑振捣差,养护不及时或养护差。

(3)防治措施。

①选用合格的原材料。

②根据现场情况、图纸设计和规范要求,由有资质的试验室配制合适的混凝土配合比,并确保搅拌质量。

③确保混凝土浇筑振捣密实,并在初凝前进行二次抹压。

④确保混凝土及时养护,并保证养护质量满足要求。

7.5.2　钢结构工程中主要质量问题及防治

1. 钢柱底部螺栓孔偏移

(1)现象。

钢柱底部预留螺栓孔与预埋螺栓不对中。

(2)防治措施。

①钢柱底部预留螺栓孔应放大样后制作,并确保螺栓孔位与柱子轴线相对位置准确。

②如螺栓孔偏移不大,经设计人员许可,沿偏差方向将孔扩大为椭圆孔,然后换用加大的垫圈进行安装。

③如螺栓孔偏移较大,经设计认可,可将原孔塞焊,重新补钻孔。

2. 底脚螺栓位移

(1)现象。

底脚螺栓与轴线相对位置超过允许值。

(2)防治措施。

①先浇筑混凝土,预留孔洞,后埋螺栓。在埋螺栓时,采用型钢两次校正办法,检查无误后,浇筑预留孔洞。

②将每根柱的底脚螺栓用预埋钢架固定,一次浇筑混凝土。

③可用氧乙炔火焰将柱底座板螺栓孔扩大,安装时,另加厚钢垫板。

④如螺栓孔相对偏移较大,经设计人员同意可将螺栓割除,将根部螺栓焊于预埋钢板上,附上一块与预埋钢板等厚的钢板,再与预埋钢板采取铆钉塞焊法焊上,然后根据设计要求焊上新螺栓。

3. 连接板拼装不严密

(1)现象。

连接板之间拼缝不密实,有间隙。

(2)防治措施。

①连接处钢板应平直,变形较大者应调整后使用;

②连接型钢或零件平面坡度大于 1∶20 时,应放置斜垫片;

③连接板之间的间隙小于 1 mm 的,可不作处理;

④连接板之间的间隙为 1～3 mm 的,将厚的一侧做成向较薄一侧过渡的缓坡;

⑤连接板之间的间隙大于 3 mm 的,填入垫板,垫板的表面与构件作同样处理。

7.5.3　砌体工程中主要质量问题及防治

1. 住宅工程附墙烟道堵塞、串烟

(1)现象。

砖混结构住宅的居室和厨房附墙烟道被堵塞,或各楼层烟道相互串烟,影响建筑物的使用和人身安全。

(2)防治措施。

①砌筑附墙烟道部位应建立责任制,各楼层烟道采取定人定位(各楼层同一轴线的烟道,尽量由同一人砌筑),便于明确责任和实行奖惩。

②砌筑烟道安放瓦管时,应注意接口对齐,接口周围用砂浆塞严,四周间隙内嵌塞碎砖,以嵌固瓦管。烟道砌筑时应先放瓦管后砌墙体,以防止碎砖、砂浆等杂物掉入管内。

③推广采用桶式提芯工具的施工方法,既可防止杂物落入烟道内造成堵塞,又可使烟道内壁的砂浆光滑、密实,对防止串烟有利。

2. 墙体因地基不均匀下沉引起的墙体裂缝

(1)现象。

①在纵墙的两端出现斜裂缝,多数裂缝通过窗口的两个对角,裂缝向沉降较大的方向倾斜,并由下向上发展。裂缝多在墙体下部,向上逐渐减少,裂缝宽度下大上小,常常在房屋建成后不久就出现,其数量及宽度随时间而逐渐发展。

②在窗间墙的上、下对角处成对出现水平裂缝,沉降大的一边裂缝在下,沉降小的一边裂缝在上。

③在纵墙中央的顶部和底部窗台处出现竖向裂缝,裂缝上宽下窄。当纵墙顶部有圈梁时,顶层中央顶部竖向裂缝较少。

(2)防治措施。

①加强基础坑(槽)的钎探工作。对于较复杂的地基,在基坑(槽)开挖后应进行普遍钎探,待探出的软弱部位进行加固处理后,方可进行基础施工。

②合理设置沉降缝。操作中应防止浇筑圈梁时将断开处浇在一起,或砖头、砂浆等杂物落入缝内,以免房屋不能自由沉降而发生墙体拉裂现象。

③提高上部结构的刚度,增强墙体抗剪强度。应在基础顶面(±0.000)处及各楼层门窗口上部设置圈梁,减少建筑物端部门窗数量。操作中严格执行相关规范的规定,如砖浇水润湿,改善砂浆和易性,提高砂浆饱满度和砖层间的黏结性(提高灰缝的砂浆饱满

度,可以大大提高墙体的抗剪强度)。在施工临时间断处应尽量留置斜槎。当留置直槎时,也应加拉结筋,坚决消灭阴槎又无拉结筋的做法。

④应考虑在宽大窗口下部设混凝土梁或砌反砖拱以适应窗台反梁作用的变形,防止窗台处产生竖直裂缝。为避免多层房屋底层窗台下出现裂缝,除了加强基础整体性外,也可采取通长配筋的方法来加强;另外,窗台部位也不宜使用过多的半砖砌筑。

3. 填充墙砌筑不当,与主体结构交接处裂缝

(1)现象。

框架梁底、柱边出现裂缝。

(2)防治措施。

①柱边(框架柱或构造柱)应设置间距不大于 500 mm 的 2φ6,且在砌体内锚固长度不小于 1000 mm 的拉结筋。

②填充墙梁下口最后 3 皮砖应在下部墙砌完 7 天后砌筑,并由中间开始向两边斜砌。

③如为空心砖外墙,里口用半砖斜砌墙;外口先立斗模,再浇筑不低于 C10 细石混凝土,终凝拆模后将多余的混凝土凿去。

④外墙下为空心砖墙时,若设计无要求,应将窗台改为不低于 C10 的细石混凝土,其长度大于窗边 100 mm,并在细石混凝土内加 2φ6 钢筋。

⑤柱与填充墙接触处应设钢丝网片,防止该处粉刷裂缝。

7.6 防水工程的施工质量要求及质量问题的处理

7.6.1 防水工程的施工质量要求

1. 地下防水工程的施工质量要求

(1)使用的材料应符合设计要求和质量标准的规定。

(2)防水混凝土的抗压强度和抗渗压力必须符合设计要求。

(3)防水混凝土应密实,表面应平整,不得有露筋、蜂窝等缺陷。

(4)水泥砂浆防水层应密实、平整、黏结牢固,不得有空鼓、裂纹、起砂、麻面等缺陷;防水层厚度应符合设计要求。

(5)卷材接缝应黏结牢固、封闭严密,防水层不得有损伤、空鼓、皱折等缺陷。

(6)涂层应黏结牢固,不得有脱皮、流淌、鼓泡、露胎、皱折等缺陷;涂层厚度应符合设计要求。

(7)塑料板防水层应铺设牢固、平整,搭接焊缝严密,不得有焊穿、下垂、绷紧等现象。

(8)金属板防水层的焊缝不得有裂纹、夹渣、焊瘤、咬边、烧穿、弧坑、针状气孔等缺陷,保护涂层应符合设计要求。

(9)变形缝、施工缝、后浇带、穿墙管道等防水构造应符合设计要求。

2. 屋面防水工程的施工质量要求

(1)使用的材料应符合设计要求和质量标准的规定。

(2)找平层表面应平整,不得有酥松、起砂、起皮现象。

(3)保温层的厚度、含水率和表观密度应符合设计要求。

(4)天沟、檐沟、泛水和变形缝等构造应符合设计要求。

(5)卷材铺贴方法和搭接顺序应符合设计要求,搭接宽度正确,接缝严密,不得有皱折、鼓泡和翘边现象。

(6)涂膜防水层的厚度应符合设计要求,涂层无裂纹、皱折、流淌、鼓泡和露胎体现象。

(7)刚性防水层的表面应平整、压光,不起砂,不起皮,不开裂;分格缝应平直,位置正确。

(8)嵌缝密封材料应与两侧基层黏结牢固,密封部位光滑、平直,不得有开裂、鼓泡、下塌现象。

(9)平瓦屋面的基层应平整、牢固,瓦片排列整齐、平直,搭接合理,接缝严密,不得有残缺瓦片。

(10)防水层不得有渗漏或积水现象。

3. 室内防水工程的施工质量要求

(1)材料的检测报告、材料进现场的复试报告及其他存档资料应符合设计及国家相关标准的要求。

(2)涂膜厚度、卷材厚度、复试防水层厚度均应达到设计要求。

(3)涂膜防水层应均匀一致,不得有开裂、脱落、气泡、孔洞及收头不严密等缺陷。

(4)卷材铺贴表面应平整无皱折,搭接缝宽度一致,卷材粘贴牢固、嵌缝严密,不得有翘边、开裂及鼓泡等现象。

(5)刚、柔防水的各层次之间应黏结牢固,防水层表面涂膜均匀一致、平整,不得有气泡、脱落、孔洞及收头不严密等缺陷。

(6)水泥基渗透结晶型防水材料施工的基面应为混凝土,非混凝土基面上必须做水泥砂浆基层后才能涂刷,其表面应坚实、平整,不得有露筋、蜂窝、孔洞、麻面和渗漏水现象;混凝土裂缝不应大于 0.2 mm,且不得有贯通裂缝。

(7)水泥基渗透结晶型防水涂层应均匀,水泥基渗透结晶型防水砂浆应压实;水泥基渗透结晶型防水涂层及防水砂浆层均不应有起皮、空鼓、裂纹等缺陷;水泥基渗透结晶型防水涂层及防水砂浆层均应做 3~7 天的喷雾养护,养护后再做蓄水试验。

(8)界面渗透型防水液的喷涂应均匀一致(检查方法:喷涂防水液后应立即观察表面粉色酚酞反应显示状况,如有漏喷或不均匀现象,应采取措施补喷)。

(9)防水细部构造处理应符合设计要求,施工完毕后立即验收,并做隐蔽工程记录。

(10)竣工后的防水层不得有积水和渗漏现象,地面排水必须畅通。

7.6.2 防水工程的施工质量问题的处理

1. 地下防水工程的施工质量问题处理

(1)防水混凝土施工缝渗漏水。

①现象。

施工缝处混凝土松散,骨料集中,接槎明显,沿缝隙处渗漏水。

②原因。

a.施工缝留的位置不当。

b.在支模和绑钢筋的过程中,掉入缝内的杂物没有及时清除。浇筑上层混凝土后,在新、旧混凝土之间形成夹层。

c.浇筑上层混凝土时,未按规定处理施工缝,上、下层混凝土不能牢固黏结。

d.钢筋过密,内外模板距离狭窄,混凝土浇捣困难,施工质量不易保证。

e.下料方法不当,骨料集中于施工缝处。

f.浇筑地面混凝土时,因工序衔接等造成新老接槎部位产生收缩裂缝。

③防治措施。

a.根据渗漏、水压情况,采用促凝胶浆或氰凝灌浆来堵漏。

b.不渗漏的施工缝,可沿缝剔成八字形凹槽,将松散石子剔除,刷洗干净,用水泥素浆打底,抹 1∶2.5 水泥砂浆找平压实。

(2)防水混凝土裂缝渗漏水。

①现象。

混凝土表面有不规则的收缩裂缝,且贯通于混凝土结构,有渗漏水现象。

②原因。

a.混凝土搅拌不均匀,或水泥品种混用,收缩不一产生裂缝;

b.设计中,对土的侧压力及水压作用考虑不周,结构缺乏足够的刚度;

c.由于设计或施工等产生局部断裂或环形裂缝。

③防治措施。

a.采用促凝胶浆或氰凝灌浆来堵漏;

b.对于不渗漏的裂缝,可用灰浆或水泥压浆法处理;

c.对于结构所出现的环形裂缝,可采用埋入式橡胶止水带、后埋式止水带、粘贴式氯丁胶片以及涂刷式氯丁胶片等处理。

(3)管道穿墙(地)部位渗漏水。

①现象。

常温管道、热力管道以及电缆等穿墙(地)时与混凝土脱离,产生裂缝漏水。

②原因。

a.穿墙(地)管道周围混凝土浇筑困难,振捣不密实。

b.没有认真清除穿墙(地)管道表面的锈蚀层,致使穿墙(地)管道不能与混凝土黏结严密。

c.穿墙(地)管道接头不严或使用有缝管,水渗入管内后,又从管内流出。

d.在施工或使用中穿墙(地)管道受振松动,与混凝土间产生缝隙。

e.热力管道穿墙部位的构造处理不当,致使管道在温差作用下,因往返伸缩变形而与结构脱离,产生裂缝。

③防治措施。

a.对于水压较小的常温管道穿墙(地)部位渗漏水采用直接堵漏法处理:沿裂缝剔成八字形边坡沟槽,采用水泥胶浆将沟槽挤压密实,达到强度后,表面做防水层。

b.对于水压较大的常温管道穿墙(地)部位渗漏水采用下线堵漏法处理:沿裂缝剔成八字形边坡沟槽,挤压水泥胶浆同时留设线孔或钉孔,使漏水顺孔眼流出。经检查无渗漏后,沿沟槽抹素浆、砂浆各一道。待其有强度后再按上述方法堵塞漏水孔眼,最后把整条裂缝做好防水层。

c.热力管道穿内墙部位出现渗漏水时,可将穿管孔眼剔大,采用埋设预制半圆混凝土套管进行处理。

d.热力管道穿外墙部位出现渗漏水,修复时需将地下水位降至管道标高以下,用设置橡胶止水套的方法处理。

2.屋面防水工程的施工质量问题处理

(1)卷材屋面开裂。

①现象。

卷材屋面开裂一般有两种情况。一种是装配式结构屋面上出现有规则的横向裂缝。当屋面无保温层时,这种横向裂缝往往是通长和笔直的,位置正对屋面板支座的上端;当屋面有保温层时,裂缝往往是断续、弯曲的,位于屋面板支座两边 10～50 mm 的范围内。这种有规则裂缝一般在屋面完成后 1～4 年的冬季出现,开始细如发丝,以后逐渐加剧,一直发展到 1～2 mm 甚至更宽。另一种是无规则裂缝,其位置、性状、长度各不相同,出现的时间也无规律,一般贴补后不再裂开。

②原因。

a.有规则横向裂缝产生的主要原因是:温度变化,屋面板产生胀缩,引起板端角改变。此外,卷材质量低、老化或在低温条件下产生冷缩,降低了其韧性和延伸度等原因也会产生横向裂缝。

b.无规则裂缝产生的原因是:卷材搭接太小,卷材收缩后接头开裂、翘起,卷材老化龟裂、鼓泡破裂或外伤等。此外,找平层的分格缝设置不当或处理不好,以及水泥砂浆不规则开裂等,也会引起卷材的无规则开裂。

③防治措施。

对于基层未开裂的无规则裂缝(老化龟裂除外),一般在开裂处补贴卷材即可。有规则横向裂缝在屋面完工后的几年内,正处于发生和发展阶段,只有逐年治理方能收效。治理方法如下。

a.用盖缝条补缝:盖缝条用卷材或镀锌薄钢板制成。补缝时,按补修范围清理屋面,在裂缝处先嵌入防水油膏或浇灌热沥青。卷材盖缝条应用玛琋脂粘贴,周边要压实刮平。镀锌薄钢板盖缝条应用钉子钉在找平层上,其间距为 200 mm,两边再附贴一层宽 200 mm 的卷材条。用盖缝条补缝,能适应屋面基层伸缩变形,避免防水层被拉裂,但盖缝条易被踩坏,故不适用于积灰严重、扫灰频繁的屋面。

b.用干铺卷材做延伸层:在裂缝处干铺一层 250～400 mm 宽的卷材条做延伸层。干铺卷材的两侧 20 mm 处应用玛琋脂粘贴。

c.用防水油膏补缝:补缝用的油膏,目前采用的有聚氯乙烯胶泥和焦油麻丝两种。用聚氯乙烯胶泥时,应先切除裂缝两边宽各 50 mm 的卷材和找平层,保证深为 30 mm,然后清理基层,热灌胶泥至高出屋面 5 mm 以上。用焦油麻丝嵌缝时,先清理裂缝两边宽各 50 mm 的绿豆砂保护层,再灌上油膏即可。油膏配合比(质量比)为焦油：麻丝：滑石粉＝100：15：60。

(2)卷材屋面流淌。

①现象。

a.严重流淌:流淌面积占屋面 50% 以上,大部分流淌距离超过卷材搭接长度。卷材大多折皱成团,垂直面卷材拉开脱空,卷材横向搭接有严重错动。在一些脱空和拉断处,产生漏水。

b.中等流淌:流淌面积占屋面 20%～50%,大部分流淌距离在卷材搭接长度范围之内,屋面有轻微折皱,垂直面卷材被拉开 100 mm 左右,只有天沟卷材脱空耸肩。

c.轻微流淌:流淌面积占屋面 20% 以下,流淌长度仅 2～3 cm,在屋架端坡处有轻微折皱。

②原因。

a.胶结料耐热度偏低。

b.胶结料黏结层过厚。

c.屋面坡度过陡,采用平行屋脊铺贴卷材;或采用垂直屋脊铺贴卷材,在半坡进行短边搭接。

③防治措施。

严重流淌的卷材防水层可考虑拆除重铺。轻微流淌如不发生渗漏,一般可不予治理。中等流淌采用下列方法治理。

a.切割法:对于天沟处卷材耸肩脱空等部位,可先清除保护层,切开将要脱空的卷材,刮除卷材底下积存的旧胶结料,待内部冷凝水晒干后,将下部已脱开的卷材用胶结料粘贴好,加铺一层卷材,再将上部卷材盖上。

b.局部切除重铺:天沟处折皱成团的卷材,先切除,仅保存原有卷材较为平整的部分,使之沿天沟纵向成直线(也可用喷灯烘烤胶结料后,将卷材剥离);新旧卷材的搭接应按接槎法或搭搭法进行。

(a)接槎法:先将旧卷材槎口切齐,并铲除槎口边缘200 mm处的保护层,新旧卷材按槎口分层对接,最后将表面一层新卷材搭入旧卷材150 mm并压齐,上做一油一砂(此法一般用于治理天窗泛水和山墙泛水处)。

(b)搭槎法:将旧卷材切成台阶形槎口,每阶宽大于80～150 mm,用喷灯将旧胶结料烤软后,分层掀起80～150 mm,将旧胶结料除净,卷材下面的水汽晒干,最后把新铺卷材分层压入旧卷材下面(此法多用于治理天沟处)。

c.钉钉子法:当施工后不久,卷材有下滑趋势时,可在卷材的上部离屋脊300～450 mm范围内钉三排50 mm的长圆钉,钉眼上灌胶结料。卷材流淌后,横向搭接若有错动,应清除边缘翘起处的旧胶结料,重新浇灌胶结料,并压实刮平。

(3)卷材屋面起鼓。

①现象。

卷材起鼓一般在施工后不久产生。在高温季节,有时上午施工下午就起鼓。鼓泡一般由小到大,逐渐发展,大的直径可达200～300 mm,小的数十毫米,大小鼓泡还可能成片串连。起鼓一般从底层卷材开始,其内还有冷凝水珠。

②原因。

在卷材防水层中黏结不实的部位,窝有水分和气体;当其受到太阳照射或人工热源影响后,体积膨胀,造成鼓泡。

③防治措施。

a.直径为100 mm以下的中、小鼓泡,可用抽气灌胶法治理,并压上几块砖,几天后再将砖移去即可。

b.直径为100～300 mm的鼓泡,可先铲除鼓泡处的保护层,再用刀将鼓泡按斜十字形割开,放出鼓泡内的气体,擦干水,清除旧胶结料,用喷灯把卷材内部吹干。然后按顺序把旧卷材分片重新粘贴好,再新贴一块方形卷材(其边长比开刀范围大100 mm),压入卷材下。最后,粘贴覆盖好卷材,四边搭接好,并重做保护层。上述分片铺贴顺序是按屋面流水方向先下再左右后上。

c.直径更大的鼓泡,用割补法治理。先用刀把鼓泡卷材割除,按上一做法进行基层清理,再用喷灯烘烤旧卷材槎口,并分层剥开,除去旧胶结料后,依次粘贴好旧卷材,上铺一层新卷材(四周与旧卷材搭接不小于100 mm),然后贴上旧卷材。再依次粘贴旧卷材,上面覆盖第二层新卷材。最后粘贴卷材,周边压实刮平,重做保护层。

(4)山墙、女儿墙部位漏水。

①现象。

在山墙、女儿墙部位漏水。

②原因分析。

a.卷材收口处张口,固定不牢;封口砂浆开裂、剥落,压条脱落。

b.压顶板滴水线破损,雨水沿墙进入卷材。

c.山墙或女儿墙与屋面板缺乏牢固拉结,转角处没有做成钝角,垂直面卷材与屋面卷材没有分层搭槎,基层松动(如墙外倾或不均匀沉陷)。

d.垂直面保护层因施工困难而被省略。

③防治措施。

a.清除卷材张口脱落处的旧胶结料,烤干基层,重新钉上压条,将旧卷材贴紧钉牢,再覆盖一层新卷材,收口处用防水油膏封口。

b.凿除开裂和剥落的压顶砂浆,重抹1∶(2～2.5)水泥砂浆,并做好滴水线。

c.将转角处开裂的卷材割开,旧卷材烘烤后分层剥离,清除旧胶结料,将新卷材分层压入旧卷材下,并搭接粘贴牢固。再在裂缝表面增加一层卷材,四周粘贴牢固。

7.7 建筑装饰装修工程的施工质量要求及质量问题的处理

7.7.1 建筑装饰装修工程中易出现的质量问题

建筑装饰装修工程常见的施工质量问题有空、裂、渗、观感效果差等。

1.地面工程

①水泥地面:起砂、空鼓、倒泛水、渗漏等。

②板块地面:天然石材地面的色泽、纹理不协调,泛碱、断裂,地面砖爆裂、拱起,地面空鼓等。

③木、竹地板地面:表面不平整、拼缝不严、地板起鼓等。

2.抹灰工程

①一般抹灰:抹灰层脱层、空鼓,面层爆灰、裂缝、表面不平整、接槎和抹纹明显等。

②装饰抹灰:除一般抹灰存在的缺陷外,还存在色差、掉角、脱皮等缺陷。

3.门窗工程

①木门窗:安装不牢固、开关不灵活、关闭不严密、安装留缝、倒翘等。

②金属门窗:划痕、碰伤、漆膜或保护层不连续,框与墙体之间连接不紧密。

4.吊顶工程

①吊杆、龙骨和饰面材料安装不牢固。

②金属吊杆、龙骨的接缝不均匀,角缝不吻合,表面不平整、翘曲、有锤印;木质吊杆和龙骨不顺直、劈裂、变形。

③吊杆内填充的吸声材料没有防散落的措施。

④饰面材料的表面不洁净、色泽不一致,有翘曲、裂缝及缺损。

5.轻质隔墙工程

墙板材安装不牢固、脱层、翘曲,接缝有裂缝或缺损。

6.饰面板(砖)工程

安装(粘贴)不牢固、表面不平整、色泽不一致,有裂缝和缺损,石材表面泛碱。

7.涂饰工程

泛碱、咬色、流坠、疙瘩、砂眼、刷纹、漏涂、透底、起色和掉粉。

8.裱糊工程

拼接、花饰不垂直,花饰不对称,离缝或亏纸,相邻壁纸(墙布)搭缝、翘边,壁纸(墙布)空鼓,壁纸(墙布)死折,壁纸(墙布)色泽不一致。

9.细部工程

①橱柜的制作与安装工程:变形、翘曲、损坏、面层拼缝不严密。

②窗帘盒、窗台板、散热器罩的制作与安装工程:窗帘盒安装上口、下口不平,两端距窗洞口的长度不一致;窗台板水平度的偏差大于 2 mm,安装不牢固、翘曲,散热器罩翘曲、不平。

③木门窗套制作与安装工程:安装不牢固、翘曲,门窗套线条不顺直、接缝不严密、色泽不一致。

④护栏和扶手的制作与安装工程:护栏安装不牢固、护栏和扶手转角的弧度不顺、护栏玻璃的选材不当等。

花饰的制作与安装工程:条形花饰歪斜、单独花饰的中心位置偏移、接缝不严、有裂缝等。

7.7.2　建筑装饰装修工程的施工质量问题的原因分析

建筑装饰装修工程的施工质量问题产生的原因是多方面的,在分析时应针对影响施工质量的五大要素(人、机械、材料、施工方法、环境条件),运用排列图、因果图、调查表、分层法、直方图、控制图、散步图、关系图法等统计方法等进行分析,确定建筑装饰装修工程的施工质量问题产生的原因。主要原因有如下几个方面。

(1)企业缺乏施工技术标准和施工工艺规程。

(2)施工人员的素质参差不齐,缺乏基本理论知识和实践知识,不了解施工验收规范。质量控制的关键岗位人员缺位。

(3)所用材料的规格、质量、性能等不符合设计要求。

(4)所采用的施工机具不能满足施工工艺的要求。

(5)对施工过程的控制不到位,未做到施工按工艺、操作按规程、检查按规范标准来进行,对分项工程的施工质量检验批的检查评定流于形式,缺乏实测实量。

(6)工业化程度低。

(7)违背客观规律,盲目缩短工期和抢工期,盲目降低成本等。

7.7.3 建筑装饰装修工程施工质量问题的处理

1.及时纠正

建筑装饰装修工程的施工质量问题一般出现在检验批(工程质量验收的最小单位),施工过程中应及早发现,并针对具体情况,制订纠正措施,及时通过返工、由有资质的检测单位检测鉴定、返修、加固处理等方法进行纠正。

通过返修或加固处理等仍不能满足安全、使用要求的分部工程、单位(子单位)工程严禁验收。

2.合理预防

担任项目经理的建筑工程专业的建造师在主持施工组织设计时,应针对工程特点和施工管理能力,制订装饰装修工程的常见质量问题的预防措施。

7.8 建筑节能工程的施工质量要求及质量问题的处理

建筑节能是指在保证提高建筑物舒适性的前提下,合理使用能源,减少建筑物中能量的散失,不断提高能源的利用效率。

7.8.1 建筑节能工程的施工质量要求

1.技术与管理

(1)承担建筑节能工程的施工企业应当具备相应的资质;施工现场应建立相应的质量管理体系、施工质量控制和检验制度,具有相应的施工技术标准。

(2)设计变更不得降低建筑节能的效果。当设计变更可能影响到建筑节能的效果时,应经原施工图设计的审查机构再次审查,在实施前应办理设计变更手续,并获得监理或建设单位的确认。

(3)建筑节能工程采用的新技术、新设备、新材料、新工艺,应按照有关规定进行评审、鉴定及备案。施工前应对新的或首次采用的施工工艺进行评价,并制订专门的施工技术方案。

(4)单位工程的施工组织设计应包括建筑节能工程施工的内容。建筑节能工程施工前,施工单位应编制建筑节能工程施工方案,并经监理(建设)单位审查批准。施工单位应对从事建筑节能工程施工作业的人员进行技术交底和必要的实际操作培训。

（5）建筑节能工程的质量检测，应由具备资质的检测机构来承担。

2. 材料与设备

（1）建筑节能工程使用的材料、设备等，必须符合设计要求及国家有关标准的规定。严禁使用国家明令禁止使用或淘汰的材料和设备。

（2）材料和设备在进场时应遵守下列规定：

①对材料和设备的品种、规格、包装、外观和尺寸等进行检查验收，并应经监理工程师（建设单位代表）确认，形成相应的验收记录。

②对材料和设备的质量证明文件进行核查，并应经监理工程师（建设单位代表）确认，纳入工程技术档案。进入施工现场用于节能工程的材料和设备的质量证明文件包括出厂合格证、中文说明书、相关性能检测报告。定型产品和成套技术还应有型式检验报告。进口材料和设备应按规定进行出入境商品检验。

③对材料和设备应在施工现场进行抽样复验，复验应为见证取样送检。

（3）建筑节能工程所用材料的燃烧性能等级和阻燃处理，应符合设计要求和《建筑内部装修设计防火规范》（GB 50222—1995）和《建筑设计防火规范》（GB 50016—2014）等的规定。

（4）建筑节能工程所用材料应符合国家现行有关标准对材料中有害物质限量的规定，不得对室内外环境造成污染。

（5）现场配置的材料（如保温砂浆、聚合物砂浆等），应按设计要求或实验室给出的配合比配制。当未给出要求时，应按照施工方案和产品说明书配制。

（6）节能保温材料在施工使用时的含水率应符合设计要求、工艺要求及施工技术方案要求。当无上述要求时，节能保温材料在施工使用时的含水率不应大于正常施工环境湿度下的自然含水率，否则应采取降低含水率的措施。

（7）墙体节能工程所用的保温隔热材料，其导热系数、密度、抗压强度或压缩强度、燃烧性能等应符合设计要求。对其检验时，应核查保温材料的质量证明文件及进场复验报告（复验应为见证取样送检），并对保温材料的导热系数、密度、抗压强度或压缩强度、黏结材料的黏结强度，增强网的力学性能、抗腐性能等进行复验。

7.8.2 建筑节能工程的施工质量问题的处理

1. 墙体节能工程施工中的常见问题及处理要点

（1）常见问题。

①墙体材料或保温材料的类型或厚度与设计不符；

②主城区采用聚苯颗粒保温浆料做内保温；

③采用了"四新技术"，却未按相关规定进行评审鉴定及备案；

④采用的保温材料的燃烧性能不符合相关标准及文件的规定；

⑤不具备相应检测资质的检测机构违规出具检测报告。

（2）处理要点。

①墙体材料类型必须与设计相符,保温材料类型及厚度必须符合设计要求。

②保温板材与基层的黏结强度应作现场抗拉拔试验,且黏结强度、保温板材与基层的连接方式应符合设计要求。

③保温浆料应分层施工。当采用保温浆料做外保温层时,保温层与基层之间、各层之间的黏结必须牢固,不应脱层、空鼓和开裂。当采用保温浆料做保温层时,应在施工同时制作同条件养护试件,试件的导热系数、干密度和压缩系数等必须见证取样送检。

④当墙体节能工程的保温层采用预埋或后置锚固件进行固定时,锚固件的数量、位置、锚固深度和拉拔力应符合设计要求。后置锚固件应进行锚固力现场拉拔试验。

2.幕墙节能工程施工中的常见问题及处理要点

（1）幕墙节能工程所用的保温隔热材料,其导热系数、密度、燃烧性能等应符合设计要求。

（2）幕墙玻璃的传热系数、遮阳系数、可见光透射比、中空玻璃露点等应符合设计要求。

（3）幕墙隔热型材的抗拉强度、抗剪强度等应符合设计要求和相关产品标准的规定。

（4）幕墙的气密性能应符合设计规定的等级要求。

3.门窗节能工程施工中的常见问题及处理要点

（1）常见问题。

①门窗类型与设计不符。

②单玻窗采用非断热型材。

③执行65%设计标准的居住建筑采用了传热系数大于4.0的外窗。

④检测机构出具的检测报告的检测依据不正确。

（2）处理要点。

①建筑外窗的气密性、保温性能、中空玻璃露点、玻璃遮阳系数和可见光透射比应符合设计要求。

②在夏热冬冷地区,气密性、传热系数、玻璃遮阳系数、可见光透射比、中空玻璃露点等项目应作复验。

③夏热冬冷地区的建筑外窗,应对其气密性作现场实体检验,检测结果应满足设计要求。

课后习题

7-1 什么是建筑工程质量事故?

7-2 建筑工程质量问题的处理程序有哪些?

7-3　建筑施工质量事故预防的具体措施有哪些?

7-4　依据中华人民共和国住房和城乡建设部《关于做好房屋建筑和市政基础设施工程质量事故报告和调查处理工作的通知》(建质〔2010〕111号),根据工程质量事故造成的人员伤亡或直接经济损失,将工程质量事故分为哪几个等级?

7-5　建筑节能的概念是什么?

7-6　地基与基础工程有哪些常见的质量问题?

◈ 实训内容

针对某一实际工程项目,进行该项目的施工质量问题的处理。

8 工程资料收集与整理

【能力要求】

目标	内容	权重
知识点	工程文件资料,竣工图,工程资料软件	40%
技能	形成工程文件资料,编制竣工图,工程文件资料组卷与归档,工程资料管理职责	60%

【案例导入】

　　某工程为框架结构粮食库房,建筑面积 3300 m²,共 2 层,层高 4.5 m,室内外高差 0.3 m,钢筋混凝土为独立柱基础,按 7 度设防。现基坑开挖已经完成,达到设计基底标高,准备验槽。请问:①该工程地基验槽应当有哪些单位参加? 由什么单位监督? ②资料员应在验槽前准备好什么表格? 并填写其中什么内容? ③上述表格应由哪些单位的什么人员签字方为有效?

　　分析:

　　(1)地基验槽应有地勘单位、设计单位、施工单位、监理单位、建设单位、检测单位参加,由工程质量监督单位现场监督。

　　(2)资料员在验槽前应准备好地基验槽记录表,并填写好其中"基壁土层情况及走向"栏。

　　(3)地基验槽记录表应由地勘单位项目负责人、设计单位项目负责人、施工单位项目负责人、监理单位项目总监、建设单位现场代表和质量监督单位监督员签字,方为有效。

　　工程资料大体分工程档案资料和工程文件资料。

　　工程档案资料是在工程勘察、设计、施工、验收等建设活动中直接形成的反映工程管理和工程实体质量,具有归档保存价值的文字、图表、声像等各种形式的历史记录。

工程文件资料是在勘察、设计、施工、验收等阶段形成的有关管理文件,设计文件,原材料、设备和构配件的质量证明文件,施工过程检验验收文件,竣工验收文件等反映工程实体质量的文字、图片和声像等信息记录的总称,是工程质量的组成部分。

工程资料的编制涉及建设单位、施工单位、监理单位等多个单位,由建设单位最后统一汇总。据此工程资料可细分为工程准备阶段文件、监理资料、施工资料、竣工图和工程竣工文件5类。

(1)工程准备阶段文件可分为决策立项文件、建设用地文件、勘察设计文件、招投标及合同文件、开工文件、商务文件等6类。

(2)监理资料可分为监理单位营业执照和资质证书、监理合同、人员组织机构、中标通知书、监理规划、监理细则、监理会议纪要、监理月报、监理通知单和联系单、监理工作总结、工程质量评估报告、监理旁站记录等内容。

(3)施工资料可分为施工管理资料、施工技术资料、施工进度及造价资料、施工物资资料、施工记录、施工试验记录及检测报告、施工质量验收记录、竣工验收资料等8类。

(4)工程竣工文件可分为竣工验收文件、竣工决算文件、竣工交档文件、竣工总结文件等4类。

8.1 基 本 要 求

(1)工程资料的形成应与建筑工程的建设过程同步,并真实反映建筑工程的建设情况和实体质量。

(2)工程资料的管理应健全制度、明确责任,并应纳入工程建设管理的各个环节和各级相关人员的职责范围。工程档案资料的形成应符合国家相关法律、法规、工程建设标准、工程合同与设计文件等的规定。

(3)工程资料的套数、费用、移交时间应在合同中明确。工程文件资料应真实有效、完整及时、字迹清楚、图样清晰、图表整洁,并应留出装订边。工程文件资料的填写、签字应采用耐久性强的书写材料,不得使用易褪色的书写材料。

(4)工程文件资料应使用原件,当使用复印件时,提供单位应在复印件上加盖单位印章,并应签字、注明日期,提供单位应对资料的真实性负责。

(5)建设、监理、勘察、设计、施工等单位工程项目负责人应对本单位工程文件资料形成的全过程负总责。建设过程中工程文件资料的形成、收集、整理和审核应符合有关规定,签字并加盖相应的资格印章。

(6)施工单位的工程质量验收记录应由工程质量检查员填写,质量检查员必须在现场检查和资料核查的基础上填写验收记录,应签字和加盖岗位证章,对验收文件资料负责,并负责工程验收资料的收集、整理。其他签字人员的资格应符合《建筑工程施工质量验收统一标准》(GB 50300—2013)的规定。

(7)单位工程、分部工程、分项工程和检验批验收程序和记录的形成应符合房屋建筑、市政基础设施工程现行规范、标准的规定。

(8)工程资料员负责工程文件资料、工程质量验收记录的收集、整理和归档工作。

(9)移交给城建档案馆和本单位留存的工程档案应符合国家法律、法规的规定,移交给城建档案馆的纸质档案由建设单位一并办理,移交时应办理移交手续。

(10)工程档案资料宜实行数字化管理,使用满足现行验收标准要求的资料软件,建立电子档案。

8.2　工程资料管理职责

8.2.1　建设单位的职责

(1)项目负责人应负责建设单位工程文件资料的管理工作,并对建设单位的文件资料的收集、整理和归档负责。

(2)应按规定向参与工程建设的勘察、设计、施工、监理等单位提供相关文件资料。

(3)由建设单位采购的工程材料、构配件和设备,建设单位应向施工单位提供完整、真实、有效的质量证明文件。

(4)应负责监督和检查勘察、设计、施工、监理等单位工程档案资料管理工作。

(5)组织竣工图的编制工作。

8.2.2　勘察、设计单位的职责

(1)勘察、设计单位应按有关规定收集、整理相关文件资料。

(2)应按规范和合同要求提供勘察、设计文件。

(3)对必须由勘察、设计单位签认的工程文件资料应及时签署意见。

(4)工程竣工验收前,应及时向建设单位出具工程勘察、设计质量检查报告。

(5)应协助建设单位对竣工图进行审查。

(6)勘察、设计单位应当在任务完成时,将形成的有关工程档案资料移交建设单位。

8.2.3　监理单位的职责

(1)监理单位负责监理文件资料的收集、整理和归档工作。

(2)应监督检查施工档案资料并协助建设单位监督、检查勘察、设计文件档案资料的形成、收集、组卷和归档。

(3)对必须由监理单位签认的工程文件资料和"工程档案资料管理系统"中的资料应及时签署意见。

(4)监理人员应负责现场检查记录和监理文件资料的填写,并作为输入资料管理系统的原始记录。

(5)在工程竣工验收前,应完成监理文件资料的整理、汇总工作。

(6)应负责竣工图的核查工作。

8.2.4　施工单位的职责

(1)总承包单位负责施工档案资料的收集、整理和归档工作,监督、检查分包单位施工档案资料的形成过程。

(2)分包单位应收集和整理其分包范围内施工档案资料,并对其真实性、完整性和有效性负责。分包单位竣工验收前应及时向总包单位移交纸质档案,并向总包单位报告数字化档案完成情况。

(3)对必须由施工单位签认的工程文件资料,应及时签署意见。工程质量检查员应负责现场检查记录的填写,并作为建立电子档案的依据。

(4)在工程竣工验收前,应完成施工档案资料的整理、汇总工作。

(5)宜使用"资料软件"形成数字化档案。

(6)应负责竣工图的编制工作。

(7)列入城建档案馆归档保存的纸质施工档案资料应及时移交建设单位,并向建设单位报告数字化档案完成情况,由建设单位确认后统一向城建档案馆办理移交手续。

8.3　工程文件资料形成

(1)工程文件资料按组卷单位分为建设单位工程文件资料、监理文件资料、施工文件资料三类。

(2)建设单位工程文件资料分为决策立项文件、建设用地文件、勘察设计文件、工程招投标文件及其他承包合同文件、工程开工文件、商务文件、工程竣工验收及备案文件、其他文件等八类。

(3)监理文件资料分为监理管理资料、进度控制资料、质量控制资料、造价控制资料、合同管理资料和竣工验收文件资料等六类。

(4)施工文件资料可分为施工与技术管理资料、工程质量控制资料、工程质量验收记录、竣工验收文件资料、竣工图等五类。

(5)房屋建筑工程施工文件资料建议按下列内容分别组卷:土建部分、桩基子分部、钢结构子分部、幕墙子分部、建筑给水排水及采暖分部、建筑电气分部、智能建筑分部、通风与空调分部、建筑节能分部、电梯分部、竣工验收资料、竣工图部分。

(6)工程资料的各形成单位应对资料内容的真实性、完整性、有效性负责;由多方形成的资料,应各负其责。

(7)工程资料的填写、编制、审核、审批、签认应及时进行,其内容应符合相关规定。

(8)工程资料不得随意修改;当需要修改时,应按相关程序执行。

(9)工程资料的文字、图表、印章应清晰。

(10)工程资料应为原件;当为复印件时,提供单位应在复印件上加盖单位印章,并应有经办人签字及日期。提供单位应对资料的真实性负责。

(11)工程资料应内容完整、结论明确、签认手续齐全。

(12)工程资料宜采用信息化技术进行辅助管理。

8.4 竣工图的编制

竣工图的编制及审核应符合下列规定:

(1)新建、改建、扩建的工程均应编制竣工图。

(2)竣工图的专业类别应与施工图对应。

(3)当施工图没有变更时,可直接在施工图上签字并加盖竣工图章形成竣工图。

(4)凡一般性图纸变更,编制单位必须标明变更修改依据,可在施工图上直接改绘,签字并加盖竣工图章。

(5)凡结构形式、工艺、平面布置、项目等有重大改变或图面变更超过 1/3 的,应该重新绘制竣工图。竣工图应依据审核后的施工图、图纸会审记录、设计变更通知单、工程洽商记录、工程测量记录等编制,并应真实反映竣工工程的实际情况。

8.5 工程文件资料组卷与归档

(1)工程文件资料的组卷应符合下列规定:

①工程文件资料可根据工程实际情况组成一卷或多卷。

②建设单位工程文件资料可按建设项目或单位工程进行组卷。

③施工文件资料应按单位工程进行组卷,专业承包单位形成的施工资料应由专业承包单位负责,并应单独组卷。

④监理文件资料按单位工程进行组卷。

⑤竣工图可按单位工程或专业分类组卷。

⑥工程文件资料组卷应制作封面、卷内目录及备考表,其格式及填写要求应符合《建设工程文件归档规范》(GB/T 50328—2014)的规定。

⑦工程文件资料应编制页码,并与目录的页码相对应。

(2)工程文件资料归档应符合下列规定:

①工程文件中文字材料幅面尺寸规格应为 A4 幅面(297 mm×210 mm)。图纸宜采用国家标准图幅。

②工程文件的纸张应采用能够长期保存的韧力大、耐久性强的纸张。图纸一般采用蓝晒图,竣工图应是新蓝图。不得使用蓝晒图或计算机出图的复印件。

③当外来文件大于 A4 时,应折叠;小于 A4 时应粘贴。

(3)归档保存的工程文件资料一般应长期保存,具体各类文件保存时间除应符合《建

设工程文件归档规范》(GB/T 50328—2014)的规定外,还应满足下列要求:

①建设单位归档保存的工程文件资料,保存期限因满足工程维护、修缮、改造、加固等使用的需要。

②监理单位归档保存的工程文件资料,保存期限应满足工程质量追溯的需要。

③施工单位归档保存的工程文件资料,保存期限应满足工程质量保修及质量追溯的需要。

④电子档案中的资料应永久保存。

8.6 工程资料的移交

(1)施工单位应向建设单位移交施工资料。

(2)实行施工总承包的,各专业承包单位应向施工总承包单位移交施工资料。

(3)监理单位应向建设单位移交监理资料。

(4)工程资料移交时应及时办理相关移交手续,填写工程资料移交书、移交目录。

(5)建设单位应按国家有关法规和标准的规定向城建档案管理部门移交工程档案,并办理相关手续。有条件时,向城建档案管理部门移交的工程档案应为原件。

8.7 工程资料软件

对于工程资料软件,国家没有强制性要求,也没有相应的规范,目前市场上大多为电子表格,不具有软件的功能,以光盘为主。由于验收规范不断更新,新材料、新工艺、新技术不断出现,新的验收标准也不断出现,所以必须有相应的资料软件并进行有效的维护,才能有效、及时地执行标准、建立电子档案,实行数字化管理,有的省如江苏省就发布了地方标准《房屋建筑和市政基础设施工程档案资料管理规范》(DGJ32/TJ143—2012),明确了"工程档案资料管理系统",即资料软件至少应具备下列功能:

(1)编制目录,自动生成页码;

(2)工程质量评定时,按相关标准自动计算,自动评定;

(3)资料扫描,导入导出;

(4)汇编成册,页码联动;

(5)扫描件打印或原件书面插入;

(6)通过互联网上传相关信息;

(7)根据《建筑工程施工质量验收统一标准》(GB 50300—2013)及市政基础设施工程质量验收规范的规定,设置建设单位、施工单位和监理单位验收人员使用"工程档案资料管理系统"的权限,并进行扫描签名;

(8)资料未通过互联网实施相关联动警告;

(9)施工档案资料与监理档案资料关联;

（10）建设单位、监理单位和施工单位均使用同一个"工程档案资料管理系统"；

（11）常用方案、计划等示范文本；

（12）随时增加分项工程及检验批；

（13）数据信息修改应有记录；

（14）系统自动升级；

（15）工程档案资料备份和异地备份，保证数字信息永久保存；

（16）工程质量监管部门在线随时查阅工程资料，了解工程进度；

（17）城建档案管理部门对电子档案进行验收；

（18）建设行政主管部门对"工程档案资料管理系统"的管理；

（19）使用单位能在线或离线操作；

（20）内容可输出打印。

资料软件中使用的各种表格应符合国家法律法规和有关标准的规定，并根据有关标准及时更新升级。使用资料软件的最终目的是规范工程资料的收集、整理，建立电子档案，实行数字化管理，这方面的要求有待国家进一步规范。

课 后 习 题

8-1　什么是工程档案资料？

8-2　什么是工程文件资料？

8-3　建设单位工程资料管理的职责有哪些？

8-4　施工单位工程资料管理的职责有哪些？

8-5　工程文件资料分为哪几种？

实 训 内 容

针对某一实际工程项目，进行该项目的工程资料的收集与整理。

参考文献

[1] 中华人民共和国住房和城乡建设部,中华人民共和国国家质量监督检验检疫总局. GB 50300—2013 建筑工程施工质量验收统一标准. 北京:中国建筑工业出版社,2014.

[2] 中华人民共和国建设部,中华人民共和国国家质量监督检验检疫总局. GB 50202—2002 建筑地基基础工程施工质量验收规范. 北京:中国计划出版社,2002.

[3] 中华人民共和国住房和城乡建设部,中华人民共和国国家质量监督检验检疫总局. GB 50204—2015 混凝土结构工程施工质量验收规范. 北京:中国建筑工业出版社,2015.

[4] 中华人民共和国国家质量监督检验检疫总局,中华人民共和国建设部. GB 50205—2001 钢结构工程施工质量验收规范. 北京:中国计划出版社,2002.

[5] 中华人民共和国住房和城乡建设部,中华人民共和国国家质量监督检验检疫总局. GB 50203—2011 砌体结构工程施工质量验收规范. 北京:中国建筑工业出版社,2011.

[6] 中华人民共和国住房和城乡建设部,中华人民共和国国家质量监督检验检疫总局. GB 50206—2012 木结构工程施工质量验收规范. 北京:中国建筑工业出版社,2012.

[7] 中华人民共和国住房和城乡建设部,中华人民共和国国家质量监督检验检疫总局. GB 50207—2012 屋面工程质量验收规范. 北京:中国建筑工业出版社,2012.

[8] 中华人民共和国住房和城乡建设部,中华人民共和国国家质量监督检验检疫总局. GB 50208—2011 地下防水工程质量验收规范. 北京:中国建筑工业出版社,2011.

[9] 中华人民共和国住房和城乡建设部,中华人民共和国国家质量监督检验检疫总局. GB 50209—2010 建筑地面工程施工质量验收规范. 北京:人民出版社,2010.

[10] 中华人民共和国住房和城乡建设部,中华人民共和国国家质量监督检验检疫总局. GB 50210—2001 建筑装饰装修工程质量验收规范. 北京:中国建筑工业出版社,2009.

[11] 全国一级建造师执业资格考试用书编写委员会. 建筑工程管理与实务. 北京:中国建筑工业出版社,2016.

[12] 全国一级建造师执业资格考试用书编写委员会. 建设工程项目管理. 北京:中国建筑工业出版社,2016.